U0812420

◂ 理解科学文丛 ▸

丛书主编 | 吴 彤 王 巍

环境关怀的伦理学

（原书第二版）

The Ethics of Environmental Concern

(Second Edition)

〔英〕罗宾·阿特菲尔德（Robin Attfield）◎ 著

李小重 雷 毅 ◎ 译

〔美〕王蓉蓉 ◎ 校

科 学 出 版 社

北 京

图字：01-2018-0153 号

First Published in the English language
in the United States of America
by The University of Georgia Press
Athens，Georgia 30602
Copyright @ 1983 by Robin Attfield
All rights reserved

图书在版编目（CIP）数据

环境关怀的伦理学：原书第二版 /（英）罗宾·阿特菲尔德（Robin Attfield）著；李小重，雷毅译. —北京：科学出版社，2018.6
（理解科学文丛）
书名原文：The Ethics of Environmental Concern
ISBN 978-7-03-057722-1
Ⅰ. ①环…　Ⅱ. ①罗…②李…③雷…　Ⅲ. ①环境科学－伦理学　Ⅳ. ①B82-058

中国版本图书馆 CIP 数据核字（2018）第 124366 号

丛书策划：侯俊琳　邹　聪
责任编辑：邹　聪　张　楠 / 责任校对：贾娜娜
责任印制：张欣秀 / 封面设计：有道文化

科学出版社 出版
北京东黄城根北街 16 号
邮政编码：100717
http://www.sciencep.com
北京建宏印刷有限公司印刷
科学出版社发行　各地新华书店经销
*
2018年6月第　一　版　开本：720×1000　B5
2024年9月第四次印刷　印张：18 1/2
字数：256 000

定价：98.00 元

（如有印装质量问题，我社负责调换）

理解科学文丛

编委会

主　编　吴　彤　王　巍

顾　问　（以姓氏汉语拼音为序）

曹南燕　胡显章　刘　钝　刘大椿　徐善衍

编　委　（以姓氏汉语拼音为序）

鲍　鸥　戴吾三　冯立昇　高亮华　洪　伟

蒋劲松　雷　毅　李　平　李正风　刘　兵

刘　立　王　巍　王程韡　王蒲生　吴　彤

吴金希　肖广岭　杨　舰　杨君游　游战洪

张成岗

总 序

当今世界，科学技术的发展突飞猛进，日益成为引领和影响社会文化发展的前端和深层因素。认知科学、人工智能、基因编辑、转基因研究、互联网与社会自动化，以及对于基本粒子和宇宙的探索等，都比以往发展得更加快速、深刻和凸显，人类已经进入一个科技无处不在、须臾不可暂离的社会。很明显，这要求人们要更加全面、深刻地理解科学技术的发展及其对社会的影响。

的确，这是一个要求人们更加自觉地知晓和全面理解科学技术的时代；一个要求人们更加自觉地弘扬科学精神、树立正确的科学观、自觉掌握科学方法与提高全民科学素养的时代；也是一个要求人们以高度反思的精神和眼光审视科学技术的发展，审视科学技术与人文社会科学的关系，审视科学技术与生态文明的关系，促进科学与人文融合的时代。

清华大学科学技术与社会研究团队（The Center of Science，Technology and Society，STS）一直致力于推进更全面、更深刻理解、运用和反思科学技术的研究。我们的研究获得了学界的高度认可，曾经被评为唯一 STS 交叉门类的北京市重点学科。在前期的研究中，我们推出了“理解科学译丛”，意图通过译介国外著名的科学技术与社会研究著作，推动科学技术的社会与文化研究，以飨有志于推进理解科学的有识之士和关心理解科学的广大爱好者。该译丛包括《表征与干预》《科学实验哲学》《科学的社会史》《伊斯兰技术简史》《理解科学推理》《理工科学生科研指南》等，丰富和推动了国内科学技术的社会与文化研究。现在，我们将在以往研究的基础上，开始推出一系列国内学者特别是我们团队自己的研究成果。由于“理解科学译丛”这一名称不足以涵盖这样的研究，同时，为了延续之前的工作成果，做最小的改动，我们把后续的系列工作的名称改变一个字，即改为“理解科学文丛”。

“理解科学文丛”将继续以往的研究道路，并且不断推陈出新，从科学技术的哲学、历史、传播、政策和社会研究等多个视角展开研究。文丛成果陆续问世时，望学界同人给予批评和指正。

在我们继续推进“理解科学文丛”研究之际，原“理解科学译丛”第一主编曾国屏教授于 2015 年 6 月病逝，我们失去了一位老领导与好同事。“理解科学文丛”的继续研究与成果出版也是对他的怀念和对他未竟事业的推动。

编　者

2017 年 5 月

中文版序

本书是《环境关怀的伦理学》的第二版，希望读者喜爱此书。

《环境关怀的伦理学》出版于 1983 年，可能是当时环境哲学这一新领域的第二本著作。第一本是澳大利亚哲学家约翰·帕斯莫尔撰写的《人对自然的责任》，此书于 1974 年出版，1980 年再版（有些新增资料）。《人对自然的责任》（第二版）的修订发行激发了我写作《环境关怀的伦理学》的热情，我想就帕斯莫尔对自然的历史看法提出一些修正意见，并捍卫一种与他完全不同的规范伦理。

帕斯莫尔讲述了人类是自然界的管家或受托人，以及人类来到地球就是为了完成上帝的造物工作这一古代和中世纪的少数派传统。他认为，这些“种子”使人对自然的态度比源自启蒙运动的专横态度更有希望，无须借助东方传统（如佛教）便能在西方复兴。我同意帕斯莫尔的某些观点，但不同意他所说的在历史上这些传统微不足道；帕斯莫尔曾赞扬过克拉伦斯·格拉肯的《罗得岛州海岸的遗迹》，借助此书，我找到了许多证据以证明这些传统在基督教的早期就被保存下来。

就规范伦理而言，尽管在某些段落中帕斯莫尔欢迎并赞扬了人道主义运动，该运动使反虐待动物法得以实施，好像有感觉能力的生物在道德上也是重要的，但帕斯莫尔相信，道德上除了人类利益没什么是重要的了，在这一点上他就像个人类中心主义者。我本人的立场比他要宽泛得多，我一直认为所有生物都拥有道德地位（这种立场被称为“生物中心论”立场）。我的这一立场是受到了理查德·劳特利一篇论文的影响。他在 1973 年提交给世界哲学大会的论文中描述了一些思想实验，在我看来，这些实验表明，大多数人已经不再是人类中心主义者，甚至感觉论（认为道德立场限于有感觉能力的动物）也与我们有时所做的道德判断不一致。因此，生物中心论便是《环境关怀的伦理学》（1983 年）所讨论的另一个关键主题。该观点我已经在论文《论树木的善》（*Journal of Value Inquiry*，1981 年，第 15 期）中做了辩护。

沿着生物中心论的思路，我试图为结果论进行辩护。结果论认为，不论是可预见的善最大限度地超过可预见的恶的行为，还是遵循这些做法的行为，在道德上都是正确的。在伦理学家中，持这种立场的人不多。不过，我还是试图要表明，较之与其对立的观点，这一立场能够更好地解释我们对于后代的责任（要比约翰·罗尔斯著名的“道德是社会契约”的理论好得多）。此外，我还针对英国哲学家德雷克·帕菲特就后果论提出的潜在反对意见，尤其是他称之为“令人厌恶的结论”做了探讨，表明后果论所蕴含的意义远非帕菲特所声称的那么令人厌恶。

因此，本书要为以生物为中心的后果论辩护，并将其运用于诸如人口、自然保护等各种问题。本书的第一版引起了广泛的评论，大多数是好评。然而，1991 年的第二版还是有很多内容需要添加，因此，增加了一章，题为“近期文献评述”，主要是为尽可能多的保护物种做辩护。在此之前，我已经出版了一本题为“价值与义务理论”（1987 年）的作品，并在“评论”那章中有所提及（那本书现在不再重印，但书中的思想依然在《价值、义务与元伦理》（1995 年）中呈现，并且得到了更好的辩护）。

之后，我出版了一本有关环境伦理的教材——《环境伦理：21 世纪概论》（2003 年），2014 年剑桥政治出版社（Polity Press of Cambridge）出版了该书的第二版（该书中文翻译已完成，不久将有望出版）。我于 1999 年写的另一本书《全球环境的伦理学》的第二版也于 2015 年由爱丁堡大学出版社（Edinburgh University Press）出版。这两本书都增添了一个有关气候变化的新章节。2008 年我与阿什盖特出版社（Ashgate Publishing）合作编辑出版了一本文集——《环境伦理》，其中收集了环境领域的一些主要文章。2016 年我在劳特利奇（Routledge）出版社出版了一本关于环境伦理的作品《惊异、价值与上帝》，该书将环境伦理和宗教哲学结合在一起。最近，我已经完成《简明环境伦理》的写作，预计在 2018 由牛津大学出版社（Oxford University Press）出版。该出版社希望在不久的将来能够安排此书在中国翻译并出版。

我真诚地感谢这部著作能在雷毅教授的努力和科学出版社的支持下出版。中国正在致力于实施 2015 年 12 月签订的《巴黎协定》，保护本国众多的物种、生物栖息地，以及生态系统，因此，本书在 2018 年出版可以说是恰逢其时。我希望此书能够激励中国继续为环保事业努力，同时也能鼓励更多的中国人在环境哲学和伦理领域作出贡献。

Robin Attfield

2017 年 12 月 31 日

目录

上篇 问题与传统

>>> 下篇　应用伦理

导　言

《环境关怀的伦理学》虽然出版于 1983 年，但大部分内容两年前就已写成，1982 年添加了部分内容。自那以后，公众的注意力越来越集中于日益严重的问题，如温室效应、酸雨、臭氧层空洞和热带雨林破坏。公众也越来越多地意识到污染、森林砍伐、过度捕捞及沙漠化对第三世界和非人类物种的影响。最近人们突然发现，东欧地区也正在遭受“生态灾难”的影响①。[1]

此后，大量的哲学文章、文集及专著陆续出版，它们涉及环境哲学、环境伦理，也涉及诸如动物福利哲学、与环境有关的神学及环境思想史等相关学科，更不用说那些不计其数的生态学、绿色生产与消费、环境规划和绿色政治著作了。在此叙及这些范围宽广的领域是不可能的，但我可以提及一些最主要的哲学著作和我个人在伦理理论领域的一部新作。在这一版中，我增加了一章，这一章回顾了有关环境哲学的一些近期动态，以及刚才提到的相关学科，包括第一版中的部分回顾。本书对环境决策方面的最新动态也做了描述，有些读者会发现，环境决策

---

① 因苏联切尔诺贝利核电站发生严重的核泄漏事故而给该地区带来生态灾难。——译者

的重要性至少不亚于现在要探讨的纯理论问题。[2]

人们有时会问，诸如动物的繁衍具有内在价值，以及我们有责任不去破坏后代的生命支持系统的这类言论有何依据和分量。尽管我在第一版中阐明了我对这些问题的想法，但可以预料的是，有人会抱怨我（在很大程度上）没有为它们辩护。[3]

xii 虽然在本书的第 89 页①我已经表明了自己的认知主义和自然主义观点，但同时我也表示，愿意在规范伦理学及其应用方面寻求一致，愿意与持有迥异的元伦理立场的同人取得一致，但不包括他们对规范伦理的诋毁方面（如工具主义对价值语言的描述，见第 160 页）。导言的另一个目的是，回顾环境哲学最新著作中提出的一些元伦理立场，但我不准备在此全力捍卫自己的观点（理由下文会做出解释）。

克里斯托弗·斯通（Christopher Stone）在《地球伦理与其他伦理》[4]的“道德多元论论证”部分就已经提出过：没有任何单一的规范理论能够完全解释环境问题。斯通还赞同这样的观点：我们应该在不同的生活领域与决策领域应用多样的和各不相关的伦理原则，如环境问题、家庭问题及社会关系等问题。因此，他的多元论观点与适用于多元文化社会中的尊重和容忍多元化的要求相去甚远；每个道德代理人（agent）都被鼓励在头脑中装着各种各样的原则，并尽最大努力去应对他们之间的冲突。安德鲁·布伦南（Andrew Brennan）在《对自然的思考：自然、价值和生态研究》（*Thinking About Nature：An Investigation of Nature，Value and Ecology*）中提出了与此相匹配的元伦理观点。[5]布伦南称自己的立场是“多样态的”，他提倡接受相互冲突的形而上学框架、评价框架的多元性，以及在一个或多个这样的框架下的价值要求的相对性。就像加里·瓦勒（Gary Varner）认识到的那样，斯通等的立场是对环境伦理学的一种“根本性的伦理挑战”[6]，瓦勒好像赞同这种“挑战”说法，因为

① 指原书页码，即本书边码，下同。——译者

这一领域的大部分研究（在一元论立场上）假定可以找到比其他（非相对主义意义上的）道德原则和道德判断更为合理可取的原则与判断，而这一点正是目前道德多元论者们争论的问题。彼得·温茨（Peter Wenz）在《环境正义论》中为这种多元论做了第四种辩护。温茨对其所认同的多元论立场是这样界定的："当一个理论包含了众多原则，而这些原则既无法被简化成一个单一的主原则（master principle），也无法从一个单一的主原则中被推导出来的时候，这一理论就是多元论的。"[7]不过，温茨极力主张修改和融合各种冲突的公正原则，因此，他可能会赞同原则的调和及有主次之分的说法，这就暗示了他还是拥护自己表面上所反对的一元论的规范体系。

贝尔德·克利考特（J. Baird Callicott）对这种多元论提出了强烈的批评[8]，然而，他有时却能发现别人觉察不到的多元论。[9]他指出，所有这些观点都易于产生完全矛盾的结论。就那些坚持这一立场的代言人而言，这些观点也缺乏一致性。或许还可以补充的一点是，（至少在接受各 xiii
种与之等效的观点时）这些观点都是在自我损害；所有认同这种多元论的人都必须假定，会有一种同样有效的观点来拒斥这种多元的观点。当然，这并不能使一元论的正确性得以成立，更不用说任何特定的一元论伦理；不过，这确实表明，一个人，只要他认真对待任何原则，就肯定是一元论者，而且存在着与一元论主张相适应的伦理学。此外，如克利考特接着指出的那样，由于多元论没能提出解决伦理冲突的合理依据，在被追问的时候，它的拥护者很可能会采用最符合自身利益的那个原则。[10]

从合理性方面看，弄清一种元伦理立场是否优于其他立场（下一个要考虑的问题），这一点变得尤为重要；这也同样适用于规范伦理（后面要处理的问题）。现在，克利考特本人的观点是把我们的道德情操理解为进化的产物，他把这种观点称为"社会、人类和环境伦理的休谟（Hume）——达尔文（Darwin）——利奥波德（Leopold）路线"[11]。人类是进化的产物，这一点几乎没有什么争议了。尽管这一观点对伦理问题的解决可能达不到克利考特［在选择选择休谟、亚当·斯密（Adam Smith）、达尔文和利奥波德的观点，而不是康德（Kant）、边沁（Bentham）、穆勒（Mill）和汤姆·雷根（Tom Regan）的观点时］[12]所想要达到的程度，但它确实表明了在可行的伦理体系中存在着局限。克利考特似乎已经放弃了他曾经考虑过的情感主义[13]，但他似乎仍然认为内在价值是人类主体投射到自然客体，并通过自然客体在人身上产生了适应的兴奋或其他反应。[14]不过，克利考特的元伦理观点本身已经遭到了批评，特别是来自著名环境伦理学家霍尔姆斯·罗尔斯顿（Holmes Rolston）的批评[15]，还有来自非二元论哲学家迈克尔·兹默曼（Michael Zimmerman）的批评。[16]

罗尔斯顿称这一立场为“人为的内在价值理论”（the theory of anthropogenic intrinsic value）。虽然他接受这一理论既不是自我中心主义也不是人类中心主义的，但他捍卫的却是一个非常鲜明的观点：自然客体（或其中一些客体）本身就是有价值的，无论人类主体是否重视过它们，或是准备重视它们，甚至不会重视它们。他认为，只有这样一种理论才是可靠的*内在*价值理论，这与克利考特等人的理论相反。克利考特等人的理论认为，除非人类把价值赋予自然客体，否则，它的价值是不存在的。尽管罗尔斯顿对“拥有价值”（having value）的含义表述得并不十分清楚，但他所要表达的意思很可能是“为培育、促进或保护自然提供人际的理由（无论这些理由是建立在工具价值上还是内在价值上）”。[17]如果是这样的话，那么，他的关于内在价值不是人类赋予的观点就确实
xiv 令人信服。罗尔斯顿继续说道，人为的内在价值理论“是在勉为其难地维护一种实际上并不恰当的范式，即价值主体所给予的范式”。一种更简明的观点是：“某些价值是客观地存在于自然界中的，它们是被评价者发现的，而不是评价者创造的”，诸如他本人的内在价值自生论本身能够评价人类主体对这种不依赖于人的价值的欣赏，而不会犯“把价值放错地

方的错误”。[18]我认为，类似的（看法）批评也适用于罗伯特·艾略特（Robert Elliot）的价值理论，它认为价值总是与某个人或某些人的评价框架相关。[19]

兹默曼对克利考特的批评也相当重要，虽然上面对价值主体论的评价站得住脚，但克利考特却似乎一度超越了这些价值理论，断言量子物理要求忽略主体与客体之间的差异，价值主体论应该被既包括了人类主体又包括了被赋予了价值的客体的价值论取代。对此，兹默曼反驳道，对量子物理的许多解释根本不需要忽略主客体的差异，无论在何种情况下，量子物理本身都不足以让其观察者拒斥哲学二元论。[20]尽管兹默曼自己倡导非二元论并认同克利考特修正过的价值论观点，但是，他的批评却足以表明，尽管有量子物理，但主客体的话题依然是不矛盾的，并且上述价值主体论和客体论的争辩依然有其相应的作用与意义。我必须补充的是，不能用倡导把自我的概念扩大到包括整个自然的办法来回避争论。即使这种扩展了的概念是连贯一致的（但当所有的事物都不是“你”“她”或“他”时，“我”又有什么意义呢），就（旧式的）代理人或自我（selves）而言，一种连贯的论述仍然需要对好的行动理由的性质做出说明。

关于元伦理的客体性（罗尔斯顿所持的立场，以及与之相差很大的我本人的立场），仍然有许多问题无法解答。有关价值的观点怎样才能被证明是正确的？这样一些主张怎样才算是知识呢？这些主张与“自然主义谬误”相冲突吗？不管怎么说，怎样才能从事实向价值转换？这些都是非常重要的问题，仅仅介绍是不够的，需要做进一步的探讨。这些问题我已经在《价值与义务理论》[21]的最后三章里直接或间接地讨论过。 xv
在该书中可以看到我对这些问题（以及其他问题）的解答：第十章讨论客体性与伦理认识；第十一章讨论相对主义；第十二章讨论“自然主义谬误”与自然主义（与罗尔斯顿《哲学走向荒野》[22]中的论文，以及他在《环境伦理学》第六章中对这种“谬误”的讨论完全不同的途径）。

《价值与义务理论》的第一章讨论了道德地位（moral standing）的范畴，并探讨了我对元伦理与这种立场局限性关系的看法，这是艾略特想要知道的。[23]我在第二章中还为内在价值概念进行了辩护，内在价值应用的理论在第三章到第五章中有详细论述。我本人的立场（从专业角度来说）是认知主义的和自然主义的，某些价值必然地与某些事实相关联，因而能被感知，而在价值与义务之间也存在着一种必然的联系，认识这种联系有时也是可能的。内在价值（在上述意义上）最后变成了关键概念；如果所有事物都不具有这种价值，那么，就不存在任何行动的理由，也就没有任何义务。认识内在价值便可以弄清哪些做法是可取的，哪些做法是必须的。

规范伦理也出现了一些问题。克利考特最近的著作试图把动物福利伦理学和他在《动物解放：一个三角问题》中所描述的那种整体主义环境伦理学结合起来。[24]玛丽・米奇利（Mary Midgley）所写的一部很好的著作《动物及其重要性》（*Animals and Why They Matter*）[25]使得克利考特相信，家畜一直就是人类共同体的一部分，于是他站在利奥波德的立场上，即义务产生于共同体内部，而共同体包含了所有生物，试图把对家畜的义务与对人类群体（如家庭）的义务及对环境的义务协调起来。克利考特指出，利奥波德不必坚持认为对环境的义务可以超越共同体传统意义上的社会义务。的确，（克利考特认为）对家庭的义务“先于对关系疏远的人的义务”。彼得・辛格（Peter Singer）认为人们有义务让自己的孩子受穷以使另一个地方的人不至于饿死的观点遭到了断然否定。但是，阻止人们免受饥饿的困扰优先于对环境的义务，就像保护家畜免受野生动物侵害也同样优先于对环境的义务一样。[26]

与克利考特早期的观点相比，这里讲的社会伦理显然是一种常规的伦理。然而，它却无法解释为什么关于义务的传统观点应被认为具有权威性（家族关系有什么特别的道德意义以至于能够让陌生人饿死）。在这种联系中，彼得・辛格这位中肯地提出一种更为开放和平等的伦理思想的学者，严厉指责了那种倡导仅用抽象原则修改过的利己主义和忽视同情作为基本动机的做法[27]，好像他从未写过《扩展的领域》（*The Expanding Circle*）。[28]在第 93～97 页，我会提及这一社会伦理的其他问题，而在第 157 页及后几页中，将谈到视生物圈为共同体的局限性，在第九章，还会解释辛格的利益平等原则并为其辩护。克利考特所采用的新方法中值得称赞的地方是，他试图建立一种人类、非人类的动物和环境统一关系的义务理论。遗憾的是，他没有为我们识别我们各种义务的性质和界限提供合理的基础，也没有为判定这些义务的优先权提供理性基础。

后面，尤其是在近期文献回顾中，还要就令人满意的规范伦理提出可选择的建议。与克利考特不同，一些倡导扩展自我概念的人认为，扩展了的自我完全可以取代伦理的需要。我反对这一立场，理由前面已经说过，在近期文献回顾中还做了补充。在回顾中，还补充谈到了（第九、第十章讨论的）深层生态主义者以前赞同的生物圈平等主义原则问题[29]，以及保罗·泰勒（Paul Taylor）的（完全不同的）生物中心主义平等原则问题。[30]

有些人不断尝试将前面提到的义务进行整合，还有些人（如汤姆·雷根在《动物权利研究》中[31]）则是基于他们的权利概念的，但这一概念在下文中将被证明无法解决权利间的优先权问题（从第 167 页开始），因而也无法解决对人类后代和非人类物种的义务问题。仅仅通过在“生命主体”（subjects-of-a-life）中定位价值和权利，雷根现在似乎否定了无意识生物的道德地位，这种立场是我在本书第八章和《价值与义务理论》第一章中所主张的。基于我在那些地方给出的理由，我坚持认为，应该接受一个更为宽泛的道德地位。尽管彼得·辛格的后果论（consequentialism）有许多合理的对策，但是，对于他把道德地位仅限于有感觉的生物这方面我们也可以这么说[32]［在近期文献回顾中对这种感觉论（sentientism）还有进一步的探讨］。

与此对照的是，罗尔斯顿（在他的著作《环境伦理学》中）借助于一种更为宽泛的价值概念，即使他自称发现的“系统价值”可以作为与内在价值和工具价值并驾齐驱的第三种价值[33]，或许也还是太过宽泛了，不过，看起来罗尔斯顿并不是只采用一种立场。有的时候（详见第
xvii 二章），他似乎在解决社会问题时采用的是一种伦理，而在解决荒野自然时又采用的是另一种伦理。然而，我们不能总是把文化与自然间的差异作为我们区别对待生物的理由，而这些生物要是没有文化自然间的差异的话，就跟我们是同类了。后面的第七章介绍了一种更完整的价值论模型（和相关的判定程序）。这里详细阐述的大多数派生原则都是很好的原则，在价值论模型中包括可量化的和不可量化的价值重要性的做法也非常好。然而，问题在于，它实际上没有正当的理由去判断这一模式中所运用的价值优先权，也没有正当理由去解释为何要先去考虑某些价值，以及为何从这些价值中可以推导出这些原则（这些问题在我尚未发表的两篇文章中做了进一步的探讨[34]）。

最近，尤金·哈格洛夫（Eugene C. Hargrove）在《环境伦理学基础》中提出了基于美学立场的人类中心主义自然保护观点。这部著作充满了奇妙的（偶尔有点古怪的）见解，如哲学史对自然保护主义者态度影响的见解。虽然我既不接受美的内在价值也不接受自然事物的美的观点，但在哈格洛夫的美学观点（一个直到现在足以引起重视的观点）中我发现了很多有价值的东西。[35]然而，由于其价值理论太狭隘，而且在审美方面也不足以与任何站得住脚的社会伦理结合，因而无法满足规范伦理的要求（关于哈格洛夫的历史通览以及这些观点之间的关系，我在即将发表的两篇论文中做了评价[36]）。

我们需要的是一种能够站得住脚的定位内在价值（包括相关内在价值）的理论，并因此能够证实原则的优先秩序。这就是我在《价值理论与义务》的第三章到第五章中试图解决的问题。在此基础上，需要对权利原则和义务原则进行全面的阐述及辩护（这就是我在《价值理论与义

务》的第六章和第七章所试图做的），而后在以下方面对这些原则进行检验：采用这类理论在传统上会引起的最大问题（后果论原理——我在关于正义的第八章和涉及人口伦理的第九章进行了检验）。内在价值取决于受到影响的生物的基本能力（直到能够运用这些价值的能力），而我将从受到影响的生物所处的不同生活状态、行为和生活经历，以及应对危险的复杂能力方面，对相关内在价值进行阐述。《价值理论与义务》进一步认为，使内在价值最大化的行为是正确的，符合使内在价值最大化（或可能做到这一点）的规则或做法的行为也是正确的。如果这些行为导致完全不同的状况，它们就是必须的。然而，这只是对所陈述的观点的一 xviii 个总结；书中还要说明第六章到第九章的观点是如何形成的（以及在哪些方面有所发展）。此外，有兴趣的读者不要把《价值理论与义务》当成是解决所有问题的灵丹妙药，而应该把它视为作者试图用最好的方式去解决问题。

尽管伦理学理论相当重要，但要解决当代问题，需要的就不只是理论、人的重新定位和义务，问题的解决需要多方面的共同配合，因而也涉及政治，常常是国际的行为和政策。第十章谈到了这一点，在近期文献回顾中又对此做了些补充。不过，大家不要忽略这些文献，应该注意到《我们共同的未来》（布伦特兰报告）中的巨大智慧和切实的实用性。[37]尽管对它有一些批评[38]，但在现实中，如果建立一个公正的和可持续的国际社会是我们最大的期望，那么，这个报告所提出的建议就应该被推荐给所有支配国际事务权力的政府和机构，以便早日实施。还要说的一点是，这些建议或多或少地与本书中的价值模式及伦理理论是协调一致的。

注　释

[1] Walter Schwartz，‘Black Death from the East’，*Weekend Guardian*，June 16-

17, 1990, pp.4-6.

[2] See Robin Attfield and Katharine Dell (eds), *Values , Conflict and the Environment*. Oxford: Ian Ramsey Centre, Oxford and Centre for Applied Ethics, Cardiff, 1989. (Copies of this report of the environmental ethics working party of the Ian Ramsey Centre are available from the Principal's Secretary, Westminster College, North Hinksey, Oxford, OX2 9AT.)

[3] Thus Robert Elliot, Critical notice of *The Ethics of Environmental Concern, Australasian Journal of Philosophy*, 63, 1985, 499-509, P.507.

[4] Christopher D. Stone, *Earth and Other Ethics: The Case for Moral Pluralism*, New York: Hmper & Row, 1988.

[5] Andrew Brennan, *Thinking About Nature: An Investigation Of Nature, Value and Ecology*, Athens: University of Georgia Press, 1988. My review appears in *Journal of Applied Philosophy*, 6.2, 1989, 237-238.

[6] Gary E. Varner, Review of Christopher D. Stone, *Earth and Other Ethics, in Environmental Ethics*, 10, 1988, 259-265, p.264.

[7] Peter Wenz, *Environmental Justice*, Albany: State University of New York Press, 1988.

xix [8] J. Baird Callicott, 'The Case Against Moral Pluralism', *Environmental Ethics*, 12.2, 1990, 99-124.

[9] For example, in Mary Anne Warren, 'The Rights of the Non-human World', in Robert Elliot and Arran Gare (eds), *Environmental Philosophy: A Collection of Readings*, St. Lucia: University of Queensland Press; Milton Keynes: Open University Press; University Park: Pennsylvania State University Press, 1983, 109-134, and perhaps in Eugene C. Hargrove, 'The Role of Rules in Ethical Decision Making', *Inquiry*, 28, 1985, 3-42. (Hargrove's position there is open to more than one interpretation, like that of Wenz.)

[10] Callicott, 'The Case Against Moral Pluralism', pp.110-112.

[11] Ibid., pp.120-124.

[12] Ibid., p.124.

[13] J. Baird Callicott, 'Intrinsic Value, Quantum Theory and Environmental Ethics', *Environmental Ethics*, 7, 1985, 257-275, section I.

[14] Holmes Rolston III, at p.113 of *Environmental Ethics: Duties to and Values in the Natural World*, Philadelphia: Temple University Press, 1988, cites two relevant passages from Callicott: 'Non-Anthropocentric Value Theory and Environmental Ethics', *American Philosophical Quarterly*. 21, 1984, 299-309, p.305, and 'On the Intrinsic Value of Nonhuman Species', in Bryan Norton (ed.), *The Preservation of Species*, Princeton: Princeton University Press, 1986, 138-172, pp.142-143 and 156.

[15] Rolston, *Environmental Ethics*, pp.112-117.

[16] Michael E. Zimmerman, 'Quantum Theory, Intrinsic Value and Panentheism', *Environmental Ethics*, 10.1, 1988, 3-30.

[17] This is the sense of 'intrinsic value' defended in the second chapter of Robin Attfield, *A Theory Of Value and Obligation*, London, New York and Sydney: Croom Helm, 1987.

[18] Rolston, *Environmental Ethics*, p.116.

[19] Elliot's theory emerges at pp.502 f of his Critical notice (see note 3 above), and also in 'Meta-Ethics and Environmental Ethics', *Metaphilosophy*, 16, 1985, 103-117. For a further discussion of subjectivism and relativism, see *A Theory of Value and Obligation*, chapter 11.

[20] Zimmerman, 'Quantum Theory, Intrinsic Value and Pantheism', pp.10-15.

[21] For details of this book, see note 17 above.

[22] Holmes Rolston III, 'Is There an Ecological Ethic?' and 'Are Values in Nature Subjective or Objective', in Holmes Rolston III, *Philosophy Gone Wild: Essays in Environmental Ethics*, Buffalo: Prometheus Books, 1986, pp.11-29 and 91-117 respectively.

[23] Elliot, Critical notice of *The Ethics Of Environmental Concern*, p.507.

[24] J. Baird Callicott, 'Animal Liberation: A Triangular Affair', *Environmental Ethics*. 2.1, 1980, 311-338; reprinted in J. Baird Callicott, *In Defense of the Land Ethic: Essays in Environmental Philosophy*, Albany: State University of New York Press, 1989, 15-38.

[25] Mary Midgley, *Animals and Why They Matter*, Harmondsworth: Penguin, and Athens: University of Georgia Press, 1983.

xx [26] Callicott, *In Defense of the Land Ethic*, p.58. Further details of Callicott's position emerge in his essay 'The Conceptual Foundations of the Land Ethic', in that same collection at pp.101-114, which may also be found in J. Baird Callicott (ed.), *Companion to A Sand County Almanac: Interpretive and Critical Essays*, Madison f University of Wisconsin Press, 1987, at pp.186-217.

[27] Callicott, *In Defense of the Land Ethic*, p.53.

[28] Peter Singer, *The Expanding Circle: Ethics and Sociobiology*, Oxford: Clarendon Press, 1981.

[29] The classical expression of this position is to be found in Arne Naess, 'The Shallow and the Deep, Long-range Ecology Movement: A Summary', *Inquiry*, 16, 1973, 95-100, it is further developed in Bill Devall and George Sessions, *Deep Ecology. Living As If Nature Mattered*, Salt Lake City; Gibbs M. Smith, 1985. An appraisal of the different stances of Deep Ecology supporters is presented in my hitherto unpublished paper 'Sylvan, Fox and Deep Ecology: A View from the Continental Shelf'.

[30] Paul Taylor, *Respect for Nature: A Theory of Environmental Ethics*, Princeton: Princeton University Press, 1986.

[31] Tom Regan, *The Case for Animal Rights*, London: Routledge, 1983.

[32] See Peter Singer, *Practical Ethics*, Cambridge: Cambridge University Press, 1979.

[33] See my review in *Environmental Ethics*, 11.4, 1989, 363-368.

[34] 'Reasoning About the Environment'; and 'The Comprehensive Ecology

Movement', forthcoming in Edgar Morscher, Otto Neumaier and Peter Simons (eds), *Applied Ethics and Its Foundations*, 1992.

[35] See Eugene C. Hargrove, *Foundations of Environmental Ethics*, Englewood Cliffs: Prentice-Hall, 1989; also my unpublished paper 'Preservation, Art and Natural Beauty'.

[36] 'Has the History of Philosophy Ruined the Environment?', forthcoming in *Environmental Ethics*, 1991, and 'Attitudes to Wildlife in the History of Ideas', forthcoming in *Environmental History Review*, 1991.

[37] World Commission on Environment and Development, *Our Common Future*, Oxford, New York: Oxford University Press, 1987.

[38] Thus Arne Naess, 'Sustainable Development and the Deep Long-Range Ecology Movement', *The Trumpeter*, 5.4, 1988, 138-142, p.140, column b.

xxi # 第一版导言

第一部分探讨了道德传统，因为漠视它就不可能产生令人满意的伦理学。在环境伦理学中，我们的道德传统常常被视为是不完善的，需要让位。我认为，之所以会有这样的看法，是因为我们的传统常常没有被如实地反映，我们的传统所蕴含的资源要比约翰·帕斯莫尔（John Passmore）和其他一些人所认为的更丰富。

然而，仅仅只有这些观点和看法是无法解释和解决我们的问题的。在第一章，我回顾了一些对我们的生态问题以经验为根据的解释（一种跨学科的事业，如果曾经有过这一事业的话），给这些解释下结论虽然重要，但却不完整，除非同时也考虑人的基本观点。

以后的几章主要关注的是生态问题非常突出的地区人们常有的信仰传统，尤其是犹太-基督教信仰和启蒙运动的思想。在古代及以后的犹太
xxii 教和基督教的管家传统中，即使人类支配自然的信念常常被曲解为人类可以随意对待自然，我发现仍可以建立一种适于我们问题的伦理。但导致我们目前问题的另一个根源是过去两百年来一直存在的关于永恒进步的世俗信念，这种信念至少与对我们宗教传统所做的便利的歪曲同样

重要。即使这样，这一信念还是有助于某种环境伦理，这种环境伦理包括高度认识到对子孙后代的义务以及相信社会能够改变自己的发展道路。

第二部分重新审视了道德原则。科学发现给我们带来了新的机会和新的危险，也揭示了我们的行为给复杂的自然系统所造成的许多负面影响。要认识这一点，我们就有必要拓宽道德视野。因此，我们的行为对其他物种以及后代的影响要求我们更加明确自己对它（他）们应尽的责任，并因而更加慎重地对待它（他）们。像我们所主张的那样，如果一切有价值（worthwhile）的生命都具有内在价值，那么，我们就必须重新评价我们的职责。我们再也不能不考虑子孙后代的利益，再也不能漠视生物伙伴的利益。再者，我们文化中的一些主要传统最终也表明它们并没有忽视这些，这就使一种令人满意的环境伦理原则，在建立一种全新的伦理的提议没有得到积极响应的时候，有望得到认可。

“浅层生态运动”只关注污染和资源耗竭的问题，因为这些问题会影响发达国家今后五十年的发展。合理的生态关怀超越了“浅层生态运动”对一些问题有限的关注，它将生态关怀扩展到了第三世界、更长远的未来以及非人类物种的生命支持系统。不过，我仍不能认同所谓的“深层、长远的生态运动”提出的观点，即我们不应该把精力放在我们人类和同类生物上，而应该放在作为有机整体的生物圈上，这个生物圈内的各个要素只有促进了生物圈的稳定性才能被认为是有价值的。环境伦理学只能以这样的方式进行：从熟知案例已接受的道德判断中推导结果，并将这种道德判断用于涉及后代和非人类生命的案例中；环境伦理学不应该忽视传统的个体关怀，而偏向于生物圈系统的不可还原的道德判断，并指望这种做法能够得到人们的认可。

当然，这并不是说个人可以随意自由地对待自然界，也不意味着我们不必考虑我们无法认识其身份的无数后来人。的确，我将要论证的原则对当代人的利益、后代人的利益以及非人类生物的利益都有相当大的

xxiii 约束。我绝不是在说生态系统无关紧要：在道德上，它们与依赖它们的个体生物（同样重要）具有同等的意义。

以环境伦理学及其历史背景为主题的文章和论文集已经出版了很多。尽管不太可能对所有的文章及文集加以考虑，做到面面俱到，但我仍试图对大量意义重大的文章做出系统的评价，将文章中的可取之处和尚存的问题展现给读者，以期读者能够从中找到自己的切入点，开始自己的研究。为了做到这一点，我尽力让自己既考虑到哲学家的兴趣又考虑到其他读者的兴趣，为了防止有些读者阅读后几章中的一些段落时觉得困难，我还在书中做了一些提示，以使他们能够跟上讨论的主要方向。说了这么多，最终的论点应该是，就像帕斯莫尔在类似的地方所说的那样，是不言而喻的。

上　篇

问题与传统

第一章　生 态 问 题

生态问题被定义为“人与自然打交道所产生的实际后果”。[1]这里的“自然”是指（相对于人）被人类利用的非人类外部环境。生态学是研究生物与自然系统之间复杂的相互关系的学科，尤其是要揭示人与自然交往过程中所产生的长期的、久远的、难以预料的后果。与自然打交道常常会产生许多负面影响，因此，在考虑如何应对这些负面影响的时候，把事实摆出来是明智的：使它得到应有认识的一种做法就是把这些问题称为“生态”问题。使用“生态”一词还可以提醒我们，这些问题比一代人对宜人环境的强烈渴望无法得到满足所具有的影响可能要深远得多，尽管这也同样重要。

对问题的认识

对于生态问题，人们的确尚未达成共识，但下列问题却是被普遍认同的：污染、自然资源的减少、人口的增长、野生动植物的减少和荒野的破坏、由侵蚀和沙漠化导致的耕地减少、濒危的地球生命支持系统。

然而，人们并没有完全认识到人类活动是怎样使得沙漠化扩大的、是如何破坏生命支持系统的。这种漫不经心本身若不是导致这些问题的一个因素的话，它就不会成为问题分歧的一个重要根源。

主要分歧是如何解决问题，更基本地说，是什么原因使它们成为问题的。就像约翰·帕斯莫尔理解的那样[2]，问题有时被理解为是人类无法忍受的代价，而这些代价是可以通过人类的行动消除的，或者至少是可
2 以降低的。在用这种方式理解问题的人中间，有一些人主要关注活着的人的代价，而另一些人则同时还会考虑后 50～100 年的代价，还有些人则会考虑到更遥远的未来。如此理解问题的人很可能会对那些确保他们所关注的人的利益的解决方法感到满意。

然而，问题也可以被理解为对所有生物造成的实际伤害或可能造成的伤害。在这样理解问题的人中，有些人把他们的福利权限扩展到有感觉能力的动物，有些人则关注所有生物的利益，还有一些人则把注意力集中在物种、生态系统或整个生物圈上。有时，非人类的利益被置于整个人类利益之上：这种极端的观点认为人类是长在自然身上的恶性肿瘤，问题的根源就在于人。持这类观点的人自然不会满意以人为中心的解决方式，尤其不满意那些短期的解决办法。因此，对问题性质的不同看法不仅导致了对可能性和容忍度的不同见解，而且导致了在有关道德原则和什么事物本身拥有价值问题上的分歧。

在这里有必要和阿伦·奈斯（Arne Naess）[3]一起区别一下浅层生态运动和深层、长远的生态运动（尽管应当认识到在这两者之间还有很多观点）。奈斯把浅层生态运动描绘为关注人类中期利益，关注那些在传统经济中常常被忽略的利益，尤其是关注发达国家的人的利益。

相反，深层生态运动则是考虑到长远的未来后代、第三世界国家、非人类物种，有时是整个生物圈，认为它们具有独立的道德地位。例如，“资源保护”（conservation）可以用来指这两种运动活动和对这两种动力的关注，但浅层生态运动主要寻求对矿产和能源的保护，并将资源的概

念扩展到可开采的山脉及可培植的森林，而深层生态运动则不愿意把非人类的物种及其野生栖息地仅仅看成是资源，至少，它也同样注重保护荒野和脆弱的自然生态平衡。

这两种资源保护主义者与无节制增长的拥护者和“技术解决”的拥护者是对立的。后者认为，所有耗尽的自然资源都可以通过人的聪明才 3
智和替代技术毫不费劲地找到替代品。然而，甚至那些承认有资源保护问题的人在人类活动对环境的破坏性后果的认识方面也明显地不一致，因而，他们在是何种态度导致环境问题的产生，以及如何解决问题方面也明显地不一致。

不过，深层生态运动本身包含了许多完全不同的侧重点。因此，那些反对使用核能的人常常从核能使用对未来所产生的长期影响方面进行辩论，而有时却并不太关注野生生物的保护，尤其是当他们倡导在港湾修建拦河坝作为替代能源时。与此类似，关注珍稀物种的生存和生态平衡的自然保护主义者有时却支持用诸如猎杀海豹这种造成动物巨大痛苦的方法，选择性地减少物种个体过多的数量。而动物福利者和动物权利者只有在植物物种的丧失会破坏动物的栖息地时，才会在意它。

再者，可以认为，深层生态运动与那些鼓吹“人口过剩”导致灾难的人关系密切。这些人和深层生态主义者关注的共同主题包括需要确保人类生命能够延续一百年和人口的迅速增长对非人类的自然造成的破坏性影响。然而，那些赞同减少人口数量的人之所以会这么做，部分的原因是担心西方人会因其他地区的众多人口而被淹没在其中。在这种程度上，他们就算不上是这类信徒的天然同盟者，所有生命都有价值，无论是人类还是非人类，更不用说他们是这类人的天然支持者了：无论它们属于哪个物种，只要动物具有同样的能力，它们就是平等的。的确，在描绘深层的、长远的生态运动时，奈斯本人并没有提到关注限制人口或减少人口的问题，或许他把关注这种问题看成是精英主义的而不是平等主义的（不过，奈斯关注的是整个哺乳动物总体的拥挤程度）。然而，关注“人口过剩”的人深信自己达到了生态学的深度。

深层生态运动的许多倾向在理论和灵感方面都受到了利奥波德的《沙乡年鉴》的影响，尤其是受到他提出的新环境伦理的影响。利奥波德要求人们要认识到自己对生物共同体（他称之为“大地”）[4]中的所有成
4 员和作为有机整体的生物圈应尽的义务。因此，他认为：“一件事，当它有助于促进生物共同体的完整、稳定和美时，就是正确的；反之，就是错误的。”[5]这里所暗示的是，我们的传统伦理学在解决我们现在面临的问题上缺乏对策，因而需要被彻底地进行重新评价。这个建议将会在（上篇中的）传统态度的研究和（下篇中的）义务与价值原则探讨中涉及。

就我本人而言，我认为，道德领域的问题容许有真理，但我不愿这样断言：我们能够设计或发明一种新的伦理。就算我们能够发明这样一种新的伦理，我也不知道这种新的伦理怎样才能确立起自己的可信性，除非它不是背离而是扩展了现存的道德思维模式，不论它是相似的道德思维模式还是完全不同的道德思维模式。一种新的伦理应该是揭示那些并不总是被人们认识到的但却隐含在我们的道德传统中的原则，或者是隐含在道德关系中的原则，当前，认识这些原则非常重要。如果我们发现这些必要的原则已经存在于我们的传统中，那么，我们现在要做的，（如果可能的话）不是要用一种新的伦理来取代道德传统，或者用新的原则对其加以补充，而是应该致力于系统地阐述那些至少长期以来一直存在争议的议题。

专制论、管家理论和伦理创新

帕斯莫尔的《人对自然的责任》是至今唯一对生态问题在哲学上做了扩展处理的一本书。[6]帕斯莫尔仔细研究了西方道德传统和对待自然态度的历史。在对污染、资源、人口增长和自然保护这一系列问题的全面

考察过程中，他一直在为这样一种观点辩护，即只要我们能够用一种适当的、谦卑的方式去解读人类支配自然和人类可以为了自己的利益操纵自然环境的传统信念，我们根本就不需要新的伦理来处理这些问题。我们需要拒斥的是专制主义传统和态度，需要拒斥一种对《圣经》里面的人类支配自然的解读：一切事物均为人而存在，人以外的一切事物均无任何内在价值或道德意义，人可以毫无约束地随意对待自然。相反，我们应该认同的是，自然过程的设计宗旨不是要服务于人类或保证要服务于人类，与它们打交道需要技巧和谨慎。我们不应放弃科学、技术和成本效益分析，但我们也不应该对动物的痛苦漠不关心，应当记住我们的 5
行为对后代产生的后果，帕斯莫尔相信，在有限的范围内，人类能够预见这种后果。在西方的管家传统（stewardship tradition）中，帕斯莫尔发现了对人类控制自然信念的一种迟来的解读，这种解读为节制的观点提供了“种子”，由于传统道德中存在着这种“种子”，在解决生态问题时，就没有必要转向神秘的和非理性的形而上学或伦理学。

帕斯莫尔的立场遭到瓦尔·劳特利（Val Routley）的尖锐批评。[7]劳特利认为，帕斯莫尔的伦理明显优于其他新的伦理。这部分地是由于他所持的道德立场要么是把自然看成是神圣的，要么至少承认所有动植物的权利，但他却忽略了这种观点：我们有责任和义务*关怀*遥远未来的人和自然客体，而这些责任或义务并不总是针对个体的，也并不总是要承认他们拥有*权利*。其伦理太过轻松胜出的另一部分原因是，管家传统与人支配自然的信念是不相容的，如果像劳特利所认为的那样，（人支配自然的）这种信念认为人可以为了自身利益完全操纵自然；管家传统包含了照看地球上动植物的义务/责任，这些责任并非来自人的利益。如果存在着这些责任/义务，那么，贯彻这些责任和义务的一致性便会要求对支配信念进行彻底更新。然而，帕斯莫尔观点的根本错误在于，他倾向于认为，凡是从人的利益角度来说不是问题的，就不能算作真正的问题。如果这样的话，他所赞同的以人为中心的伦理被认为可以解决他们的问题，也就不足为奇了。如果需要修正传统道德才能得以解决的问题不能算作问题的话，那么，在此基础上认可的问题全都能够在西方道德传统中得到解决这样的发现也就是一个不足为奇的空洞的胜利（hollow victory）。

对未来人，以及非人类生物责任的性质和范围将在后面的几章中讨论。现在要说的是，单是有这类责任的可能性这一点就表明帕斯莫尔的观点有缺陷（在第六至九章，我将为比帕斯莫尔所承认的更宽的义务辩护，不过这些更宽泛的义务是与管家传统一致的）。如果劳特利对支配信念的描述得到认可的话，那么，她提出管家传统与支配信念之间有矛盾
6 的看法就是正确的。但是，（如我在第二至四章中将要论证的）这种解释是对支配信念的一种曲解。从某种程度上说，就像我在书中要论证的，帕斯莫尔误解了支配信念，尤其是明显低估了几个世纪以来管家传统的悠久和普遍性。当劳特利把管家传统写得仿佛与这种支配信念不一致时，她就是在误解这一信念。若是这样的话，那可能就没有必要完全背离我们道德传统中那些旧的原则。然而，（要是承认同时存在专制传统）劳特利认为，由于一致性的缘故，需要彻底更新的观点仍然是有效的。而且，正如我将要论证的，需要拒斥纯粹的人类中心伦理的观点也同样有效，劳特利对此提出异议，她相信纯粹的人类中心伦理是西方道德传统中占支配地位的学说。

在后续的文章中，帕斯莫尔已经更多地表现出了要修改道德原则（以及在某种程度上要修改形而上学原则）的意愿[8]，不过，在《人对自然的责任》第二版的序言中[9]，他只承认这些文章是“在哲学上更加明确了”。在最近发表的一些论文中所提出的问题将在第三、第四章讨论。然而，现阶段值得注意的是，帕斯莫尔目前是如何从更为宽泛的意义上来理解问题和原则的。[10]因此，他现在认为，在无法用现存的道德原则谴责污染者的情况下，污染会影响到非人类物种；如果要保护资源的话，就有必要在传统道德的基础上更加强调和重视对后代的义务；我们对自然和环境的态度是解决诸如物种保护等问题的主要障碍。

当然，可以说，近期各种观点的这种融合验证了劳特利的看法。他认为，研究什么是问题的理论和研究如何解决这些问题的理论，因其必然的密切关系，往往易于被结合在一起（问题的本质与如何解决问题的理论之间必然的密切关系将这些观点融合到了一起）。然而，所幸的是，并不一定总是要如此。原因之一是，人们可以凭直觉意识到什么地方不对劲，有问题，但对可能违反的原则却不十分理解，可能还需要再进行确认，甚至在深思这些原则时，他们可能真的会对这些原则本身产生疑问。濒危物种问题就是一个很好的例子。从人类利益方面考虑，这的确是个问题（如对医药和农业研究的损失，失去了审美愉悦和满足科学好奇心的来源），然而，与其说是这些理由使它成为问题，倒不如说它本身就是问题。[11]

价值理论和道德原则之间也可能存在着不一致。因此，在什么是恶 7
（如皮肤癌，无论受难者是谁）的问题上人们会取得一致，但在关于我们在这方面应尽的义务问题上就可能存在分歧（例如，只要我们当下的行动或疏忽造成了重大影响，阻止皮肤癌在未知的后代人身上出现就是我们的义务）。因此，我们不一定在所有事情上都要等到原则达成一致后（更不用说在用原则去解决社会问题方面取得一致后）才去确认问题。生态学领域中更进一步的例子就是污染和资源耗竭问题。

有关劳特利的“空洞的胜利”的批评，帕斯莫尔的著作是否与这种批评相矛盾，我们无须在此进行评判。在该书的第二版中，帕斯莫尔拒斥这样的观点：如果奈斯对生态哲学的划分被采用的话，他就是一位“浅层生态哲学家”，理由是他在一直关注发达国家的同时也关注发展中国家，同时还关注动物物种的消亡及荒野的破坏。如果是这样的话，我们或许可以认为，帕斯莫尔更多地是寻求原则的和伦理的解决办法，而不是寻求解决这些问题的深度。同时，应当补充的是，如果深度就意味着要接受原始主义或神秘主义，或意味着要拒绝“人类所有利益都高于其他物种利益的倾向”[12]，那么，他就拒绝将他后来的论著归属为具有生态学的“深度”；为了避免这种归属，他乐于称自己是“浅层的”。然而，他的原则随着时间的推移显然越来越有深度了。

更重要的是，对问题和原则来说，仍然有相当大的推理和说服空间，即使对两者中的任何一个的理解往往是以对另一个的理解为基础的。在公认的道德判断和原则基础上，对允许正推（或逆推）的类似论题进行推理，也可以通过推导出承认原则具有束缚力的内涵或承认问题为问题的内涵来进行推理。至少，审视我们对待自然的态度以及我们面临的问题的历史根源有可能使我们做出更为合理的判断，无论是通过发掘或弘扬我们传统中的智慧，还是通过揭露至今仍有影响的古老的错误，或是通过扩展视野使问题能够得到解决。

无论如何，我们现在都应该重新审视这些问题。和帕斯莫尔一样，我也从西方传统研究入手，一是要澄清是非，二是要阐明管家传统，我
8 认为这种传统是一粒深埋的种子，并且像西方传统中的某些哲学流派一样，它比帕斯莫尔的解读要更加深刻、更加有成效。接下来，我将全面考察当代东欧和西欧都持有的对待自然的态度的一些近期根源，这些根源似乎能比《创世纪》更好地解释那些态度。然后，我不是用帕斯莫尔的方法，即从论述问题、说明问题的性质到解决问题必须运用原则的方法，而是直接寻求能一贯地捍卫和最能捍卫我们对后代和非人类生物的责任的原则，并研究它们与当前生态问题的关系。

不过，在研究价值或义务的传统和原则之前，我要做的是：在考察那些较为普遍公认的问题产生的原因时，将它们置于历史背景中。尽管有价值冲突的困难，但事实上，大家都一致认为，污染、资源耗竭、人口增长和野生物种及其栖息地的破坏是个问题——人类的中期利益足以使它们成为问题；而且，长期以来，人们并没有把它们当作问题。综合起来考虑，这些情况表明了理解这些问题产生的原因和使之成为问题的那些因素是重要的。即使在这些问题上存在着价值冲突，我们也不应该认为发现问题产生的原因是一件单凭经验就能做到的事情，就如同发现

解决这些问题的方法一样；我们同样也不应该认为这些努力因上述争论而会出现致命的瑕疵，似乎这些问题从理论上无法解决。

在一本环境伦理学的书中有必要对生态问题的原因进行定位。如果我们能够从促成问题发展到目前状况的那些因素入手，去试探性地找到问题的原因，我们就可以更好地理解问题，通过减少或保留一些促成问题的因素，我们甚至有可能会找到解决问题的办法，或至少可以使问题得到缓解。这里存在着一种危险，即认为所有问题都只有一个而且是相同的原因；同时也存在着一种与其相对的危险，即拒绝把无法解释所有事情的因素视为原因。各种问题的产生完全有可能不是由单个原因所引起的，但是，仍然有必要研究那些据说是发现了单一原因的理论。同样，还存在着这样一种危险：发现实质性的原因或有效的原因会掩盖解释的重要性。这些解释主要基于这样一种信念：实质性的、有效的因素只有在人们大都无法确认这些问题为问题时才会见效，或者是在人们持 9
怀疑的态度和观点，如专制主义的态度，或相信物质进步的必然性和神启观点时才会见效。然而，我认为，研究生态问题产生的原因可以使人们看到，有必要仔细审视这类基本的态度。

因此，在本章下半部分，我将讨论那些认为是由人口增长、富裕、技术、资本主义和经济增长因素引起相互关联的复杂生态问题的理论。对这些主题进行适当的处理所需要的自然科学与社会科学知识要比我所运用的宽泛得多，这的确超出了道德哲学和思想史的研究范围。但哲学可以用来解决当代社会问题的范围要比语言分析的全盛时期所认为的宽泛得多，这一点大家可以在诸如《伦理学》和《哲学与公共事物》等期刊中看到；在哲学被这样运用的时候，还需要运用其他学科的方法和理解。其实，在目前试图阐明理解问题和解决可能需要的理论及原则的过程中，显然有必要这样做。剩下要做的是欢迎有关各学科的专家批评指正；然而，要是仅这一点就使非专家人士停滞不前的话，那么，交叉学科的研究就永远都不会开始了。但在研究引起生态问题原因的问题时，我们需要这样一种探究。

人口理论。按照这种理论，各种生态问题（除了人口增长本身）都是由人口数量的急剧增长引起的，或者要是没有这种急剧增长的话，生态问题至少不会像现在这么严重。世界人口（结果比预期的提早）实现了每三十五年翻一番[13]，因此，与此相适应的是人类经济活动和人类自身产生的废弃物的翻番，以及人类消耗的食物、能源和矿物资源的翻番。人口增长同时也造成了污染的加剧和荒野的大面积迅速消失，人口增长也会使土壤因过度耕作和过度放牧而贫瘠板结，人口的增长还造成了化石燃料和矿物耗竭。总之，这一理论认为，非人类的环境将无法维持或是无法继续承受持续上升的人口增长率；该理论认为，除非不仅人口增长速度停止而且人口增长本身完全停止，否则，这些问题就不可能得到解决。从意愿上讲，人口确实应该有所减少。每增加一个人就要给地球资源增加一份支出，这就是地球资源已经超载的原因。

很难说这一理论*毫无*价值。毕竟，自然环境所能承受的人口数量一定是有限度的，超过了这一限度，自然环境是无法承受的：地球及其各个地区的承载能力是有限的。但是，这一理论认为，每个人和每个人类共同体都加剧了环境的恶化未免太过于想当然了。事实上，世界上大多数地区的许多社区长期以来都一直保持着他们赖以生存的土地的肥沃，运用一些技术，如排水、筑梯田来提高土地的肥力；而且他们的废弃物，不仅没有污染土地，反而还重新回到了土地的自然循环中。这种与土地的和谐关系确实会被人口数量增加的压力打破，但这种情况尚未在全球大规模地出现（不过，若目前的人口增长率再持续很长时间的话，这种情况在全球大规模地出现就是可能的）。非洲撒哈拉沙漠以南的萨赫勒地区在 20 世纪 70 年代干旱期间，自然平衡被打破，这是由于殖民政策和牛而不是人的数量的急剧增加才出现了目前的这种状况。

同时，从审美角度来看，生态问题中最让人讨厌的污染主要来源于西方国家，而西方国家的人口增长远不如第三世界国家那么显著；这一点，也同样适用于矿物燃料和矿物的耗竭，至少从这些较富裕国家的公司和政府的经济活动主要体现在对这些资源的开采这方面来说是这样的。在这些国家，人口增长无疑扩大了这些活动的影响，然而，正如巴里·康芒纳（Barry Commoner）所指出的，即使人口不增长，污染和矿物资源的枯竭也同样会出现。[14]因此，尽管人口增长并非与生态问题的解释毫不相干，但生态问题在人口问题最突出的地方却不是最严重的，而且会随着与人口无关的因素发生变化。

（在第七章中）我将进一步阐述人类生命的内在价值。但上面所说的已经足以使人怀疑每个人都有生态义务的观点，也使人怀疑这样的理论：凡是认为可以随意增加人口的地方，其生态负面效应就一定会加剧。我并不否认，如果要避免全球饥荒和战争、要解决我们的生态问题，人口数量的最终稳定是必不可少的，但我还是（确实）认为把这些 11
问题全归因于人口增长的理论太肤浅，使人无法接受。从学术上讲，人口增长只是引起一些这类问题的部分充分条件，却不是必要条件。同时，我们应当拒斥那种假定人有负面价值的观点，这种看似有道理的观点完全来自人口理论。尽管人类活动有时是有害的，但人类却不是癌症①。

富裕理论。这一理论至少关注了某些社会的一个极为显著的特征：在这些社会里，人的活动看来确实造成了大部分的污染、大部分的矿物开采以及大量野生动植物和荒野的消失。这一理论注意到了 1945 年以后的时期，污染程度的惊人加剧与西方社会尤其是美国的人均总产值的明显增长是一致的，于是该理论断言，加速生态压力唯一的主要因素就是个人富裕和消费的增长。[15]在燃料消费的增长和不可重复使用的产品被丢弃的情况下，消费者对消费要求的增长和浪费就必然会导致环境恶化。这一理论是通过计算需要多少人的努力工作才能达到美国人人均拥

① 有激进的环境主义者说，地球患上了癌症，名叫人类。——译者

有的精巧装置的功效来生动地进行阐明的。

当然，富裕理论并没有对人口增长妄加解释。其实，诸如日本这类社会有证据表明，人口出生率的明显下降与其社会的富裕增长是一致的，也与富裕增长所促进的社会供给和安全感的增加是一致的。此外，完全有理由相信，人口的迅速增长实际上并不是富裕所导致的，而是贫困、欠发展、婴儿的高死亡率和随之出现的不安全感导致的。[16]若是这样，那么，提供发展和自助所需的基本必需品很可能是控制贫穷国家人口迅速增长的最好办法（更确切地说，是唯一的办法）。

但是，这个尚可一试的解决人口的办法绝不意味着需要把富裕扩展到全世界。这样的发展很可能会早在它实现之前就出现生态灾难。虽然富裕并不能解释人口问题，但它却大大加剧了生态问题的严重性。如果
12 是那样的话，那些认同目前西方社会燃料、矿物的过量消费，以及对化纤和无法被生物降解的“商品”生产的过量消费，并因而造成生态负担的人，像帕德里克·里弗斯（Patrick Rivers）[17]，有理由要求一种较简朴的生活方式：普及这种具有象征意义的生活方式会对现代社会的生产和消费方式产生一定的影响。

然而，康芒纳反对富裕理论。他指出：第二次世界大战后污染明显增加而美国人的人均消费诸如鞋、服装和住房并没有相应地增长，碳水化合物和蛋白质的平均消费实际上还略有下降。他承认个人在这些方面的花费的确有所增长，但他还是坚持认为“满足人的主要需求的产品的*人均*产量，在 1946～1968 年没有明显增长”“在某些方面甚至还有所下降”。[18]他承认家用设施和娱乐用品的平均消费的确是增加了，民用燃料的消费也增加了，但这还是不足以说明污染程度上升了。这种污染程度的上升倒是可以用新生产技术的使用加以解释。[19]

这种对富裕理论的反驳还有一些挥之不去的疑问。例如，轿车和省力装置使用的增加不可否认地标志着富裕，也无疑给环境造成了影响。再者，有人或许认为购买先进技术产品的消费者对该技术的持续和发展

负有一定的责任，就如同消费者购买了工厂化生产的农产品对农产品的持续和发展负有一定责任一样。在这里，康芒纳会说，他们没有选择的余地，至少在衣食和住房方面是这样的，他们的默许不可能是造成环境恶化的唯一的、最重要的原因。在很大程度上，我赞同像这样来反驳富裕理论。更为重要的影响因素存在于新技术、与之相关的经济力量，以及那些为了自身企业的利益不惜一切代价的人的行为中。然而，如果消费者的默许会产生影响的话——的确也产生了影响，那么，消费者的反抗，以及要努力建立较为简朴和较少浪费的生活方式就不会完全是徒劳的了。

技术理论。正如康芒纳所指出的[20]，美国的人口增长、人均产品的
增加，甚至由人口增长和人均产品的增长所引起的产量增长，都不足以 13
说明污染加剧。他不否认，如果产量以目前的速度再持续相当长的一段时期，那么，就会对环境造成严重的影响。不过，他认为，这种影响应归因于新的生产方式，例如，清洁剂、铝、塑料和无机化肥代替了肥皂粉、木材、钢铁和粪肥。同样，不回收的包装代替了可回收的玻璃瓶，汽油的含铅量增加以及含氯产品——有机化学产品合成中最重要的部分——使汞的消费大量增加。因此，在生产增长率和更高的污染增长率方面，给环境造成的影响数倍于旧技术的新技术是被忽视的关键因素。

对于像康芒纳这样的理论，福雷德·卡瑟伍德爵士（Sir Fred Catherwood）[21]的回答是，现代技术有时对环境有益。他指出，铝不像钢那么容易损耗，因为铝的使用寿命长一些，而且可以再利用；此外，现代污水处理和水净化方法也明显地给环境带来了好处。他接着说，总之，现代技术大大提高了人类对资源的利用程度，提高了大众的生活水平。但技术带来的好处并不是现在的问题。康芒纳断言，在很多情况下，这些技术成本太高，让人无法承受；在他列举的许多事例面前，这一断言是无法反驳的。

技术理论主要并不是用来解释全球人口增长这类问题的（虽然疾病

控制技术在这个问题上起着关键作用），但在康芒纳的阐述中，这一理论的确解释了近来土地、空气和水的污染问题，也解释了大量野生生物（由于杀虫剂）的灭绝问题，以及大量地球矿物资源的耗竭问题。然而，这一理论却没有解释 1945 年以前人类活动所造成的相当大的生态破坏[22]，也没有解释为什么要在这一特定时期和地点采用这些特定的程序。不过，如果不能对这些开发本身做出说明的话，那么，颠覆它们的努力就很可能会失败。如果可能的话，我们需要知道污染物产生的原因，否则，它们会由于最初实施这些方法时就存在的隐藏力量而逃过使它们无害的努
14 力，甚至会呈现出更严重的特性。因此，在我们对新技术产生的原因做出解释之前，我们所做的都只不过是对问题做了更进一步的解释，而并没有解决它。

然而，康芒纳的理论是重要的。它使我们更明确地把注意力集中于对当前某些生态问题的直接解释上，这一理论由此提出哪些社会需要改变、哪些生产方式应该受到持有这种观点的人的摒弃：目前的生活方式正在对当代人、对其他物种、对后代人造成不公正的伤害。

资本主义理论。新技术被采用在很大程度上是由于它能获得更多的利润：合成纤维和清洁剂的回报率比棉花和肥皂粉高。同样，对西方农民来说，从耕地中获取利润的最好（或唯一）办法就是大量而持续地使用化肥和杀虫剂，尽管它们对人类健康有害，尽管它们经过自然界的食物链会造成许多无法被生物降解的物质的累积。

因此，这一理论认为，资本主义需要利用现有的获利最高的技术来作为繁荣和生存的条件，参与开放的市场竞争的公司也不愿舍弃高技术带来的高额利润。有人或许认为，那些没能使利润最大化的公司会被毫无顾忌的竞争对手击败。只有获取利润并使利润最大化，才能有足够的资金去更新旧设备，从而使日后的利润最大化。因此，资本主义是污染加剧和矿物耗竭的罪魁祸首，因为这些现象常常是资本主义体系所采用的商业方式不可预期的副产品。

还有许多人认为，资本主义依赖于经济增长，它与关心生态问题的人所经常倡导的、一种至少可以作为最终愿望的、稳定的、没有增长的社会完全背道而驰。正如康芒纳所说的[23]，资本主义似乎依赖于资本的积累，而在一个稳态的经济中是不太可能存在这种积累的。再者，由于自身的本性，资本主义似乎就必定要寻求获取利润的新手段，要是稳定社会的规则妨碍了新手段的话，那么，资本主义就很可能会使这种统治
从一开始就萎缩并消失，或者说得似乎更有道理一点，会永远抵制这种 15
统治。然而，人们对于资本主义是否过分依赖经济增长是有争议的。人们可以设想一种集中管理的多元经济，这种经济有严格的规则控制再投资，并且为了防止忽视对环境的影响，也有严格的规则控制生产技术。甚至可以设想建立这样的跨国公司：它们都遵守国际协议所制定的类似规则。这种设想与当代的大企业相去甚远，但不管它实现的可能性是多么渺茫，还是有实现的可能。

然而，我得先把限制增长的社会所需要做的改变的性质和程度问题放一放。这里要讨论的问题应该是，资本主义是否像迄今所发现的那样引起了污染问题和其他生态问题。问题的部分答案是，其他的经济体系也存在着污染，包括苏联的经济体系。[24]因此，推翻资本主义并不能保证生态问题能够得到解决，资本主义不是生态问题产生的必要条件。另外，资本主义一味追求最可获利的生产形式而不管它会给生命和自然资源造成什么样的破坏，并且只要能够保证公司的利润和股东的红利也不管它的代价有多大，它的这种导向表明，在生态问题得到解决之前，需要对资本主义体系做相当大的改变。毫无疑问，废除了私营企业的中央集权制经济情况也很类似：不管怎么说，如果要保护自然资源，如果要使荒野和野生动植物不受侵犯，如果要使土地、空气和水不受污染，那么，这些经济政策也需要进行全面的修订。

增长理论。基于人口、富裕和资本主义的各种理论似乎没有解释我们所面临的问题，而技术理论对这些问题做了一些侧面的解释，结果还

是提出了同样的解释性问题，只是进了一步而已。生态问题似乎的确遍及西方的资本主义社会和东欧的共产主义社会。这两种社会，不论是为了整个人类共同体还是更多地为了共同体中的某些群体，都倾向于寻求短期或中期利益，而不惜给自然环境、非人类的物种以及子孙后代造成相当大的损害。

考虑到上述这些情况，我们知道需要一种更宽泛的理论来解释生态问题产生的原因。有一种理论试图做到这一点。这种理论认为，生态问
16 题产生于经济的指数增长或几何增长，尤其是五个关键因素的指数增长：人口、粮食生产、工业化、污染和不可再生资源的消耗。生态问题由这五种因素增长的相互作用所致。这就是《增长的极限》的论点。[25]该书作者认为，这些因素的增长极限必然会在今后一个百年中到来，除非全人类改变目前的增长趋势并“创建一种能够保持生态和经济稳定长久持续的条件”。[26]这一容易理解的理论显然在对许多前面讨论过的不完全的原因进行了综合的同时，通过强调*经济增长*对它们做了补充。

单靠人口增长或资本主义理论都无法解释问题，因为有时问题的产生与它们无关。富裕理论和现代技术理论也不足以解释这些问题，而其似乎更像是在泛泛地说明事情的症状。然而，经济增长理论解释了西方富裕的资本主义国家，以及迅速工业化的共产主义国家对自然的影响，而且与人口增长理论一起使得目前的这类全球问题变得完全可以预测。[27]

现在或许可以这么说，这一理论认为，工业化、污染和不可再生资源的消耗正在呈指数增长，即使粮食生产尚未如此。由于要与人口增长保持同步，它也与人口增长一样，仍然在稳定地增长。若按目前的趋势持续下去，是否会在 21 世纪末引起人们所预测的各种全球性灾难还尚有争议[28]，不过，现在我们没有必要介入这种争议，因为指数形式的经济持续增长与人口稳定持续增长必然导致灾难性后果，这一点几乎是无可争议的。由此，我们可以说，经济必须停止按指数增长，而且最好是人

口的增长率必须下降，并且应低于 20 世纪 70 年代的水平。

然而，这并不是说人口增长和经济增长是坏事，也并不是说解决我们面临的生态问题就必须完全放弃这两者。经济增长，不管比人口增长快多少（或者甚至是与人口增长一起），是否就完全能够说明我们现在面临的问题，而根本无须考虑使经济增长持续永久的态度或观点，这一点也还不清楚。

因此，梅萨罗维奇（Mesarovic）和佩斯特尔（Pestel）反对这样的观
点：所有的增长都是无差别的。在给罗马俱乐部的第二份报告中[29]，他 17
们极力主张，需要“有机的”增长或有差别的增长，世界应被视为由各个相互作用的地区组成的系统，这些地区需要全球性的合作，某些地区可以增长而另一些地区则应放弃增长以避免区域性（但可能是潜在的全球性）的灾难。建立一种可持续的经济活动模式当然也是他们的目标的一部分，但还不清楚这是否必须是完全没有全面增长的模式。基于这种观点，尽管指数增长的持续的确很糟糕，但并非一切增长均是坏事。这种结论进一步得到了托马斯·德尔（Thomas Derr）的支持。[30]德尔指出，对于穷人来说，消除全球不公正的唯一现实的希望就是经济增长。

正如并非所有的经济增长都是坏事一样，对我们面临的问题进行解释而没有谈到经济增长的说法也并非都是不完全的或片面的。是什么态度导致了永久增长目标的出现，并永久地使它成了目标？与当今的西方社会和共产主义社会不同，更为传统的社会常常缺乏这种态度。那么，部分的解释或许就存在于社会主义社会和西方社会都共有的根深蒂固的态度中。在以下四章中，我将讨论那些声称在其共同的宗教、道德和哲学传统中寻找到了解释的理论。

注　释

[1] John Passmore，*Man's Responsibility for Nature*，London：Duckworth，1974

(hereinafter MRN), p.43.

[2] *MRN* PP.43-45.

[3] Arne Naess, 'The Shallow and the Deep, Long-range Ecology Movement. A Summary', *Inquiry*, 16, 1973, 95-100.

[4] Aldo Leopold, *A Sand County Almanac and Sketches Here and There*, New York: Oxford University Press, 1949, pp.203f. The call for such a new ethic has been echoed in Richard Routley, 'Is There a Need for a New, an Environmental Ethic?', Proceedings of the XV th World Congress of Philosophy, Varna, 1973, 205-210.

[5] Leopold, *A Sand County Almanac*, pp.224f.

[6] See n. l. A second edition, with a new Preface and Appendix, appeared in 1980.

[7] Val Routley, Critical Notice of John Passmore, *Man's Responsibility for Nature*, *Australasian Journal of Philosophy*, 53, 1975, 171-185.

[8] See his 'Attitudes to Nature', in Royal Institute of Philosophy (ed.), *Nature and Conduct*, London and Basingstoke: Macmillan Press, 1975, 251-264; 'The
18 Treatment of Animals', *Journal of the History of Ideas*, 36, 1975, 195-218; 'Ecological Problems and Persuasion', in Gray Dorsey (ed.), *Equality and Freedom*. Vol. Ⅱ, New York: Oceana Publications and Leiden: A. W. Sijthoff, 1977, 431-442. The claim that Passmore's metaphysic is revised in 'Attitudes to Nature' is argued in R. and V. Routley, 'Nuclear Energy and Obligations to the Future', Inqury, 21, 1978, 133-179, at n. 12, pp.175f.

[9] *MRN*, 2nd edn, pp.viiif.

[10] 'Ecological Problems and Persuasion', at pp.438-441.

[11] For a discussion of this issue yielding slightly different conclusions from my own, see Alastair S. Gunn, 'Why Should We Care about Rare Species?', *Environmental Ethics*, 2, 1980, 17-37. See also chapter 8 (below) .

[12] *MRN*, 2nd edn, p.ix.

[13] See Paul R. Ehrlich and Anne H. Ehrlich, *Population, Resources, Envionment,*

Issues in Human Ecology, San Francisco: W. H. Freeman, (2nd edn) 1972, chapter 2. The structure and overall outlook of this book reflect the theory here depicted (though Paul Ehrlich's more recent work suggests a change of emphasis). Cf. John Breslaw, 'Economics and Ecosystems', in John Barr (ed.), *The Environmental Handbook*, London: Ballantine/Friends of the Earth, 1971, 83-93, p.92: 'The essential cause of environmental pollution is overpopulation, combined with an excessive population growth rate'. The current paragraph also reflects broadly the published views of Garrett Hardin and to some extent those of Kenneth Boulding. For a criticism of their prescriptions, see Richard Neuhaus. *In Defense of People, Ecology and the Seduction of Radicalism*. New York: Macmillan and London: Collier-Macmillan, 1971.

[14] See further Barry Commoner, *The Closing Circle*. London: Jonathan Cape, 1972, pp.125-139. For Hardin's view on the Sahel, see Garrett Hardin and John Baden (eds), *Managing the Commons*, San Francisco: W. H. Freeman, 1977, 112-124.

[15] This theory is presented and criticized by Commoner in *The Closing Circle*, pp.136-139.

[16] Cf. Susan George, *How the Other Half Dies*, Harmondsworth: Penguin Books, 1976, chapter 2: Peter Donaldson, *Worlds Apart*, London: BBC, 1971, pp.46-52; Judith Hart, *Aid and Liberation*, London: Gollancz, 1973, passim.

[17] Patrick Rivers, *Living Better on Less*. London: Turnstone Books, 1977.

[18] Commoner, *The Closing Circle*. p.139.

[19] See ibid. p.144 and generally pp.140-177.

[20] Ibid. p.140.

[21] Sir Frederick Catherwood, *A Better Way, The Case for a Christian Social Order*, Leicester: Inter-Varsity Press, 1975, pp.104-111.

[22] Yet the pre-1945 problems were sufficient to give rise to the first conservationist
movement in America. See Pete A. Y. Gunter, 'The Big Thicket: A Case Study in 19
Attitudes toward Environment', in William T. Blackstone (ed.), *Philosophy and*

Environmental Crisis, Athens: University of Georgia Press, 1974, 117-137, p.124. More strikingly, the theory does not explain the blight caused by the original industrial revolution, or the deforestation of much of the Scottish Highlands in the nineteenth century.

[23] Commoner, *The Closing Circle*, p.274.

[24] See ibid. pp.277-281. For an interesting discussion of the prospects for the limitation of growth in capitalist and communist societies, see chapter 3 of Robert L. Heilbroner, *An Inquiry into the Human Prospect*, London: Calder & Boyars, 1975.

[25] Donella H, Meadows et al., *The Limits to Growth*, a report for the Club of Rome's Project on the Predicament of Mankind (1972), London and Sydney: Pan Books, 1974.

[26] Ibid. p.24.

[27] See further Edward J. Mishan, *The Costs of Economic Growth*, Harmondsworth: Penguin Books, 1969.

[28] See H. Cole et al., *Thinking About the Future: A Critique of The Limits to Growth*, London: Chatto & Windus and Sussex University Press, 1973. The rate of growth of the wor1d population seems to have been decreasing throughout the 1970s: see editorial, *New Internationalist*, 79, September 1979.

[29] Mihajlo D. Mesarovic and Eduard Pestel, *Mankind at the Turning Point*, London: Hutchinson, 1975; see pp.l-5, 55.

[30] Thomas Sieger Derr, *Ecology and Human Liberation*, Geneva: WSCF Books, 1973, pp.89f.

第二章 人的支配与犹太-基督教遗产 20

在这一章，我将讨论把犹太-基督教关于人被创造出来就是支配自然的信念看成是我们生态问题的根源的理论。根据该理论，我们可以把这种信念理解为是在暗示人类可以随意对待他们的自然环境。这一理论不得不面对的反对意见是，思想不可能有这种因果功效；而且这一理论似乎也在暗示，中世纪西方对待自然的态度是在不适当地掠夺自然。考虑到这些难点，我认为第二点有实质性的内容，接下来，我将讨论这一理论是否正确解释了《圣经》中关于人的支配信念，或《旧约》和《新约》是否恰恰相反地要求人对自然采取一种更温和、更开明的态度。在第三章中，我将从这以后的基督教史的角度来讨论对待自然的各种态度的依据；在第四章中，我还将全面评述犹太-基督教的人性观念对这些问题的重要意义。这些章节是为后面论述道德理论做准备的，这也使西方的传统资源在处理生态问题上变得更加明确，我认为这些资源比我们通常认为的要丰富得多。

宗教成为问题的根源

林恩·怀特（Lynn White）（在一篇题为“我们生态危机的历史根

源”[1]的文章中）指出，生态问题的历史根源就在犹太-基督教的创世说。更明确地说，生态问题的历史根源就在这样一种信念中：人是按照上帝的模样被创造出来的，人拥有上帝的超越自然的能力，所有的自然
21 秩序都是为了人类而创建的。此后，生态危机的根源可以在科学和技术的结合中被发现，并最终在 19 世纪得到进一步的证实；但隐含在《创世纪》中，或确切地说，隐含在西方人对《创世纪》的解释中的那些信念却是西方特殊的产物——科学与技术——的基础。

早在十六七世纪近代科学兴起以前，中世纪的西方在技术上就远远地走在了当时其他文化的前面，毫无限制地利用自然力为人类服务；此外，这种西方特有的现象并不是偶然的，而是体现了基督教战胜异教后那些刚刚被接受的新的信念。它取代了异教泛灵论所持有的对树林、溪流、山川守护神的尊重，“基督教使得人类可以以一种完全不在意自然物感觉的态度去利用自然”。的确，“*存在于*自然物体中的神灵消失了，这些神灵以前曾保护自然免遭人类侵害……而且，以前对自然开发的限制也打破了。[2]由于这些是我们目前面临问题的根源，所以科学技术不适于用来解决这些问题，而解决问题的良方必定在宗教中。我们应该用一种新的宗教，如禅宗佛教来取代作为问题最终根源的基督教，要是无法做到这一点，我们就应该用圣方济各（St. Francis）的泛心论来修正基督教，按照泛心论的说法，所有生物，无论是有生命的东西还是无生命的东西，都具有灵魂，都是为了其造物主的荣耀而被创造出来的。

如帕斯莫尔所说的，怀特的文章产生了广泛的影响[3]，这部分地是由于阿尔多·利奥波德提倡的一种新伦理，他认为西方仍然缺乏一种支配人与大地，以及与之相关的整个生态共同体关系的伦理[4]，利奥波德的这种呼唤虽然来得有点晚，但影响却在不断增加。怀特认为，技术只是造成某些生态问题的间接原因，不能指望单靠它来解决问题，这一看法尤其得到了广泛的赞同，但在需要进行社会与道德变革的性质和程度方面却存在着不同看法。更明确地说，他的有关生态问题的宗教根源，以及

需要相应的宗教良方的学说受到了质疑，这些质疑不仅在他的神学阐释方面，也包括历史方法方面。

在历史方法方面，一种可能的反对意见是，把一种现象的原因归咎于它的起源是荒谬的。因为看法如同习俗，可以因为与最初产生它的原因完全不同的其他一些原因而长久存在。因此，把产生于 1945 年以后的 22
生态问题的原因主要归咎于可能导致西方对待自然的态度的古代希伯来人信仰，这样做是荒谬的。然而，这种反对意见没有说服力，因为怀特能够提供文献资料来证明，在教父的遗书、中世纪作家的作品、近现代科学家的观念，以及对待自然环境相关行动的态度中都拥有类似的信念（类似程度还有待考证）。同一信念能够遍及后基督教时代，甚至还能存在于像日本这样不太盛行基督教的社会中，的确有些令人感到奇怪。但就前者而言，可能是因为没有动机要去改变人的优越性和支配地位的信念；就后者而言，这是因为西方技术的影响力非常大，人们相信可以把它们输出到其他地方而不会或根本不会受到抵制。因此，怀特是不应受到起源谬误指责的。

不过，更为严厉的指责是他过分依赖思想来解释社会现象。韦尔伯恩（F. B. Welbourn）[5]写道："把思想的因果功效放在如此重要的首位是困难的。"他认为，在历史上，思想的作用就是使行为和习俗合法化，这些行为和习俗还应从较为物质的方面被加以解释；因此，新生的技术力量可能是在出现之后才被经过"适当选择的和适当解释的思想"证明是正当的。[6]现在，宗教思想常常被用于证明社会和技术发展的合法性，这应该被视为是当然的。然而，我却希望与怀特一起，质疑现代科学或现代技术是否可以单凭社会结构或经济力量就可以得到解释，而无须借助有序创造的信念及为了人类的利益利用和改造它是合理的信念。

我在别的地方论述过，科学与造物说之间的联系是紧密的[7]：造物信念意味着自然科学的可能性，而支配信念，至少对于某些人而言，则暗示了它追求的是人道主义的责任。诚然，基督教核心教义的这些含义许多世纪以来一直被忽略了（但却不是被所有人忽略），而在 17 世纪早期，弗朗西斯·培根（Francis Bacon）却明确地论述了这种联系；到 17 世纪后期，皇家学会（the Royal Society）采纳了他的方法中的主要方面。200 年后，依靠着同样的信念，科学开始被系统地运用到技术和医学领域，培根纲领开始得到充分的实现（但没有培根所期望的一些保护措
23 施）；尽管基督教的信念已经衰落，但为了人类利益而驯服自然力是合理的这种信念却没有衰落。

按照韦尔伯恩的观点，如果不借助西方特有的信念和态度，很难解释为什么技术的发展是西方社会所独有的现象。正如斯坦利·杰希（Stanley L. Jaki）和怀特自己所指出的，科学技术在其他地方，要么是刚开始挺红火但却没能继续发展下去，要么是往虔诚的精神方向发展。[8]因此，在对西方社会所特有的技术进步无法做出其他解释的情况下，虽然思想难以单独构成充分条件，但它们却在解释这种（或其他的）社会和历史发展中起着举足轻重的作用。因此，人们不应该以历史方法和历史唯物主义为理由来拒斥怀特的理论。实际上，援引传统伦理和宗教态度可以很好地阐明生态问题以及解决它们所需要的原则。

不过，我对怀特文章中的一些段落持有异议。在这些段落中，他从自己在中世纪技术的发现中推导出它们所表示的对待自然的态度。在谈到 7 世纪北欧八牛犁（the eight-oxen plough）的发明以及它给农业耕作带来的变革时，怀特断言，这种发明随即带来了人与土地关系及态度的重大转变："人类曾经是自然的一部分，而现在人类却成了自然的掠夺者。"[9]在谈到公元 830 年之前的卡洛林王朝历法（Carolingian calendars）时，他也持类似的看法，他评论道，在历书中，月份的"被动的象征"被"耕作、收获、伐木、为养猪而采橡子的人、杀猪"等景象取代。对于这种转变，怀特说："它们表明了一种对待自然资源的压制态度……现在人和自然是分离的，人是自然的主人。"[10]

这些评论夸大了新犁和新历法的道德意义及形而上学意义。我现在

还无法对怀特关于新犁的使用带来社会变革的论断提出质疑。[11]但是，如果认真对待他对它们的意义的评论，那么，就可以推断出，直到大约公元 800 年，西方人才认为自己不同于自然，尽管这与怀特自己所说的基督教信仰是冲突的[12]，此后，一种对待生物、矿产和荒野的贪婪的、强制的及不适当的态度就盛行了起来。怀特在文章中做出这种解释的部分是孤立的，也并不典型。而且怀特所陈述的事实根本不支持这种解 24
释。此外，如果过度耕作、伐木和采集橡果完全体现了一种掠夺自然的态度，这种态度就跟无所顾忌地使用汞化合物造成河流污染，以及使用锶 90 而造成大气污染所体现的那种态度是一样的，那么，应当问的是，怀特所关注的态度是否与康芒纳所关注的一样，他所关注的态度究竟是不是掠夺性的。

尽管怀特没有进一步论证这些变革体现了一种不适当的掠夺观点，但他的话语似乎只能让人得到这种理解（他不可能只是在说，人类从那时起开始掠夺自然，而不是把“掠夺”当作贬义的，因为按他自己的说法，人类这种对自然的纯粹*利用*已经持续了好多个世纪）。但是，要是公元 800 年左右西北欧对自然的新的利用构成了（不适当的）掠夺，那么，看来怀特接着描述的中世纪技术的所有其他发明应该也构成了（不适当的）掠夺，而他对这些技术的描述却是如此精心而且充满了敬意。如果是这样的话，我们就很难理解他作为一名历史学家对自己的论题的态度。认为火药最好不要用的观点是可以理解的，但怀特是否真的同样认为风力和水力、轮作体系，以及具有营养功效的蚕豆和鹰嘴豆也最好不被利用呢？如果不是的话，他仍可以使我们相信，9 世纪西北欧人比其他地方的人为了人类的利益更积极地去改造自然，但他却无法让我们相信，他们这样做所带来的变化在很大程度上是令人遗憾的。的确，倘若这种开发是一种新的宗教要限制或避免的，那么，怀特可能对我们所需要的东西做了错误的描绘。

《旧约》的态度

现在可以探讨，是否如帕斯莫尔和韦尔伯恩所说的那样，怀特对《旧约》的描述也是错误的，按照这种误解，他至少错误地描述了他认为的我们生态问题的根源。根据《创世纪》，上帝创造人类是为了“让他们管理海里的鱼、空中的鸟、地上的牲畜，以及遍地和地上所爬的一切昆虫”[13]，并授权人类“要生养众多，遍满地面，治理这地”。[14]怀特对此
25 的评注是：“上帝显然是为了人类的利益和统治而做了所有这些安排（上帝的创造）：创造出来的实物没有一样不是为了服务于人的。”那么，《旧约》在多大程度上可以做出这种解释呢？

人们通常赞同，依据《旧约》的观点，自然不是神圣的。造物主和他的所造之物有着本质的区别，崇拜后者就是盲目的崇拜，因此，把造物主的所造之物视为人类利益的资源并不是冒渎。其实，对于人的支配地位只在特定的界限中才能这么说。另外，如帕斯莫尔指出的，人类可以适当利用自然的观念并不表明对待自然不负责任的态度是正当的。[15]它至多只是排除了这样一种可能性：禁止不负责任地对待自然的态度，如果有其他方案可选择，这种禁止方案肯定是不受欢迎的，因为自然神圣的信念使医学和科学研究不仅成了不正当而且实际上也亵渎了自然，这种禁止也包括生态学本身。帕斯莫尔提醒我们：像玻意耳（Boyle）这样的一些基督教科学捍卫者就非常恰当地诉诸了《圣经》。[16]《创世纪》章中已经隐含了其他可供选择的禁忌的可能性，在这一节中，上帝只授权人类食素。只是在堕落和灭世洪水之后，人类才被授权吃肉[17]，似乎是传播和修正《创世纪》叙述的教区联合会对吃肉感到不安，并且意识到需要一种特别的正当理由。

尽管《旧约》最终允许肉成为人类的食物，但《利未记》和《申命记》实际上都对人与自然的交往，如人应该如何对待果树、牛、母鸟及休闲地，做出了相当大的限制。[18]同样，《箴言篇》也声明了“义人顾惜

他牲畜的命”。如韦尔伯恩所指出的，异教的万物有灵论并不是唯一一种在人类对待动植物方面施加限制的宗教。实际上，正如他巧妙揭示的那样，一神论的宗教也做过类似的限制。因此，只要基督徒还没有忘记《旧约》，怀特的论断——依据基督教，上帝打算让人“为自己的适当的目的”来开发自然[19]，随着基督教战胜异教，“掠夺自然的禁令也被打破了”[20]——只会使人产生误解（不应该认为怀特是把上帝的授权限定在人的*道德上*“合理的目的”范围内的，因为这种授权被认为是引起我们生态问题的致命根源，而不仅仅只是授权在道德上是否是合理行为的问题）。

如果考虑一下怀特所说的《旧约》把自然描绘成只是为了人而被创造出来的论断，那么，这一点就更好理解了。只要稍加分析便会发现， 26
这一观点站不住脚。在《创世纪》的第 1 章中，植物不仅被用来作为人类的食物，也是牲畜、禽类和爬行类动物的食物。灭世洪水过后，这些生物被要求繁殖和遍及大地。《约伯记》中还提到上帝赐雨给植物和杳无人迹的荒野（38：25ff），为野驴建造荒野（39：5ff）。给人印象更深的是，《诗篇》的第 104 篇中列举出了上帝对自然以及所有生物的关怀，其中，人类并没有被描绘得比飞鸟和野兽更突出。其实，帕斯莫尔发现，一切都是为了人的信念不是来自《旧约》，而是来自斯多葛学派和早期的希腊[21]，大概是从 3 世纪基督徒奥利金（Christian Origen）那里得到的这种信念。[22]正如我们将要看到的，斯多葛学派在这方面的影响并没有超过《旧约》，全然不像帕斯莫尔认为的那样。

从事实来看，非人类的生物在上帝眼中除了具有为人类利用的工具价值外没有其他价值，这种传统来自希腊人而非来自希伯来人[23]，这种传统只是基督徒们对其他生物的价值所持有的一种观点，但却不是唯一（或甚至可能是主要的）观点；它并非如怀特所称的是“正统基督教的僭妄”（orthodox Christian arrogance）。[24]即使按帕斯莫尔的说法，适当地称之为“希腊-基督教的僭妄”（Greco-Christian arrogance）[25]，也还是超出了事实，因为大多数古希腊人和很多（或许大多数）基督徒都不是持这种观点的（见第三章）。而且，熟悉《旧约》的基督徒会认为：在上帝的眼里，除了人以外，其他各种生物也都具有内在价值。所以，怀特认为，依据一般的基督教信仰，人类应该把自然作为实现人自身目的的原材料，这肯定是错误的。

我将在第四、第五章中进一步探讨怀特所认为的犹太-基督教是人与自然二元论的观点和永恒进步信念根源的观点。我们现在要考虑的仍然是，《圣经》中人类支配的信念与人作为统治者的观念究竟有多大程度的一致，尽管人是统治者的观念只是自培根和笛卡儿时代以后才开始完全时兴起来的，但帕斯莫尔仍然认为，这种观念一直支配着西方的传统。虽然帕斯莫尔使怀特的理论受到了相当多的限制，但他说《旧约》可能表露出了人类对待自然的绝对专制态度，这是否属实还需进一步考证；他相信这种能力在基督教信仰中直到最近实际上都还是关注的中心。[26]
27 对此，我想我要说的是，只有断章取义和无视希伯来人的思想才有可能在《旧约》中诠释出这种专制的态度。

人类支配的信念包括了人作为上帝所造之物的管家，受上帝的委托负责照看它们，帕斯莫尔认为这种看法完全是最近才有的，（至少在基督徒中）它起源于 17 世纪。[27]如果他是对的，那么，基督徒的主要信念一直都是，除了被上帝明确禁止的行为外，人类有权在不受其他任何限制的情况下以自己喜欢的任何方式与自然打交道，就像神圣的罗马帝国中专制的王子，只是受到了对帝王的许多理论上的限制。

然而，《圣经》中讲的人对自然的支配并不是专制。如果《创世纪》授权人类统治自然，那么，它所授权的那种统治应该与希伯来人的君主制概念一致：尽管希伯来人意识到其他国家有绝对的君主，但他们却从来不这么看待自己的国王。相反，他们认为，自己的国王是受上帝的嘱托负责为王国谋福利的[28]，如果他们的国王失职，上帝就会派一位先知来重新取代国王。在《历代记》第 29 章的 11～14 节中[29]，大卫对待上帝的那种态度代表了国王所应有的态度；在那里，大卫将所有的权力归于上帝，并且在上帝面前承认他和他的子民之所以能够奉献，都是因为上帝的荣耀先赋予了人类这些，就如同上帝赋予我们其他万物一样。国王们常常背离这种谦卑祷告的精神也就不足为奇了，但现在的问题是，希伯来人所特有的对王权和统治的概念，而不是绝对接受隐含在其中的理想的所有人的实际做法。他们希望以负责任的态度去实施的并不只是王权，还包括对财物的一般拥有。[30]

约翰·布莱克（John Black）从《创世纪》第 2 章第 15 节中找到了更为直接的论据来证明人的支配应被理解为可以负责地行使某种程度的看护（trust）或托管（mandate），而不应该将其理解为专制主义。《旧约全书》首六卷最早的作者雅威（Yahwist）就此方面叙述道：“神将那人安置在伊甸园，使他整治看守。”[31]布莱克认为，“整治”是指为了收获同时也是为了悦目而“耕作”，“看守”是指“免遭伤害”。因此，人被安置到这个世界是为了替上帝照看它，如布莱克指出的，是将它作为一种愉悦的资源来保护它，而不仅仅是作为食物（《创世纪》第 2 章第 9 节）。帕斯莫尔[32]认为，这种授权随着人因其自身的缘故被驱逐出伊甸园而终止；然而，在人类堕落之前，最初被赋予的支配托管在堕落之后依然有 28
效，后来出现的新情况不能被理解为使人类摆脱了以前的所有义务，而赋予人类以自我为中心行事的特权。靠自己的辛苦劳动生活未必就要掠夺自然，就像我们在 7 世纪的过度耕作中所看到的一样。

因此，如格拉肯（C. J. Glacken）对《诗篇》第 8 篇中所表达的人对自然的支配信念的评论，人们一旦理解了《旧约》的背景，就不太会把那些字句理解为僭妄，也许初看起来似乎是那样。[33]相反，与帕斯莫尔不同，格拉肯倾向于这样一种结论，即在《圣经》中，人是“上帝的管家”。[34]不管怎么说，上面所引证的事实表明，既不能认为《旧约》与一切事物均是为了人而被造出来的人类中心主义观点是一致的，也不能认为《旧约》与人可以任意对待自然和非人类生物的专制观点是一致的。

此外，对于《新约》的作者来说，《旧约》就是《圣经》；对他们而言，新教规中没有被明确取代的《旧约》信条都是具有权威性的（诚然，在《新约》中，基督徒从《利未记》和《申命记》的具体束缚中解脱了出来，但这些书还在被作为“圣经”引用）。因此，没有明显的对立倾向，《新约》的立场与《旧约》的立场在我们所讨论的问题方面是一致的，这种立场与帕斯莫尔和其他人所认为的那种僭妄是不相容的。

《新约》的态度

帕斯莫尔承认，在耶稣教导人们要关照麻雀时，实际上他仍然保留着《旧约》的传统（《马太福音》，10：29；《路加福音》，12：6）。当耶稣讲授这些并谈论“野地里的百合花”（《马太福音》，6：28-30）时，重心还是偏向于人的价值的；然而，描述百合花时所选用的那些字词却表明，上帝甚至在植物中感受到了快乐，而且它们的价值是独立存在的。

> 你想野地里的百合花，怎么长起来；它也不劳苦，也不纺线；然而我告诉你们，就是所罗门极荣华的时候，他所穿戴的，还不如这花一朵呢！你们这小信的人哪，野地里的草今天还在，明天就丢在炉里，神还给它这样的装饰，何况你们呢！[35]

29 早先（《马可福音》，1：12f），耶稣与野兽为伴，在旷野中度过了 40 天；他还多次让他的门徒到加利利湖（the Lake of Galilee）的对岸去独处以避开众人（《马可福音》，4：35，6：45，8：13）。正如上面描述百合花的那段所表明的他对自然美的欣赏，这些章节表明，他不仅把自然视为一种资源，同样也把自然视为庇护所和新生的源泉。

在对待动物方面，帕斯莫尔认为，耶稣所关注的只是将它们作为人类的财产来保护它们。

> ……其他为人所知的《旧约》禁止（残忍对待）动物……有时是基于驴和牛是有价值的财产，正如路加报道耶稣问犹太人：你们谁会让驴或牛掉到陷阱里而不在安息日把它们拉上来呢？[36]

但这是在回避耶稣对待动物态度问题的实质，继而也是在回避《旧约》作者态度问题的实质。家畜对人有利显然是保护它们的一个理由，但未必是唯一的理由。实际上，在“迷失之羊的比喻”（《路加福音》，15：4-7）中，通盘考虑起来，找回第 100 只羊，即使有边际利益，也是微不足道的，但牧羊人仍然要将它找回来：尽管不允许对一个比喻中从行事者到叙述者的意图进行无限制的争论，但在这个比喻中，将牧羊人对羊的关爱比作上帝对罪人的关爱表明，我们可以认为耶稣是赞同牧羊人的态度的。因此，耶稣是理解和认同无私地关爱动物的。实际上，在《约翰福音》中，耶稣声明（《约翰福音》，10：11），与雇工形成对照，好牧人实际上为羊舍命这一段，无论是否具有历史意义，一定都影响了其读者对待兽群的态度以及对待基督对其信徒的那种精神上关爱的态度。

说他持专制观点的唯一证据是描写他对待加大拉猪（《马太福音》，8：28-34；《马可福音》，5：1-20；《路加福音》，8：26-39）以及不结果实的无花果树（《马可福音》，11：13f，20-24）的章节。这些章节后来被奥古斯汀（Augustine）这类人作为基督允许残忍对待动植物的授权书。

> 基督自己指出，不杀动物和毁坏植物是极度的迷信，因为认定
> 我们与野兽和树木之间不存在共同的权利，他就把鬼赶到了一群猪 30
> 的身上，用一句咒语便使他看到的不结果的树枯萎。[37]

这一段更多的是要告诉我们奥古斯汀及他在抨击他的前同伴——摩尼教信徒，而非耶稣方面的辩论能力。理解有关自然奇迹的章节特别难；但在这两个例子中，我推荐史蒂芬·克拉克（Stephen Clark）有关猪的观

点："我怀疑在琐事的背后有潜在的寓言（究竟是谁在照看*猪*呢？）。"[38] 就无花果树来说，我们实际上在《路加福音》中已经有这样的寓言，这个寓言可以很容易就转换成马可的叙述（同样，耶稣讲的故事也可以转变成讲述有关耶稣的故事，这在"财主和拉撒路的寓言"（《路加福音》，16：19-31）中以及使拉撒路复活（《约翰福音》，11：1-44）中可以看到，而且在结婚宴席中宴会宾客和新酒的比喻（《马太福音》，22：1-14，25：1-13；《马可福音》，2：19-22）、在加利利的迦拿耶稣所行的奇迹的寓言中都可看到。同样，猪的象征意义较好地表达了三部福音书中描绘的有关猪的故事。如果真是这样，那就无意间会让人觉得这些观点是耶稣本人持有的，而我们清楚地知道，事实并非如此。

在对待自然的态度方面，《新约》背离了《旧约》的是，它最后取消了动物间洁净与不洁净的区别（《使徒行传》，10，11），它在一个章节（《希伯来书》，10：1-18）中废除了赎罪祭，其中，说到用"公牛和山羊的血"除罪的观念时带着明显的厌恶。保罗的离题问题也暗示了上帝并不关爱牛（《哥林多前书》，9：10f）。然而，当保罗真的把注意力放在非人类生物的话题上时，他认为，一切生物都在劳苦地等候着从败坏中解脱出来，得享上帝之子的自由（《罗马书》，8：21f），他并没有去挖掘《圣经》箴言背后的象征意义。帕斯莫尔确实承认保罗在这里是指人类和非人类都是在等候上帝[39]，因此，很难说他对待非人类生物的态度只是工具性的。实际上，在另外一封使徒书信中，所有被造之物都被描述为救世的对象（《哥罗西书》，1：15-20）。此外，这种拓宽了的视野在《启
31 示录》中也可看到，《启示录》中的生命树象征着当初《创世纪》（2：9）中的生命树的最终复活，因而当初的伊甸园也复原了。

把这些章节和其他一些章节联系在一起就排除了对《新约》是专制观点的解读；而且认为《新约》中有关非人类被造物的观点与《旧约》有关非人类被造物的观点除了偶尔有时是连贯的外，其他都是不连贯的看法，也是站不住脚的。即使看管葡萄园和照看兽群在《新约》中象征

着对教堂而不是对地球的关照，但是，如帕斯莫尔认为的那样[40]，这种象征所要求的对自然的仁慈理解必定强化了《旧约》中极力主张的那种对待自然的温和的和负责任的态度。

至于帕斯莫尔本人，他把基督教对待自然的态度做了如下总结[41]：

> 然而，可以合理争辩的是，基督教教义助长了某些对待自然的特别态度，即自然主要是作为资源而不是作为从中可以获得愉悦的东西，自然并非神圣的，人类*有权*随意利用自然，人与自然的关系并不受制于道德原则。

关于第三种观点：自然不是神圣的，尽管在这里还是可以说所有地上和天上的形体在《哥林多前书》的第 15 章第 40 节中都被说成是具有各自的荣耀的，但仅就这一点，我会同意帕斯莫尔的看法。正如我们已经看到的，其他态度都与《圣经》的基督教教义无关。《创世纪》《诗篇》《约伯记》以及福音书都意识到了自然的美；而且，《旧约》和《新约》都意识到了非人类生物的独立价值，这种意识所暗示的是，在对待这些生物方面加以约束至少与《旧约》中明确规定的那些约束同样具有深远意义。人类的支配是对上帝负责，而上帝把一切所造之物都看成是非常的好（《创世纪》第 1 章），因此，在认识到上帝授权人类为道德代理人时，认为这种权利的施用不受任何道德约束则是完全错误的。在《圣经》中，上帝除了关心人类的福祉外，也同样关心其他生物的福祉，因此，人类有义务关爱自然，而不是无情地将自然隶属于自己的目的，去 32
破坏它的完整性。尽管《圣经》并没有以原则的形式列出这些义务，但它却排除了对待自然的专制和人类中心主义的态度，这些态度是怀特和帕斯莫尔认为从《圣经》中很自然就可以解读到的；实际上，《圣经》在很大程度上可以被认为或明或暗地包含了许多负责任的环境伦理所要求的要素。

注 释

[1] Lynn White Jnr，'The Historical Roots of our Ecological Crisis'，in John Barr（ed.）*The Environmental Handbook*. 3-16，reprinted from *Science*，155（37），10 March 1967，1203-1207.

[2] Ibid. pp.11f.

[3] *MRN*，p.5.

[4] Aldo Leopold，*A Sand County Almanac with Other Essays on Conservation*，New York：Oxford University Press，（2nd edn）1966，p.238.

[5] F. B. Welbourn，'Man's Dominion'，*Theology*，78，November 1975，561-568，p.561.

[6] Ibid. p.562.

[7] Robin Attfield，*God and The Secular：A Philosophical Assessment of Secular Reasoning from Bacon to Kant*，Cardiff：University College Cardiff Press，1978，chapter l.

[8] Stanley L. Jaki，*Science and Creation*，Edinburgh：Scottish Academic Press，1974；Lynn White Jnr，*Medieval Technology and Social Change*，Oxford：Clarendon Press，1962. See especially pp.86，130f.

[9] White，*Medieval Technology*，p.56. Similar sentences appear at p.9 of White's article in *The Environmental Handbook*.

[10] At pp.56f of White's book，replicated closely at p.9 of his article.

[11] But White's methods and findings have been severely criticized by R. H. Hilton and P. H. Sawyer in *Past and Present*，24，April 1963，90-100.

[12] *The Environmental Handbook*，pp.10f.

[13] Genesis l：26.

[14] Genesis l：28.

[15] *MRN*，p.9. See further Ian G. Barbour，'Attitudes Toward Nature and Technology'，in Ian G. Barbour（ed.），*Earth Might Be Fair*，Englewood Cliffs，NJ：

Prentice-Hall, 1972, 146-168.

[16] *MRN*, p.11.

[17] *MRN*, p.6.

[18] Welbourn, 'Man's Dominion', p.564.

[19] *The Environmental Handbook*, p.11.

[20] Ibid. p.12.

[21] *MRN* p.14.

[22] *MRN* p.16.

[23] Thus C. J. Glacken, *Traces on the Rhodian Shore, Nature and Culture in Western Thought from Ancient Times to the End of the Eighteenth Century*. Berkeley, LA 33
and London: University of California Press, 1967, pp.42-62. In the Preface to his first edition Passmore rightly praises Glacken's work as a 'vast storehouse of learning'.

[24] Thus White, *The Environmental Handbook*, p.16.

[25] *MRN* p.17. Parallel qualifications are in place over Peter Singer's accounts of Hebrew and Christian views of man and the animals inchapter 5, 'Man's Dominion, a Short History of Speciesism', of his *Animal Liberation, A New Ethic for Our Treatment of Animals*, London: Jonathan Cape, 1976. See Robin Attfield, 'Western Traditions and Environmental Ethics', in Robert Elliot and Arran Gare, *Environmental Philosophy: A Collection of Readings*, St. Lucia: University of Queensland Press, Milton Keynes: Open University Press; University Park: Pennsylvania State University Press, 1983.

[27] *MRN* pp.29f. At p.185 he holds that its fullest implications were only first seen by Kant.

[28] See Andrew Linzey, *Animal Rights: A Christian Assessment of Man's Treatment of Animals*, London: SCM Press, 1976, p.15, where he cites the support of Claus Westermann, *Creation*, London: SPCK, 1974, p.52.

[29] Cited by Thomas Sieger Derr, *Ecology and Human Liberation*, p.73.

[30] Ibid. p.70.

[31] Cited by John Black, *Man's Dominion*, Edinburgh: Edinburgh University Press, 1970, p.48.

[32] MRN p.31. Cf. Westermann, *Creation*, p.82, whose account I follow.

[33] Glacken, *Traces on the Rhodian Shore*, p.166. See also John Austin Baker, 'Biblical Attitudes to Nature', in Hugh Montefiore (ed.), *Man and Nature*, London: Collins, 1975, 87-109. See also James Barr, 'Man and Nature: The Ecological Controversy in the Old Testament', *Bulletin of the John Rylands Library*, 55, 1972, 9-32: my disagreements with parts of this article will be clear to its readers and mine.

[34] Glacken, *Traces on the Rhodian Shore*, p.168.

[35] Matthew 7:28b-30 (Authorized Version). See further J. Donald Hughes, *Ecology in Ancient Civilizations*, Albuquerque: University of New Mexico Press, 1975.

[36] Passmore, 'The Treatment of Animals', p.196.

[37] Quoted ibid. p.197.

[38] Stephen R. L. Clark, *The Moral Status of Animals*, Oxford: Clarendon Press, 1977, p.196.

[39] 'The Treatment of Animals', p.198.

[40] *MRN*, p.29.

[41] *MRN*, p.20.

第三章　管家传统

我们文化中占主导地位的宗教与伦理传统究竟是专制的还是对环境负责任的，这个问题值得进一步研究。即使根据《圣经》的作者对自然的理解来看，它并不是专制的（第二章中已讨论过），但《圣经》的追随者所传授的却可能仍然是专制的；要是这样的话，我们生态问题产生的原因就更容易理解了，我们必须尽可能地从根本上远离这种教义。然而，正如我在本章中要论证的，如果犹太-基督教传统在历史上一直强调对自然的责任，而不只是为了人类的利益；并且，如果犹太-基督教的世俗评论者一直常常重复强调这一点，那么，无论问题产生的原因可能是什么，我们的传统都提供了一些资源，这些资源以新的形式使我们能够处理这些问题，而不必采取建立一种新的环境伦理的应急办法，因为这种应急办法既可疑又难以让人置信。

传统基督教的态度

基督教内部对待自然的态度各不相同，这种不同实际上比它的评论者所以为的还要大得多。因此，一切均是为人而创造的信念为某些基督徒所持有，如奥利金、彼德·伦巴德（Peter Lombard）、阿奎那（Aquinas）和加尔文（Calvin），但这一信念却明确地遭到了另一些人的拒斥，这些人中有奥古斯汀、笛卡儿、约翰·雷（John Ray）、林奈（Linnaeus）、威廉·巴莱（William Paley），还有犹太哲学家迈蒙尼德（Maimonides）；另外，还有很多其他人也含蓄地拒斥这一信念，如里尔的艾伦（Alan of Lille），他对自然的看法绝不是工具性的。[1]

不管怎么说，东正教会似乎一直坚持怜悯非人类物种的观点。因此，圣巴西勒（Basil the Great）在一篇为动物祈求的祷辞中，或许是借
35 助了《罗马书 8》中的力量，承认上帝已许诺既拯救人类也拯救兽类。还有圣约翰·克里索斯托（Saint John Chrysostom）的记载，他在 4 世纪谈到兽类时曾写道："我们向它们表示出极大的仁慈和友善无疑有多种原因，但最主要的原因是它们与我们同源。"[2]而且其显然把这一点视为公正的一个必要条件。[3]有许多谦卑慈爱地对待动物的故事，而且有人认为，在东正教（Eastern Orthodoxy）中，"人类宇宙观的意识从未丧失，从未停止过把它们看成人类救赎的不可缺少的部分"[4]。因此，7 世纪叙利亚的圣艾萨克（St Isaac the Syrian）极力主张同情所有生物，并要有"一颗不能容忍看到或听到任何动物受到伤害的同情心，哪怕是一点点的伤害"[5]。世俗国家在把 3 世纪法学家乌尔比安（Ulpian）的《自然法》和《万民法》的精髓纳入《查士丁尼法典》（*The Institutes of Justinian*）时，（至少在理论上）也承认有自然法（*Jus Naturae*）和万民法（*Jus Gentium*），前者是自然教会了所有动物的法则，后者则是一部人类特有的律法。[6]承认自卫和照顾幼崽这些动机属于自然法，表明动物得到了某种程度的道德承认，即使没有什么比应得到的道德权利更明确。实际上，约翰•罗德曼（John Rodman）坚决认为，人们普遍接受这种对自然法的理解，直到雨果·格劳秀斯（Hugo Grotius）在《战争与和平法》（*De Jure Belli ac Pacis*，1625 年）中以一种"人类中心的"（hominicentric）方

式对其做了重新解释为止。[7]

甚至在西方，圣波拿文都拉（St Bonaventure）这样描写圣方济各：“当他考虑到万物的起源时，他就会有莫大的怜悯，所以，他把所有生物，无论多么低级，都称作兄弟姊妹，因为就他所知，它们与自己一样，都来自同一个起源的法则。”[8]尼古拉斯·阿尔谢尼耶夫（Nicholas Arseniev）揭示了圣方济各持有的宇宙观，至少在他早期的一些追随者中，一直都引起了共鸣。[9]另外，如帕斯莫尔所指出的，斯多葛学派有关非理性的被造物没有权利的观点严重地影响了奥利金。[10]该学派关于自然界只为人的利益而存在的信念亦是如此。在前面第二章中引证的有关奥古斯汀反对摩尼教的那一段中，帕斯莫尔也发现了这种影响，在那一段，他把人与动物之间没有道德联系的观点看成是基督的看法。[11]但奥古斯汀也拒斥非人类的生物只有工具价值、一切被造物均是为了满足人的需要或愉悦的信念。他认为，每一种生物在被造时都有它自身的价值。[12]的确，就像我在别处已经更充分地讨论过的[13]，全面地来看，他的立场根本就不是“希腊-基督教僭妄”。

此外，考察一下帕斯莫尔所描绘的两种传统会对我们有所启发，一 36
种是管家传统（包括人受托有责任保护地球的美丽和富足的信念），另一种是与自然合作传统（cooperation with nature，包括人类应该根据自然界的潜能努力发展和完善它的观点）——帕斯莫尔没能在异教徒的古代和17 世纪之间找到这两种传统。然而，事实上，在教父时期的东西方，基督徒都普遍持有这两种观点。因此，如格拉肯指出的，巴西勒认为，人是被造物的提供者和完善者，这种理解在西方被安布罗斯（Ambrose）进一步强调，而在东方则被狄奥多莱（Theodoret）进一步强调[14]；奥古斯汀对改善自然的赞美，以及他认为人通过农业之类的科学和艺术参与上帝工作的信念使得这一教义在（天主教）本笃会统治时期的寺院中得到了从容的应用。[15]至于人是上帝所造之物的管家这一信念，我们也可以在教父时期找到。实际上，格拉肯在 6 世纪的旅行家科斯马斯·印第科普莱特斯（Cosmas Indicopleustes）所写的《基督教地志》（*The Christian Topography*）中找到了这种观点[16]，而且发现这种观点也隐含在巴西勒、安布罗斯和狄奥多莱的著作中。此外，整个中世纪的人们似乎都把大地应被改良的信念视为理所当然，而这并没有妨碍保护森林的积极措施[17]；这些基督教作家很早就一直警告人们不要毁坏自然景观。[18]因而，有强有力的证据反对艾伯塔斯·马格努斯（Albertus Magnus）和沃尔特·奥布莱特（Walter H. O'Briant）的看法：犹太-基督教传统把人看成是“疏离自然”的，赋予人对环境漠不关心的态度，专注于拯救灵魂而不关心自然界，因为那不是他们真正的家。[19]某些基督教教义可能助长了这样一种观点，而其基本的形而上学体系却绝不是这样的，人们承认克莱尔沃的圣伯纳德（Bernard of Clairvaux）提出了要关注增进自然界的美丽和多产问题[20]，人们也承认叙利亚的圣艾萨克对其他生物的同情，但常常把艾萨克这位沙漠教父与奥布莱特所反对的来世联系在一起。

然而，对基督教所表达的专制观念指控不断的正是对待动物方面。在这方面，彼特·辛格在《动物解放》和其他论著中对帕斯莫尔列举的证据做了进一步的补充[21]，并且得出了更加令人忧虑的结果。我在别的
37 地方已经论证过[22]，他对基督教教义的专制和人类中心主义的指控与大量事实相冲突，尽管应当承认，直到宗教改革，一直都没有人反对斗牛之类的活动，只是到了那时，基督徒和其他反对残酷对待动物的人一直进行着艰苦的斗争。[23]然而，基督教废弃了献祭[24]，尽管格斗竞赛被取缔，但竞技场上动物间的争斗并没有被禁止，不过，不断禁止基督徒去观看此类表演肯定促成了这些古老形式的消失。[25]同时，在东西方，在许多方面与善待动物相连的圣人崇拜鼓励善待动物的态度[26]，这种态度在中世纪的罗马圣餐仪式[27]，以及中世纪动物寓言故事里对生病动物的祷辞中都可以找到证据。[28]

因此，尽管非人类生物在西方常常被排除在救赎计划之外，但在教父时期和中世纪，它们并没有被排除在道德考虑之外（实际上，它们偶尔还

会受到审判，并被赋予很大的责任）。当然，家畜还继续被用作驮兽，而且牛也仍然被宰杀用作食物；但必须提出理由证明，才能使人相信这些做法是开发资源，而不是有时随之出现的滥用（辛格自己并不反对屠杀和替代无自我意识的动物[29]）。此外，巴西勒为“那些白天与我们一起承受炎热和重荷的卑微兽类”[30]所做的祷告表明，驮兽并不总是受到压迫的。

因此，在教父时期和中世纪，普遍存在着一种关心地球和完成上帝造物工作的责任感，并有一种基本的意识，即应该善待动物，动物并不仅仅只具有工具价值。然而，阿奎那却坚持动物只具有工具价值的观点。[31]他教导人们，残酷地对待动物是错误的，主要是因为这样做会给作恶之人的性格造成不利影响，而且对其主人来说也是财产的损失。[32]不过，他承认非理性的生物“能够因人的仁慈而得到爱，仁慈也是我们希望他人所拥有的善良的东西，因为仁慈能使我们为了崇敬和侍奉上帝而珍视它们。上帝就是这样因为仁慈而爱它们的”[33]。这种感情有时被认为是指我们应当爱护动物，即使不是为了它们自身，也是因为上帝爱它们的缘故。他也坚信，保罗关于上帝是否关心公牛的问题，仅仅只意味着上帝没有把它们当作理性的生物看待，而并不是说它们被排斥在上帝的眷顾之外。[34]其实，他希望正义之士对动物遭受的痛苦有恻隐之心，以免丧失他对自己同胞的同情心。[35]

无论如何，这种教导还是使得 17 世纪的经院哲学家能够反对笛卡儿信 38
徒维持动物遭受痛苦的现实[36]；还应当指出的是，一些阿奎那的现代追随者，如马里顿（Maritain）和朱奈特（Journet）[37]，在不放弃其整个形而上学体系的情况下能够接受对动物的非派生责任。尽管阿奎那的学说常常助长了一种对待动物的专制态度，但事实上，它们并非根深蒂固的专制。

近代早期的态度

然而，明确提出恢复《新约》中管家隐喻的是加尔文，他将其应用于个人财产[38]以及对整个地球的关照上。他谴责说："上帝让地球养育人类，而人类对地球的劫掠"却是在阻挠上帝的仁慈。[39]加尔文管家传统中的观念是人类中心的，但在他之后的那个世纪，马修斯·黑尔爵士（Sir Matthew Hale）（帕斯莫尔认为，他是追随这种古代传统的最早的基督徒之一）对管家传统做了详尽的解释[40]，并多少让人想起了圣约翰·克里索斯托、巴西勒、安布罗斯和狄奥多莱。在一段经常被引用的著名段落中，黑尔得出结论说："造人的目的就是为了让他做（上帝的）总督……管家、*庄头*（*villicus*）、执行官，或地球尘世中这片美好土地的农场主。"其被赋予"统辖、监管和照看"的权利以控制猛兽，保护和驯良有用的动物，保护和培育植物物种，以及"保持地球表面的美丽、有用和富饶"。[41]对黑尔的这种责任观点，帕斯莫尔的评论是：它不是一种典型的基督教观点，而是对贝拉基（Pelagian）强调由人类意志才能完成的东西的具体表达，是对一种强调减少原罪的具体表达。[42]无疑，加尔文比黑尔更强调原罪，但他也是站在管家传统的立场上的，并承认人对自然的支配应受到道德的制约。至于有关贝拉基主义的主张，这样一种训诫也导致了教父遗书追随者的出现，他们持有管家观点和贝拉基的与自然合作的观点，甚至还包括奥古斯汀的观点。[43]事实上，在 17 世纪，倡导管家观点及进一步完善创造观点的倡导者如黑尔和约翰·雷[44]与上述的早期教
39 会的教父、僧侣团体之间还是有相当大的延续性的。还应该强调指出的是，黑尔和雷都承认非人类生物具有内在价值，这与巴西勒和克里索斯托（实际上还有奥古斯汀）是一致的，但却与加尔文不同。

现在，帕斯莫尔把一种更为积极的专制态度归咎于弗朗西斯·培根和笛卡儿。他们认为，"既然地球上的万物均是为人所用的，人就可以按照自己的意愿对其自由地加以改造"[45]。毫无疑问，培根和笛卡儿开创并促进了研究自然的新方法。但是，他们在多大程度上支持了刚才提到的观点，在随后的时期，又在多大程度上接受了被认为是合理的基督教观点呢？

培根和笛卡儿都推崇系统地研究自然，以改善人类的命运。[46]尤其是培根，他有意地重新解释了支配自然的学说，他认为这种支配失去过两次，一次是亚当的堕落，另一次是陷入无知。他认为，在某种程度上，人类可以通过耐心而谦卑地研究自然来恢复这种支配。那些认为自然奥秘应被视为是神圣的，而不要对其进行研究的宗教观点是他所反对的，他认为，在面对明显的自然奥秘时，崇敬上帝的做法是对其进行研究，而不是任性的无知。[47]此外，他所强调的是一种技术乐观主义。[48]他写道：“目前，科学的真正的和合法的目标就是：赋予人类生活以新的发现和力量。”[49]其实，在一部虚构的小说中，他认为新大西岛的科学共同体以一切可能的方式增强了人类的力量。[50]

这些段落提出了一个问题——培根仅仅只是赞成减少疾病、贫穷、饥荒，还是赞成为了通过知识获得力量的共同体的利益，不惜牺牲其他人类和生物的强硬的冷酷无情，这些段落没有对此进行解答。当然，有时他似乎接近后一种观点，至少在他明显拥护为了外科学的进步拿活体动物做实验的做法时是这样的。[51]然而，培根也深深地担忧知识会被误用，并且坚持认为，当代人和后代人都不应该因为追求和运用知识而遭受痛苦。因此，在《伟大的复兴》（*The Great Instauration*）题献篇中，他写道：

> 最后，我要向所有人提出一个重要警告：他们考虑什么才是知识的真正目的，他们探求知识，既不是为了心灵的愉悦，也不是为了争辩；不是为了表现得比别人优越，也不是为了利益、名声、权力以及所有那些卑劣的事情，而是为了有益于生活，将其运用于生 40
> 活；他们用仁慈来完善和驾驭知识，正是对权力的欲望才使得天使堕落了，也正是对知识的欲望才使得人堕落了；但是，仁慈永远不可能过剩，天使和人都不曾在危境中得到仁慈。[52]

这些言语并不是在倡导“人可以按照自己的意愿自由地改造地球上万

物”的信念。相反，培根实际上承认要限制可能伤害我们同伴或子孙后代的行为，要限制那些实际怂恿滥用人和自然的动机。

那么，从伦理的角度来看，培根很可能有人类中心主义的倾向，但是，他反对无情地对待人类，这表明他可能赞成加尔文对“劫掠地球”的抨击，不过，他或许并不赞成黑尔所说的和倡导的有责任保护自然的美和有用性。只有那种近乎有意要误解的人才会引证培根的东西来证明在欠考虑的情况下使用技术追求利润或局部利益是正当的。

然而，笛卡儿的目的是要“发现一种实践哲学，把火、水、空气、行星、天空和周围所有事物的力量和作用认识得一清二楚，就像我们熟知什么工匠做什么活一样，然后因势利导，充分利用这些力量，成为支配自然的主人”[53]。支配自然的这种解释中无疑隐含了一种专制态度，这种态度在他对动物和非人类物种的理解上表现得更加明显，因为笛卡儿竟然断言，非人类生物缺乏意识，可以被视为自动机器。[54]如帕斯莫尔所说的，笛卡儿似乎并没有认为动物没有感知能力。[55]他写道：“我并不否认感觉，只是它依赖于某一身体器官。”但在同一段中他又声明，由于动物缺乏思想，也就没有“（人）吃掉或屠杀动物时的罪恶感”。[56]笛卡儿和他的几个追随者在其研究过程中确实进行过活体解剖。

> 不过，笛卡儿不赞同毫无顾忌地追求权力和利益。在为推迟发
> 41 表他的发现辩护时，他写道：固然人人都应当尽力为他人谋福利，
> 独善其身是毫无价值的；我们也不能目光短浅、只顾眼前，如果高瞻远瞩，放弃一些可能有益于今人的事情，去从事一些给子孙万代带来更大利益的工作，那也是很好的。[57]

笛卡儿希望带给后代的利益是医学进步，他认为，医学进步是给人类生活带来的最大好处之一；在这些方面多花些时间是正当的，而相比之下，花时间去做“那些只对一些人有利，而对另一些有害的事情”[58]就不太合适了。那么，至少在理论上，笛卡儿会反对以短期利益为目的的

行为，这些行为也破坏了我们这颗行星的生命支持系统；尽管我们完全可以说他对科学技术危险的预见既不如 17 世纪批评他的持机械自然观的人清楚，也不如弗朗西斯・培根清楚。此外，第四章还要进一步探讨的是，笛卡儿的形而上学体系无疑是不适于用来解决生态问题的。

帕斯莫尔进一步指出，笛卡儿体系绝不依赖于启示，也绝没有轻视传统中所强调的人的限度和需要谦卑：因此，它可以被后基督教时代的欧洲不假思索地继承并且很容易输出到其他非基督教文化中。[59]无疑，其体系中的要素就是这样得到了运用；但笛卡儿自己却强调，我们通常需要依赖神学的启示，尤其是在我们无力通过“内心的力量”[60]发现上帝的意图、无力通过“内心的力量”反省我们自身的错误，以及我们本性的弱点所需要的谦卑时就更是如此。[61]然而，他的体系中的这些要点被后来的一些放弃了神学的机械论者如拉美特利（La Mettrie）、霍尔巴赫（D’Holbach）和狄德罗（Diderot）所抛弃。[62]因此，笛卡儿用自己的话语表明，使世界成为更为理想的居住地是对上帝负责，但他的一些追随者却很容易忽略他思想中的这些传统基督教要素，而去强调他的理性主义和机械论，并且在强调的时候也去掉了他用来调和它们的神学与道德约束。然而，这并不是要说法国启蒙运动的态度一贯比笛卡儿的态度更 42
无情：因此，像伏尔泰（Voltaire）那样的倡导科学、怀疑天启的人士也依然抵制动物缺乏情感和思想的观点，而主张动物的能力是上帝赋予的[63]，其他的*启蒙哲学家*则是用对子孙后代的责任取代了对上帝的责任（见第五章）。

与此同时，在英国，1662 年获得皇家学会创办许可的创立者们要以《新大西岛》中的科学共同体为模式，采用培根《新工具》中的方法。[64]就像培根倡导的那样，他们的科学方法是世俗的、自治的，但他们却认为自己的事业是一种宗教责任，由此可以使造物主得到荣耀，并使他的技艺得到揭示和广泛知晓。[65]他们拒斥自然是“神圣”的，因而不能被控制、改造或被人认识的观点。[66]但他们赞同对自然环境的改造应当适度，如约翰·雷所提倡的，用多产的田地、果园和森林来装饰乡村，雷与皇家学会成员关系密切。[67]其实，在学会创立后最早发表的作品《森林志，或论森林树木》（*Silva，or a Discourse on Forest Trees*）中，约翰·伊芙林（John Evelyn）告诫他的读者不要过度采伐森林，劝告他们要认真对待森林文化的理论与实践，以使这个国家既不会丧失森林资源又不会丧失自然美景。伊芙林确实为大城市的空气和森林保护而担忧，他的著作《在烟雾中消失》（*Fumifugium*）研究的是城市大气污染，书中的思想领先于许多后期的生态作品。[68]因此，至少第一代培根主义的科学家是拒斥"人与自然的关系是不受道德原则支配"的观点的（然而，应该承认，就像学会的其他一些人一样，伊芙林也参与了活体动物的实验[69]）。

其后时期

人道主义运动成功地改变了对待奴隶的制度、惩罚、工作条件，以及对待动物的看法与行为。虽然像菲利普·斯塔布斯（Philip Stubbes，1583）[70]这样的前辈以及马萨诸塞州的立法机构（1641 年）[71]已经在关心动物福利的问题了，但这种运动在随后到来的世纪中还是日益壮大起来。早期，这些运动得到了基督教伦理学家洛克、沃拉斯顿（Wollaston）、巴尔盖（Balguy）和哈钦森（Hutcheson）以及贵格会教徒
43 （Quakers）、循道宗教徒（Methodists）、福音会教徒（Evangelicals）和怀疑论者如蒙田（Montaigne）、沙夫茨伯里（Shaftesbury）、伏尔泰、休谟和边沁的支持。[72]因此，帕斯莫尔认为，神学的学说阻碍了这场运动的看法虽得到了一些证据的支持，但却与许多其他事实相冲突：因为激励着基督教人道主义者的是深信基督教的仁慈信念和基督教信仰，他们并没有把这些东西抛在脑后。[73]因此，亚历山大·蒲柏（Alexander Pope）在 1713 年谈到活体解剖时写道："低等的造物受到我们的摆布越多，我

们就越应该对自己的不善之举负责。”[74]关心动物免遭伤害的其他基督徒还有哲学家莱布尼茨（Gottfried Wilhelm Leibniz）[75]和英国国教诗人威廉·柯珀（William Cowper）。[76]柯珀认为，可恶、血腥、残酷的体育运动破坏了人们对自然的真正欣赏，他曾经从这种体育运动中救出了一只野兔。尽管人道主义在对待动物方面尚未获得完全的胜利，但在宗教信仰者和其他人中，大家早就一致认为，把非人类动物只作为实现人的目的的手段来对待是错误的，动物不应受到压迫已成为宗教和世俗世界里很平常的事情。[77]

现在已经逐渐清楚，无论引起我们生态问题的原因是什么，我们都不可能再把这些问题归因于犹太-基督教对待自然的态度。这一结论得到了刘易斯·蒙克里夫（Lewis W. Moncrief）所做的论证的进一步支持。[78]蒙克里夫指出，林恩·怀特认为，犹太-基督教传统是导致掠夺自然态度的根源这一看法是错误的，至少他认为是直接根源这一点是错误的，他着重强调的是那些更为直接地促成了这种观点的文化、技术和社会力量。因此，他把生态“危机”直接归咎于城市化、财富的增长、人口的增长，以及资源私人所有制的兴起；而这些因素继而又被归因于（有科学技术扶持的）资本主义和民主程度的提高。所有这些与犹太-基督教传统之间的联系至多是该传统可能鼓励了资本主义和民主，但蒙克里夫认为，认定这种联系的经验证据是微弱无力的（应当注意的是，在蒙克里夫的头脑中，民主是一种财产所有形式，因而他认为还需要有证据证明犹太-基督教传统与资本主义之间的联系；即使这种传统促进了民主的自我管理，虽然在某些形式上它也确实如此，但在这里，犹太-基督教传统与资本主义之间的联系是毫不相关的，除非犹太-基督教传统也支持资本主义）。对怀特立场的这种批评，威廉·科尔曼（William Coleman）做了回答。他指出，神学家和科学家威廉·德勒姆（William Derham）及其辩 44
护教义的传统正好提供了蒙克里夫认为必需却又缺少的经验证据。[79]他宣称，德勒姆把基督教的祝福既给了资本主义事业，也给了以科学为基础的技术；因此，怀特的看法得到了辩护，虽然这只与 1700 年以后的时期有关，却与千年前中世纪的技术无关。

但是，如科尔曼承认的，这一时期的其他基督徒都直言不讳地谴责贪婪，牛顿的导师艾萨克·巴罗（Isaac Barrow）写道：尽管人类可以也应该使用上帝赐予的大地上的礼物，但人类只能为满足日常生活之需才能这么做，在任何情况下都不能独占它以至于阻碍了满足他人的需要。[80]在以后的几十年，像斯威夫特（Swift）这样的基督教作家也没有撤回传统上对贪婪和妄自尊大的这种责难。的确，如我在《基督教对待自然的态度》中已经说过的，科尔曼夸大了德勒姆对资本主义的祝福及影响。“上帝让我们锻炼自己以对自然发起无情的进攻”[81]是不可能的，尽管管家权利的合理使用范围被有点不加鉴别地扩大到了当代社会认可了的各种行业、贸易及战争中（而且在奴隶买卖方面也毫无限制）。然而，科尔曼所提供的基督教与毫无约束的资本主义之间的联系的证据不仅受到了蒙克里夫的质疑，而且不足以证明科尔曼可以重新将怀特的论点用于近代早期。有人可能认为洛克的《政府片论》（*Treatise of Civil Government*）为此提供了额外的证据，因为他在其中为私人财产和圈地做了辩护；不过，洛克就是在辩护中也还是要求要有相当大的约束的，要是把这些约束在现在加以实施的话，那么，就完全可以限制经济增长的追求了（第六章将对这些约束做进一步的讨论）。

教会，或至少是英国圣公会对资本主义的实际态度可能——就像托尼（R. H. Tawney）所认为的那样[82]——是一种近乎冷漠的顺从。作为对这一观点的反驳，科尔曼认为，事实上，德勒姆的立场表明了一种实际赞同的态度，但对此他却没有提出充分的理由。的确，基督教的社会教义在这一时期所应用的领域在某些方面似乎已经缩小到了只关注个人的虔诚和阻止社会无序状态方面，尽管福音会教徒、贵格会教徒，以及循道宗教徒（如前文所说）还是支持他们的清教徒先辈对社会公正的关
45 注。当时对新兴资本主义的过度发展所隐含的贪婪和不公正的谴责毫无

疑问地减少了，对共同体和博爱的倡导也不够。然而，对上帝负责的意识却没有丧失；实际上，这是 19 世纪人道主义者和基督教社会党人广泛呼吁的。而且在最近的一些著作中，这种意识还被用于了生态问题，其中一个报告发表在休·蒙蒂菲里奥（Hugh Montefiore）的《人与自然》（*Man and Nature*）[83]中，题为“1974 年英国教会教义委员会报告”（the Doctrine Commission 1974），书中还有一些内容是以有责任关爱自然为主题的。

因此，在欧洲以及欧洲人定居的国家里一直都有一个坚定的传统，一种起源于犹太-基督教但又不限于犹太教和基督教追随者的传统。这种传统认为，人是地球的管理者，人有责任保护它，使它永恒地演进；人也有责任关心地球上的非人类居住者——生物同伴。这个传统，不只是近代的，而且是一直连续的，至少在基督教中，从《圣经》，经过巴西勒、克里索斯托、安布罗斯、狄奥多莱和（克莱尔沃）圣伯纳德，传到加尔文、黑尔和雷，再传到布莱克和蒙蒂菲里奥这样的近代作家那里。

虽然它的一些追随者如加尔文，认为非人类生物只有工具价值，或像清教徒菲利普·斯塔布斯和天主教的红衣教主认为它们之所以值得我们关心只是因为上帝爱它们[84]，但更多的人通常都认为对生物的残酷和不公正从生物本身来说就是错误的，这些生物是具有内在价值的，这或许就是上帝爱它们的原因。其实，这一传统的各种形式在很多时候主导着我们的文化。因此，就像瓦尔·劳特利认识到的那样[85]，管家传统并不只是局限于人类利益，而是还关注很多其他东西，其实，与此相关的与自然合作的传统（参见前文）也是这样，与自然合作的传统是管家传统的一种变体。在与自然合作的传统中，人类代理者有责任通过增进被造世界的美，以及在可持续的基础上积极保护和增进它的丰饶来完善它。

这些传统，综合起来考虑，至少和专制观点一样，代表了基督教传统，完全可以被认为是为我们解决当前问题而找到一种环境伦理提供了

素材，而无须采用一种新的伦理来指导我们与自然打交道。实际上，在
46 我们现存的道德思想和传统中（无论是宗教的还是世俗的），在生态科学研究成果的帮助下，都能够找到发展一种能站得住脚的环境伦理所需要的根基。

注 释

[1] On Maimonides，Aquinas，Calvin and Descartes，see *MRN*，pp.12，113，13 and 20；on Peter Lombard，see Passmore，'Attitudes to Nature'，p.253；on Augustine，Alan of Lille，Linnaeus and Paley，see Glacken，*Traces on the Rhodian Shore*，pp.198，216-218 and 424. On Origen see Glacken，pp.185f，and *MRN*，p.16；on Ray see Glacken，p.424 and *MRN*，pp.21f.

[2] C. W. Hume，*The Status of Animals in the Christian Religion*，London：Universities Federation for Animal Welfare，1957，p.26，cited by Andrew Linzey，*Animal Rights：A Christian Assessment of Man's Treatment of Animals*，London：SCM Press，1976，p.103，n. 22.

[3] Thus he declared that 'Even in the case of creatures which lack reason and perception men ought not to deviate from the considerations of what is just and unjust'. 'This quotation，from Grotius' *De Jure Belli ac Pacis*，Ⅰ：Ⅰ：Ⅺ，is cited by John Rodman，'Animal Justice：The Counterrevolution in Natural Right and Law'，*Inquiry*，22，1979，3-22，P.8.

[4] A. M. Allchin，*Wholeness and Transfiguration Illustrated in the Lives of St Francis of Assisi and St Seraphim of Sarov*，Oxford：SLG Press，1974，p.5；quoted by Linzey，*Animal Rights*，p.103，n. 22.

[5] Nicholas Arseniev，*Mysticism and the Eastern Church*（1925），trans. Arthur Chambers，London and Oxford：Mowbray，1979，cites this passage at p.88.

[6] Rodman，'Animal Justice'，p.3.

[7] Ibid. pp.3, 10 and 20, n. 2.

[8] Otto Karrer (ed.), *St Francis of Assisi, The Legends and the Lauds*, trans. N. Wydenbruck, London: Sheed & Ward, 1977, at p.161; a passage cited by Linzey, *Animal Rights*, p.103, n. 22.

[9] Arseniev, *Mysticism and the Eastern Church*, p.102.

[10] *MRN*, p.16.

[11] *MRN*, pp.111f; 'The Treatment of Animals', p.197.

[12] Glacken, *Traces on the Rhodian Shore*, p.198.

[13] Robin Attfield, 'Christian Attitudes to Nature', *Journal of the History of Ideas*, 44, 1983.

[14] Glacken, *Traces on the Rhodian Shore*, pp.192, 299, 300.

[15] Glacken, *Traces on the Rhodian Shore*, pp.200, 299f., 304-306. On the Benedictine attitude to nature, see ibid., pp.302-304, and Robert Nisbet, *The Social Philosophers*, London: Heinemann, 1974, pp.326-328, esp.327, and 334. See also René Dubos, 'Franciscan Conservation and Benedictine Stewardship', in David and Eileen Spring (eds), *Ecology and Religion in History*, New York, Evanston, San 47
Francisco and London: Harper & Row, 1974, 114-136.

[16] Glacken, *Traces on the Rhodian Shore*, pp.300f.

[17] Ibid. pp.313-346.

[18] Ibid. p.315.

[19] Walter H. O'Briant, 'Man, Nature and the History of Philosophy', in William T. Blackstone (ed.) *Philosophy and Environmental Crisis*, Athens: University of Georgia Press, 1974, 79-89.

[20] Glacken, *Traces on the Rhodion Shore*, pp.213f; Dubos, 'Franciscan Conservation and Benedictine Stewardship', p.133.

[21] Peter Singer, *Animal Liberation, A New Ethic for Our Treatment of Animals*, London: Jonathan Cape, 1976, chapter 5, 'Man's Dominion, a Short History of

Speciesism', pp.202-234; see also his *Practical Ethics*, Cambridge: Cambridge University Press, 1979, p.77, and his 'Not for Humans Only: The Place of Nonhumans in Environmental Issues', in K. E. Goodpaster and K. M. Sayre (eds), *Ethics and Problems of the 21st Century*, Notre Dame and London: Notre Dame University Press, 1979, 191-206, pp.192f.

[22] Robin Attfield, 'Western Traditions and Environmental Ethics'; in Robert Elliot and Arran Gare (eds), *Environmental Philosophy: A Collection of Readings*, St. Lucia: University of Queensland Press; Milton Keynes: Open University Press; University Park: Pennsylvania State University Press, 1983.

[23] The story is told in E. S. Turner. *All Heaven in a Rage*, London: Michael Joseph, 1964.

[24] Eusebius, 'Oration in Honour of Constantine on the Thirtieth Anniversary of his Reign', 2, in Maurice Wiles and Mark Santer (eds), *Documents in Early Christian Thought*, Cambridge: Cambridge University Press, 1975, p.232.

[25] H. H. Milman, *The History of Christianity from the Birth of Christ to the Abolition of Paganism in the Roman Empire* (3 Vols.), London: John Murray, 1840, Vol. 3, p.460.

[26] Glacken, *Traces on the Rhodian Shore*, pp.309-311; also W. E. H. Lecky, *History of European Morals from Augustus to Charlemagne* (1869), London: Longmans, Green, 1913, Vol. Ⅱ, p.171.

[27] C. W. Hume, *The Status of Animals in the Christian Religion*, pp.94-98.

[28] T. H. White (trans. and ed.), *The Book of Beasts*, London: Jonathan Cape, 1954, especially the Appendix, p.247; cited by A. R. Peacocke, *Creation and the World of Science*, Oxford: Oxford University Press, 1979, p.278.

[29] 'Killing Humans and Killing Animals', Inquiry, 22, 1979, 145-156, pp.152f; *Practical Ethics*, p.104.

[30] John Passmore, 'The Treatment of Animals', *Journal of the History Ideas*,

36, 1975, 195-218, p.198.

[31] Thomas Aquinas, *Summa Contra Gentiles*, trans. Anton Pegis et al, (5 Vols.), Garden City, NY: Image Books, 1955-1957, Ⅲ: Ⅱ: 112 (1). 48

[32] Ibid., Ⅲ: Ⅱ: 113. In 'Western Traditions and Environmental Ethics', I have argued that this summary of Aquinas' position may be an incomplete one (see n. 47 there).

[33] *Summa Theologiae*, (60 Vols.), London: Eyre and Spottiswoode, and New York: McGraw-Hill, 1964, 2:2, q. 25, a3.

[34] *Summa Theologiae*, 1, q. 103, a5, ad2. See further 'Western Traditions and Environmental Ethics', section Ⅰ.

[35] *Summa Theologiae*, 2:1: 102, a6, ad8.

[36] Pierre Bayle, 'Rorarius', in *Historical and Critical Dictionary* (1697), trans. and ed. Richard H. Popkin, Indianapolis and New York: Bobbs-Merrill, 1965, 213-254, pp.221-231.

[37] Passmore, 'The Treatment of Animals', p.206, and n. 43 there.

[38] 'Let every one regard himself as the steward of God in all things which he possesses': John Calvin, *Commentary* on Genesis 2:15; quoted, from a translation of 1847, by F. B. Welbourn at 'Man's Dominion', *Theology*, 78, 1975, 561-568, p.563.

[39] A passage cited by André Bieler, *La Pensée economique et sociale de Calvin*, Geneva: Georg, 1959, at pp.432-435, and translated by Thomas Sieger Derr in *Ecology and Human Liberation*, Geneva: WSCF Books, 1973, p.20.

[40] *MRN*, pp.29-31, 185.

[41] Sir Matthew Hale, *The Primitive Origination of Mankind*, London, 1677, cited by Glacken, *Traces on the Rhodian Shore*, p.481, by Black, *Man's Dominion*, pp.56f, and by Passmore at *MRN*, p.30.

[42] *MRN*, pp.30f.

[43] See sections Ⅲ and Ⅳ of 'Christian Attitudes to Nature'.

[44] See John Ray, *The Widom of God Manifested in the Works of Creation*, London, 11th edn, 1743, 164f; a passage cited by Glacken, *Traces on the Rhodian Shore*, p.484, by Coleman 'Providence, Capitalism and Environmental Degradation', p.31, and in section Ⅳ of 'Christian Attitudes to Nature'.

[45] *MRN*, p.17.

[46] Both philosophers are discussed in much greater detail in chapter 1 of Robin Attfield, *God and The Secular*, Cardiff: University College Cardiff Press, 1978. Passmore discusses them in *MRN*, pp.18-21.

[47] Thus *Novum Organum*, Ⅰ: 89. See *The New Organon*, ed. Fulton H. Anderson, Indianapolis and New York: Bobbs-Merrill, 1960, pp.87-89.

[48] *MRN*, p.19.

[49] *Novum Organum*, Ⅰ: 81.

[50] *The New Atlantis*, in Francis Bacon, *The Advancement of Learning and the New Atlantis*, ed. Arthur Johnston, Oxford: Clarendon Press, 1974, p.239.

[51] Ibid. p.241 (from *The New Atlantis*).

[52] In *The New Organon*, pp.15f.

49 [53] René Descartes, *Discourse on Method*, Part Ⅵ, from Elizabeth S. Haldane and G. R. T. Ross (trans.), *The Philosophical Works of Descartes*, Cambridge: Cambridge University Press, 1967, Vol. Ⅰ, p.119.

[54] The passages of Descartes on these topics are conveniently gathered together in Tom Regan and Peter Singer (eds), *Animal Rights and Human Obligations*, Englewood Cliffs, NJ: Prentice-Hall, 1976, pp.60-66.

[55] 'The Treatment of Animals', p.204.

[56] Regan and Singer, *Animal Rights and Human Obligations*, p.66.

[57] Haldane and Ross, *The Philosophical Works of Descartes*, Vol. Ⅰ, p.122; from *Discourse on Method*, Part Ⅵ.

[58] Ibid. p.130; from *Dikcourse on Method*, Part Ⅵ.

[59] *MRN*, P.21.

[60] Haldane and Ross, *The Philosophical Works of Descartes*, Vol. Ⅰ, p.271; *Principles of Philosophy*, Third Part, Principles Ⅰ-Ⅲ. On Descartes on revelation, see ‘God and Nature in the Philosophy of Descartes’ by David C. Goodman, in *Towards a Mechanistic Philosophy*, Milton Keynes: Open University Press, 1974, 5-43, pp.13f.

[61] Haldane and Ross, *The Philosophical Works of Descartes*, Vol. Ⅰ, p.402: The Passions of the Soul, Article CLV.

[62] See ‘The Enlightenment: Deists and ‘Rationalists’’, by David C. Goodman, in *Scientific Progress and Religious Dissent*, Milton Keynes: Open University Press, 1974, 33-68, pp.49-52, 60-66. Rodman (‘Animal Justice’, p.9) represents La Mettrie as standing in the *jus naturae* tradition against those like Grotius and Püfendorf who played down the similarities between the behaviour of humans and animals. But La Mettrie in fact contended that humans, animals and indeed plants are all alike because they are all machines. Even his book *Les Animaux plus que machines* (La Haye, 1751) was intended to show that humans have souls, and are non-mechanical, *no more than animals*.

[63] From his entry ‘Animals’ in *Philosophical Dictionary*; presented in translation by Regan and Singer, *Animal Rights and Human Obligations*, pp.67f.

[64] See Margery Purver, *The Royal Society: Concept and Creation*, London: Routledge & Kegan Paul, 1967.

[65] Thus Robert Boyle entitled one of his works *The Christian Virtuoso* (London, 1690).

[66] *MRN*, p.11; see also Attfield, *God and The Secular*, chapter 1.

[67] See the passage cited in n. 44 (above), which echoes some of the words of Basil's *Hexaemeron*. On William Coleman's treatment of Ray, see ‘Christian Attitudes to Nature’, section Ⅳ.

[68] Glacken, *Traces on the Rhodian Shore*, pp.485-494.

[69] Turner, *All Heaven in a Rage*, p.46.

[70] Ibid. p.35.

[71] Lawrence Stone, *The Family, Sex and Marriage in England, 1500-1800*, London: Weidenfeld & Nicolson, 1977, p.237.

[72] On Locke, see Robert S. Brumbaugh, 'Of Man, Animals and Morals: A Brief History', in Richard Knowles Morris and Michael W. Fox (eds), *On the Fifth Day, Animal Rights and Human Ethics*, Washington DC: Acropolis Books, 1978, 6-25, pp.17 and 25, n. 4. On Wollaston, Balguy and Hutcheson (Christians all) see 'The Treatment of Animals', p.209, which mentions efforts by Evangelicals at pp.209-211. For Quakers cf. John Woolman's statement of 1772 in *Christian Faith and Practice in the Experience of the Society of Friends*, London: London Yearly Meeting of the Society of Friends, 1960, para. 478. On Methodists, see Turner, *All Heaven in a Rage*, p.50. On Montaigne, Hume and Bentham, see 'The Treatment of Animals', pp.208ff and 211. Shaftesbury is mentioned by Norman S. Fiering, 'Irresistible Compassion: An Aspect of Eighteenth Century Humanitarianism', *Journal of the History of Ideas*, 37, 1976, 195-218, p.202, and Voltaire in *Animal Liberation*, p.220.

[73] Cf. the couplet from a hymn of Isaac Watts (1674—1748), an Independent, 'Creatures as numerous as they be/Are subject to Thy care;' in *The Baptist Hymn Book*, London: Psalms and Hymns Trust, 1962, hymn 58. (Parts of the present paragraph appear also in 'Western Traditions and Environmental Ethics'.)

[74] Turner, *All Heaven in a Rage*, p.48.

[75] See the story of Leibniz's concern for a tiny worm which he had been observing, as related by Immanuel Kant, *Lectures on Ethics*, trans. Louis Infield, New York: Harper & Row, 1963, pp.239-241.

[76] William Cowper, *The Task*, Ilkley and London: Scolar Press, 1973, Book Ⅲ, pp.106-109.

[77] Turner, *All Heaven in a Rage*, pp.114, 120, 151, 161.

[78] Lewis W. Moncrief, 'The Cultural Basis for our Environmental Crisis',

Science，170，508-512；reprinted in *Ecology and Region in History*，76-90.

[79] William Coleman，'Providence，Capitalism and Environmental Degradation'，*Journal of the History of Ideas*，37，1976，27-44，p.37.

[80] Ibid. p.38.

[81] Ibid. p.35.

[82] Ibid. p.28.

[83] Hugh Montefiore（ed.），*Man and Nature*，London：Collins，1975.

[84] Turner，*All Heaven in a Rage*，pp.35，165.

[85] Val Routley，Critical Notice of *Man's Responsibility for Nature*，*Australasian Journal of Philosophy*，53，1975，171-185，p.174.

第四章　自然与人的位置

从前几章我们已经看到，我们的道德传统已经包含了一种人是自然的管家和守护者的伦理，一种源于犹太-基督教传统的伦理，这对于处理我们目前的生态问题显然是非常适宜的。然而，仍有必要探究我们对于实在的基本观点以及我们对事物发展过程的传统理解是否完全适合于我们目前的问题，或者有必要探究我们是否需要像许多作者所主张的那样，用一种新的方法来看待人类和世界，换言之，有必要探究我们是否需要一种新的哲学。最近，约翰·帕斯莫尔指出，精心建构一种适于解决环境问题的新哲学是“哲学面临的最重要任务”。[1]约翰·罗德曼竭力主张建立一种基于“事物本性”的整体主义伦理。[2]亨里克·斯科里莫斯基（Henryk Skolimowski）则倡导一种与他所赞同的生态人道主义相呼应的进化宇宙论，这种进化宇宙论使得敬畏生命的伦理得以产生。[3]正如我们在第三章所看到的，奥布莱特已经对“人疏离自然”的“宗教”观点提出了批评，他赞同一种包含了人的更为有机的宇宙论观点。在这种情况下，就有必要问，我们的传统哲学究竟应该在何种程度上被拒斥或被修改、哲学立场在何种范围能被证明可以胜任当下的见解和问题。

在这里，我们根本无法对这些问题做综合的处理。不过，如果可能的话，为了确保其他几章所讲的价值和义务原则不会因为坚持一种根本不适宜的哲学而显得无力，我们后撤一步是值得的。首先，我要分析一下奥布莱特的评论，这需要对犹太-基督教哲学立场做一个简短的历史回顾。然后，我将讨论哪种哲学观点满足进化论、生态学和人类与非人类 52
生命都具有内在价值的信念的要求。

有神论人类学

奥布莱特在其论文《人、自然与哲学史》中描绘了我们文化中的人与自然的两种观点，即“人*疏离*自然”的宗教观点和“人是自然的*一部分*”的科学观点。[4]在犹太-基督教传统中，只有人是按照上帝的形象塑造的，并且只有人才具有区别于其他所有生物的理性的灵魂。人具有对其他生物的支配权，按照奥布莱特的解释，这些生物是“造物主为了让人利用和享受而被创造的”。[5]虽然人的肉体是物质的，但人的灵魂却是非物质的、不朽的。在这种传统中，人有时被看成是灵与肉的统一体，有时又被看成只存在于灵魂之中，人是一种被暂时囚禁在肉身中的超自然的存在。

相反，按照科学的观点，人与其他动物的差异并非本质上的而只是程度上的。人除了其智能使之优越于其他动物外，他只是同族动物中的一员，没有支配其他动物的权力。作为动物，人不能永生，与其他一切事物一样，他由物质构成，因为根本就没有什么灵魂和造物主，也没有什么东西是不能通过经验进行研究的。的确，人除了体毛相对少些以外，没有什么与其他动物不同。

奥布莱特认为，宗教的观点需要彻底的变革。正如我们所看到的，他认为，宗教对拯救灵魂不朽的过分关注导致了另一种观点的产生，即自然界不是我们的家，“我们的动物本性是低俗而又可耻的”[6]，这种观点也含有对环境的“淡漠的态度”。因此，救赎的宗教信仰使人类认为自己可以免遭以前不良行为所带来的困扰，并认为自己根本就不是世界的一部分。因此，人们便一直“心安理得地肆意掠夺这个世俗的家”。[7]奥布莱特赞同他所描述的“科学的观点”，不是因为它关于价值的经验论、机械论和怀疑论，而是因为他赞同像莱布尼茨这类哲学家的本体论，莱布尼茨认为，生物与非生物之间不存在本质的差异。不过，他清楚地认识到，如果我们要解决影响我们自身以及环境方面的问题，不仅需要修正我们的伦理学，也需要修正我们的宗教和哲学。[8]

53 这里不讨论奥布莱特对科学观所做的描述。事实上，科学家们持有很多不同的哲学和伦理学观点。就我自己而言，我已在其他地方试着阐明有神论与经验科学之间的逻辑关系。[9]在第五章中，我将会再次讨论技术进步信念下的生态问题。至于我们的宗教传统，有了前几章的基础，我在此假定《圣经》并不认为人类有支配权就意味着所有其他生物被创造出来都只是为了供人类享用的，犹太教徒和基督徒通常都没有这样理解过。我还要假定奥布莱特认同莱布尼茨的哲学。莱布尼茨既相信上帝是造物主又相信灵魂的不朽，并非所有持这类信仰的人都被认为持有掠夺自然的观点，或者说他们患上了形而上学的自大症。

与奥布莱特所说的“宗教观点”相关，我接下来要说的是，相信“灵魂不朽”通常不是一种来自《圣经》的信念[10]——也不是基督教的主要信念，尽管莱布尼茨认为是这样的。在《圣经》创作的前期（如《约伯记》，19：25-27；《马加比书》，7：23，28f），《旧约》的作者并不相信死后还可存活，因而，有关按上帝的形象造人的那些段落就应该被重新加以诠释。传道书的作者甚至认为“人并不强于兽”，因为人和野兽一样要死，而且一样要归于尘土[11]（布莱克对这一段的评价是[12]：一直都很难融入正统基督教的这些宗教观念会在 20 世纪引起不同的反响，即使如此，这一段也明确地肯定了人与兽的亲属关系）。至于《新约》的作者，他们坚信来生和身体的复活，而不相信灵魂具有天然的不朽性，“使徒信经”也是这种观点。甚至保罗在谈到肉与灵的差异时所指的，也并不是像人们常常以为的那样，是人的不同组成部分，甚至是欲望的不同组成部分，他所指的其实是两种对立的生命形式，一种以上帝的意志为转移，而另一种则不是。[13]通常，《圣经》所持的并不是肉体与灵魂分离的极端的二元论观点，而是认为灵魂赋予了身体以生命，不过，“灵魂”有时被隐喻性地用于个人的道德与精神生活品质方面。[14]

基督教中灵魂与肉体的分离和天然不朽的信念确切地说是来自柏拉图主义，但像奥利金这样的信奉柏拉图哲学的基督徒，其思想不仅要与 54
希伯来观点抗衡，还要与亚里士多德关于灵魂是身体形式的观点抗衡。[15]的确，4、5 世纪关于基督的论战可以被视为信奉柏拉图的亚历山大传统与更多亚里士多德学派气息的安提阿教派观点之间的较量。前者认为上帝的福音构成了基督的灵魂；后者则认为基督的身体渗透着人的灵魂，没有人的灵魂，他就不能成为人。基于这种观点，基督就不只是一个肉身，而是与上帝的福结合在一起的完整的人。[16]这一时期，尽管所有基督徒都相信来生，但并不是所有的基督徒都认为这就是从本质上将人与兽区别开的依据，正如我们在第三章讨论圣巴西勒、克里索斯托和方济各时已经看到的。[17]

在近来的几个世纪中，唯一最有影响的就是阿奎那的观点。[18]作为一个亚里士多德主义者，阿奎那认为，植物具有生长的灵魂，动物具有感觉的灵魂，但与这些形成对比的是，人的理性灵魂能够独立于身体而存在，因为它的运作是不依赖于身体器官的。但是，脱离了肉体的灵魂就不是人了，这种灵魂受智力、意志力和记忆力的制约。灵魂是肉体的一种形式，没有肉体和灵魂就不会有人的生命。就像柏拉图认为的那样，人不是利用肉体的灵魂，肉体也不只是单纯的物质，因为没有灵魂，肉体就会死亡。确切地说，人是被赋予了灵魂的肉身，只有当上帝让肉体复活，以便让脱离了肉体的灵魂重新赋予其中时，人才能在死后获得重生。

这些观点使阿奎那认可人与动物通常是同族的，即使两者之间确有具体的差别。阿奎那对动物的真正态度我们在第三章中已经做了探讨。这里只需要探讨的是，他相信人的灵魂，相信人与动物都有肉体的、感知的本性，而这些信念都不需要他的工具主义观点的支持。的确，基督教关于人与其他动物一样、本质上都是肉体与灵魂的统一体的观点，使它避免了遭到蔑视动物和我们自身的动物本性这些说法的指控，在这一点上，奥布莱特似乎是正确的。托马斯派的哲学其实并没有要求阿奎那本人所主张的对待动物的专制态度。至于人的本性（以及所有生物的本性），阿奎那认为，上帝的顺天之举并非要颠覆它或摧毁它，而是要保护它，使其达到完美。[19]

不过，基督徒有时认为人只是一种灵魂，这似乎是异端的基督徒奥利金的观点，他认为灵魂是因堕落而被惩罚为栖居在凡人肉体上的天
55 使。[20]然而，面对基督教的普遍信念，这些观点却不太受欢迎。基督教一般认为，上帝是为了拯救人类而有肉身的。如我们在第三章中所看到的，东正教的隐修生活极力要克制肉体的做法也不一定就会导致对自然的轻视。

尽管灵魂在人的今生紧紧依附于肉体，但它却是不朽的，这种信仰在笛卡儿的倡导下产生了广泛的影响，尤其是在基督徒中。奥布莱特就是在笛卡儿那里找到了使“宗教”观点与“科学”观点调和的方法的。[21]笛卡儿把人和动物的身体看成是机器，但把理性和意志视为非物质的，是不会因死亡而分解的，而人的不朽就在于此。与阿奎那不同，笛卡儿认为，灵魂的不朽来自其非物质本性。很多作者如萨缪尔·克拉克（Samuel Clarke）和理查德·普赖斯（Richard Price）[22]追随他的这一观点，他们认为，再没有别的办法可以使宗教的来生信仰与科学调和一致的了。

正如我们所看到的，笛卡儿的二元论以及动物是自动机器的观点导致了对待兽类麻木不仁的态度。但是，就他本人而言，这并没有因此引发道德上对来世的无责任感。不过，在笛卡儿哲学的一些后继者中，却

很容易产生一种对肉体和今生喜乐的轻蔑，普赖斯，这位在许多方面都很开明的人物，有时就有这种思想倾向。[23]在被造物天然的善的学说常常被忽略的年代，如奥布莱特所暗示的，笛卡儿主义关于心物之间的区别有时必然导致一种观念，即地球并不是人类真正意义上的家，就人的真正利益而言，自然秩序与人的肉体一样是不重要的。确实如威廉·布莱克斯通（William Blackstone）所写的那样："在笛卡儿主义的哲学中没有生态伦理的位置。"[24]

值得怀疑的是，这些观点是否真的导致了对环境不适当的利用（如果这一点能够与对待动物问题分开考虑的话）。奥布莱特质疑的环节是，如果拯救发生在另一个世界，并且如果上帝的宽恕可以使人类免受由自己的罪过所带来的后果的困扰的话，那么，这些后果就会被忽视。对基督教的这种"唯信仰论"（antinomian）的批评早就有了，有时候批评还集中在像奥古斯汀的"尽情地去爱和作为"（Love and do as you like）之类的说法上。然而，基督教却几乎无一例外地一直强调净化和道德进步的必要性，无论这被看成是为了同胞的明智之举，还是被看成是上帝为 56
救赎而要求人类悔罪的见证。我在第三章中已经承认，来世有时导致基督教社会教义缩小，但值得怀疑的是，除此之外，是否还产生了一种对自然的漠不关心的态度。

进一步的哲学选择

然而，奥布莱特在两个方面是正确的，一是强调由笛卡儿二元论引起的人自身的身份问题，二是坚持认为否认我们与其他生物物种的亲缘关系之类的信念会使我们的实际行动不得力。19 世纪，达尔文自然选择的进化论已经淡化了这种否认的观点。不过，并非所有的基督徒都认可笛卡儿极端的二元论，拒斥笛卡儿极端的二元论也并非针对我们的整个宗教传统，认识到这一点非常重要。因此，约翰·洛克认为，说不定我们是物质的，而上帝将思想的能力添加于人的肉体之中，就像他把植物的生长力加入桃树中，把感觉力和自然的运动力赋予大象一样。[25]的确，洛克把动物的地位作为反驳二元论的一个论据。因为要么认为动物是没有感觉的纯粹机器，要么认为尽管它们缺乏思维和道德能力，但它们仍然具有非物质的灵魂，卡德沃斯（Cudworth）就常这样说，但这些说法似乎有些武断。[26]然而，如果采纳了剩下的一个选择，即物质能感觉，那么，否认物质能够思考就是武断的。[27]

几年后，身为科学家、哲学家和神学家的约瑟夫·普利斯特利（Joseph Priestley）提出了人是物质系统的观点。同洛克一样，普利斯特利注意到，《圣经》所教导的是身体的复活而不是灵魂的不朽。普利斯特利还提出，灵魂不朽的信念是对引入希腊哲学的基督教的一种曲解。[28]普赖斯则反驳道，灵魂不朽的信念对于基督教、对于阐述知觉都是必不可少的。他从普利斯特利的理论中寻找到反对的理由，就像克拉克从洛克唯物论的追随者安东尼·柯林斯（Anthony Collins）比较粗糙的理论中寻找反对理由一样。[29]然而，要使普利斯特利的立场与对人的特性的通常理解相一致，或是与相信人的特征可以完好无损地复活的信念相一
57 致，都是有可能的。因此，基督教传统本身至少包括了两种方案去替代奥布莱特和布莱克斯通认为有害的心物二元论、普利斯特利的唯物论以及较为古老的阿奎那的观点。

的确，布莱克斯通指出，“与真正的环境伦理学相辅相成的一种形而上学”可以在亚里士多德、斯宾诺莎和阿奎那的学说中找到[30]；而奥布莱特则认为，可以从斯宾诺莎和莱布尼茨那里找到。但斯宾诺莎的宿命论和只存在一种实体、一切真理均来自其本性的信念，似乎低估了人和动物的活动能力及自发性。事实上，就像帕斯莫尔在《对待动物》一文中指出的那样，斯宾诺莎对大规模滥用非人类的生物有自己的见解。他写道：“我不否认畜生有感觉，但我不认为我们因此就不应该考虑我们自身的生活必需，并因此不应该尽情地利用它们和对待它们，因为它们跟

我们有本质上的区别，它们的情感与人类的情感也有着本质上的差异。”[31]即使斯宾诺莎的体系中没有这些观点，其必要性对与环境伦理学相对应的哲学来说也还是过于严格，而且就像我们将要看到的，即使暂时不要求它的可理解性，把不同的个体仅仅作为某种实体的各种形态从伦理学角度来看也是危险的。

奥布莱特比较倾向于莱布尼茨的体系。莱布尼茨认为，建立在惰性物质上的哲学是无法解释能动性和意识的，相反，他主张实在的基本单位（单子）自身是能动的，具有（无意识的）感知能力。莱布尼茨的单子论使他能够强调人与其他动物的相似和差别，赞美他们各种变化多样的完美。尽管他的体系一直没有从整体上被接受，但他的机械论下的有机论信念在 20 世纪怀特海（Whitehead）的“有机论”那里得到了复活。[32]查尔斯・伯奇（L. Charles Birch）用一种奥布莱特很可能赞同的方式概括了这一立场：“人不是与自然分离的，而是自然的一部分。”[33]虽然在接受生命力和意识作为物质的基本粒子（莱布尼茨自己拒绝的观点）方面或许没有什么困难，但实际上，在接受莱布尼茨的不可扩展的单子作为日常自然对象的基础方面，困难则是相当大的。[34]

激进的笛卡儿二元论可以在两个层面上被加以拒斥：一是它无法使得人和其他动物的行动与感知成为可能；二是下文将要阐述的进化的层 58
面，或许现在还没有必要在那些保留下来的形而上学的可能性之间做出裁决。因为既认识到人类与其他动物的亲缘关系，又认识到各种理论中典型的理性、文化和道德能力，这是可能的。这些理论包括普利斯特利的唯物论、莱布尼茨的单子论、怀特海的有机论，以及托马斯主义者关于人和动物都被赋予了灵魂的观点。我认为，这些理论都没有要求低估非人类的生物（即使托马斯主义有时这样解释）。[35]虽然并非所有理论都要求平等地对待事物，但在此决定理论之间的优劣则是多余的。总之，就目前的意图而言，有洛克关于我们（和其他动物）的感觉与思维本性的不可知论就足够了。

令人满意的哲学的必要条件

有必要问，一种能够促进感受自然环境和人的本性的哲学需要满足什么样的条件？在这方面，玛丽·米奇利提出了一种观点：如果依据人与其他动物具有同族关系这一背景来理解人的本性（不大可能有其他更好的理解），那么，那些认为人的本性若没有上帝干预便不能进化的理论就会遭到拒斥。[36]然而，如果在某个时候，一个完全超自然的因素被加入存在的有机体中，那么，柏拉图和笛卡儿的理论就能与进化信念相一致。毕竟，按照他们的理论，肉体的丧失对于这个人来说没有什么关系，他的灵魂仍然存在。因此，这样一种灵魂与生物有机体的所有其他特征都是间断的，不能从它们中演化出来。但是，正如米奇利所说的那样，这种“上天的干预……在非宗教的背景中……或在基督教的背景中都是没有意义的。基督教不是柏拉图主义。如果上帝是通过进化而被创造的，那他肯定设计了进化并恰当地运用了进化。”她继续说道，事实上，毕晓普·巴特勒（Bishop Butler）用“非常连贯一致的人类整体性观点”对适应于我们天生欲望的行为和不公正地对待其他生物的行为做了对比性的阐述。[37]的确，从表面上看，阿奎那、莱布尼茨、普利斯特利
59 和怀特海的上述哲学观点符合米奇利提出的进化要求。

对于一种令人满意的哲学，米奇利提出的另一个要求是，我们不能认同康德的观点，即动物和其他生物为人而存在，人才是自然的终极目的[38]，我们也不能认同其他生物要么没有用处和价值，要么其用处与人类目的迥异的观点。只有这样，我们才能摆脱只关注人类的狭隘立场，热爱独立于我们而存在的一切生物，也只有这样，我们才能从各种生物如何适应其角色的研究中获益。[39]

在帕斯莫尔那里，对令人满意的哲学有一个类似的要求，那就是，“哲学家必须学会接受自然的‘奇异性’（strangeness），自然过程与我们

的存在和福利毫不相干——当然不是自然*有意*不在乎我们，而是它*没有能力*在乎我们——而且自然过程是纷繁复杂的，我们不可能完全控制和改变它们”。[40]在此，帕斯莫尔部分地拒绝了两种人类中心主义哲学。他认为，笛卡儿主义鼓励对自然的掠夺，“自然界就像人手中的蜡，可以被人正常地操纵”。[41]他承认笛卡儿拒绝一切生物都为人而存在的观点，然而，帕斯莫尔却把人在地球上发现的一切东西都可以而且应该变成为人所用的态度归咎于笛卡儿[42]，就像笛卡儿讲可变性时喜欢列举的那块蜡（这种表述也许对笛卡儿不是很公正）。帕斯莫尔也拒绝黑格尔（Hegel）的自然哲学，这种哲学认为开发自然是“按照自然的真正利益使自然人化的过程”[43]，并且认为只有人将自然的原初状态驯服之后自然才会变得有价值。

笛卡儿的一些追随者采纳了笛卡儿的观点，马克思（Marx）和其他一些人（见第五章）则在很大程度上接受了黑格尔的观点，这一点几乎没有什么异议。帕斯莫尔认为，这些观点有漏洞并不是因为它否认前基督教时期自然物是神圣的观点，因为自然客体不会受争论的影响，能够被科学地理解，并且可以因“文明”和人类利益的需要做适当的改变，而是他发现这些观点忽视了一些事实，如“自然过程按自身方式行进，
不受人类利益的影响，也绝不会因人类从地球上完全消失而受到影响”。 60
再者，人类对自然过程的干预引起了一系列的相互作用，其中有些是不可预见的。如果承认这些事实，那么，忽视了自然客体及其过程的自主性，我们就得自担风险。我们不应该把自然对象解释成可以随意成形的蜡，或是需要我们的努力才能使它实现自身价值的东西。我想，帕斯莫尔自己的观点是这些对自然掠夺的观点不仅思路不对，而且从道义上讲也是错误的。当然，这一点是从他的信念中体现出来的。他坚信，任意破坏自然对象的行为都应受到责备，即使是人类的利益未受到影响也应如此[44]，他坚信，一种对自然更现实的哲学能够促使我们尊重自然过程。[45]若是这样，就需要一个前提：自然实体和自然过程自身是具有内

在价值的（尽管我在第八章中将会主张，认识自然系统的重要性并不需要像整体论者有时所要求的那样，把内在价值赋予该系统）。

正如我们所看到的那样，《旧约》和《新约》都要求摒弃人类中心主义以及与之相关的低估自然的观念。我们也看到了这些态度是如何与斯多葛学派（以及如帕斯莫尔指出的，与亚里士多德学派[46]）的信条发生冲突的，奥布莱特、阿奎那就采纳了这些信条，康德也采纳了其中一些，因此，我们也就看到了该如何摒弃这些思想家学说中的某些观点。此外，在第三章中我们已经讨论过，犹太–基督教传统一贯符合这种受到帕斯莫尔称赞的非人类中心主义哲学。但它同时也能与米奇利和帕斯莫尔所要求的接受自然界的“奇异性”观点保持一致吗？

满足必要条件

不应当把非人类生物仅仅只看成是动产、财富和资源，这无疑是最基本的要求。现在，瓦尔·劳特利和理查德·劳特利（Richard Routley）认为，管家传统包含着把世界看成人的财产或是超人（superhuman）的财产[47]，这个世界的居住者都应该把这个世界当作它主人（即人类或超人类）的资源来对待。彼得·辛格似乎有着类似的见解[48]，同样，亨里克·斯科里莫斯基也认为，在基督教的宇宙论中，“万物皆属上帝的私人财产”，对于这种形而上学来说，敬畏生命的伦理就是一种“反常”。[49] 但这一理论使管家传统对非人类生物采取了一种工具主义观点，这种观
61 点实际上通常会遭到它的追随者的拒斥。这里所暗示的或许是从本质上说，管家就是按主人利益行事的管理员，如果这一点成立的话，我们应该可以说管家就是监护人、托管人、保护人和看守人，总之，这个隐喻指的是管家的职责和应负的责任，而不是要贬低受他们托管的，并被看成是反映了神的荣耀和已被造物主判定为“非常好”的世界。即使这一传统因世俗化而采取了无神论形式，人们也不能丧失他们的责任，他们

仍要对道德代理人共同体所促进和保护的所有具有内在价值的东西负责。

然而，帕斯莫尔对人类能够“面对所有意义上的生态问题”的能力提出了强烈的异议，他认为，除非人类生存不需要形而上学做保证而完全可以自行发展，否则，人类就不会具有这种能力。[50]自然过程不是“为了保证人类的持续生存和人类文明的延续而如此建构的”。[51]因此，我们就需要完全从自然主义立场来理解人类，以保证人对自然过程的依赖。我坚信，凡是认同人与其他物种之间有足够亲缘关系并清楚两者自然本性的人都能接受这一点，无论他是否是有神论者。当然，有神论未必就认为超自然力保证了我们在地球上的生存。正如我们所看到的，相信来生未必就会削弱我们对今世应尽的义务。而且，承认人的自然本性并不意味着我们就一定会像斯科里莫斯基所担心的那样贬低自然，这种对自然的低估是由某些科学世界观造成的。[52]另外，它也不意味着我们就必须采用“激进的生物平等主义”立场[53]，即所有生物都有同样的内在价值。对于这一立场，布莱克斯通就它的不可接受性提出了拒斥这一立场的充分理由。

对于帕斯莫尔来说，自然的奇异性不仅在于它与人的目的不完全一致，而且在于人类与非人类生物之间有一道鸿沟。[54]在某种程度上，帕斯莫尔是想在此提醒我们自然的差异性，正像罗德曼坚持认为的那样，把只与人相关的标准用于不同的生物是不适当的，这些不同的生物自身有着特定的生活方式。[55]但他同时也强调了人类特有的价值和他们所创造的东西，这在讨论生态主题的作者中是不同寻常的。至此，我觉得我们可以采用他的观点：我们的哲学不应把人如此地“自然化”，以至于掩盖了人类与其他物种在能力特征和某些关系方面的差异。如果我们忽略 62
了这种差异，我们就是在否认自己对后代及自然环境应尽的责任。对于规范伦理来说，强调这一点是最基本的（见第六至九章）。其实，人与其他物种的差异远远不只是体毛的相对减少：事实上，对后代及自然环境的责任预设了我们有权利该做什么和不该做什么，强调它的重要性是支持人支配自然观念（非常容易被误解）的一个重要理由。然而，如帕斯莫尔经常所做的那样，承认实现人类特有能力具有独特价值并不需要否认非人类的动物具有权利的可能性。环境伦理学也不需要将物种间的界限*本身*作为歧视和不同对待的依据。

人们有时认为，要意识到我们对自然过程和自然循环的依赖就要求在形而上学的层面上有一个转换，即放弃原子论的社会观和世界观转而接受作为实在基本单位的系统观、整体观和对忠诚的终极关注，被奈斯称为“深层”生态运动的追随者尤其这样认为。包括利奥波德、克拉克和罗德曼在内的许多生态作家似乎也持这种观点。[56]这种观点的长处在于它能够抵制试图把一切道德解释为与个体权利和利益相关的观点，并且可以把西方的所有权系统扩展到整个宇宙。然而，不否认个体的实在性仍然可以避免落入道德个体主义的自我中心的陷阱，而且，科学发现，揭示出我们与自然生态系统中其他成员的相互依存关系并不表明这些系统本身具有价值。[57]利奥波德的“大地伦理”认为，义务只能来自人们所认识的共同体之中，尽管帕斯莫尔在反对“大地伦理”上是错误的，但他认为相互依赖未必就意味着有一种道德关系却是对的。[58]就像劳特利提醒我们的那样，我们要能够把自己视为社会和系统中的成员，并且能够以个人和集体的财富为荣。[59]然而，像约翰·金费罗（John King-Farlow）[60]提出的这类形而上学的一元论存在着明显的危险，按照这种哲学，某种实体的完美远比构成该实体的成员的福利重要。尽管社会系统和生态系统都是真实存在着的，但我们不应该忘记它们的价值却取决于同样真实存在的个体成员的繁荣。

63 那么，一种适于解决我们生态问题的哲学，必须是用自然主义的方式来对待人类以及自然秩序中的其他一切的，而无须对其不可还原的特性加以还原。这种哲学不应否认我们所依赖的自然系统的实在性，但也必须承认其中个体成员的实在性，并且认同无论作为个体还是群体，人类都有关怀自然环境的责任。无论自然被看成是原子的集合还是有机体的集合，或是整体的有机系统，人类既不是“与自然分离”的，也不只是“自然的一部分”。这种哲学还必须放弃人类中心主义，必须认识到自然的自主性、他者性（otherness），以及非人类生物的价值，并且充分考虑到进化过程。因此，正如斯科里莫斯基所指出的，既然人类是进化的产物，“宇宙便可以被视为人类的家园”。[61]尽管斯科里莫斯基或许过早地把价值赋予了进化过程中的产物，但他指出“我们是整个进化过程的管理者”仍是对的。[62]

正如我们所看到的，柏拉图主义和笛卡儿主义都不符合上述标准；亚里士多德主义和托马斯主义的人类中心论也不符合这些标准。但是，我应该说的是，阿奎那、莱布尼茨、普利斯特利和怀特海的体系却达到了上述要求，或者说能够与这些要求一致。如果我们有必要使得这些经过长期考验而保留下来的体系更明确地与上述标准一致时，我们确实就需要一种新的哲学。阿奎那、莱布尼茨、普利斯特利的体系都明显是由犹太-基督教传统发展而来的，尽管事实上形而上学的僭妄常常玷污了犹太-基督教传统，但从本质上讲，犹太-基督教传统并没有产生这种僭妄。犹太-基督教传统也没有视人为“独立于自然的”。实际上，它包含了对人的能力和义务的不可或缺的洞见，如人是精致的自然秩序的监护人和管理员，在积极完善自然秩序中起着创造性的作用，而同时他又是该秩序中的一分子。这些洞见是不容我们忽视的。

注 释

[l] John Passmore，‘Attitudes to Nature’，in Royal Institute of Philosophy（ed.）*Nature and Conduct*，London and Basingstoke：Macmillan Press，1975，251-264，p.261；*MRN*，（2nd edn）p.215.

[2] John Rodman，‘The Liberation of Nature’，*Inquiry*，20，1977，83-145，p.95.

[3] Henryk Skolimowski, ‘Ecological Humanism’, in *Eco-Philosophy*, Boston and London, Marion Boyars, 1981, pp.53-89.

64 [4] Walter H. O’Briant, ‘Man, Nature and the History of Philosophy’, in William T Blackstone (ed.), *Philosophy and Environmental Crisis*, Athens: University of Georgia Press, 1974, 79-89.

[5] Ibid. p.80.

[6] Ibid. pp.82f.

[7] Ibid. pp.85f.

[8] Ibid. pp.86-88.

[9] See Robin Attfield, *God and The Secular*, Cardiff, University College Cardiff Press, 1978, chapter l.

[10] Wisdom 3:4 and 5:15 are apparent exceptions, but even there immortality is not natural to man’s soul, but a supernatural gift.

[11] Ecclesiastes 3:19f.

[12] John Black, *Man’s Domimion*, Edinburgh: Edinburgh University Press, 1970, pp.39f.

[13] Cf. J. A. T. Robinson, *The Body*, London: SCM Press, 1952, chapters l and 3.

[14] Cf. Alan Richardson (ed.), *A Theological Wordbook of the Bible*, London: SCM Press, 1957, under ‘Spirit’, Ⅰ (c), p.234.

[15] Aristotle, *De Anima* Ⅱ, 412a, 20f.

[16] Cf. J. N. D. Kelly, *Early Christian Doctrines*. London: Adam & Charles Black, (4th edn) 1968, pp.280f.

[17] See chapter 3 (above), nn. 30, 2 and 8.

[18] *Summa Theologiae* 1, q75, articles 2-6. See also Herbert McCabe, ‘The Immortality of the Soul’, in Anthony Kenny (ed.), *Aquinas: A Collection of Critical Essays*, London: Macmillan Press, 1969, pp.297-306.

[19] *Summa Theologiae* 2: 1, q10, a4.

[20] Kelly，*Early Christian Doctrines*. pp.180-188.

[21] O'Briant，'Man，Nature and the History of Philosophy'，pp.83f.

[22] Samuel Clarke，*Letter to Dodwell，Etc.*，（1706），（6th edn）London，1731；Richard Price，*A Free Discussion of Materialism and Philosophical Necessity，in a Correspondence between Dr Price and Dr Priestley，Etc.*，London，1778.

[23] Price，'The Nature and Dignity of the Human Soul'，*Sermons*，London，c. 1790.

[24] William T. Blackstone，'The Search for an Environmental Ethic'，in Tom Regan（ed.），*Matters of Life and Death*，Philadelphia：Temple University Press，1980，299-335，P.312.

[25] John bocke，*Second Reply* to the Bishop of Worcester，*Works*，London，1823，Vol.Ⅳ，pp.460f. The reference is derived from Michael Ayers，'Mechanism，Superaddition and the Proof of God's Existence in Locke's *Essay*'，*Philosophical Review*，90，1981，210-251，p.238. Ayers there contests the view of Margaret Wilson that the possible addition of these powers was regarded by Locke as an exercise of the divine *fiat* and contrary to the nature of the things affected. Ayers maintains that Locke's 65
main position was agnosticism about the nature both of matter and of that which thinks.

[26] Ralph Cudworth，*The True Intellectual System of the Universe*，（2nd edn）London：1743，p.745；cited by Ayers（see above）at n. 64，p.239.

[27] This account of Locke's position is derived from Ayers（see above），pp.237-239.

[28] In *A Free Discussion*；see n. 22. His materialism is expounded there at pp.112f.

[29] The correspondence of Clarke and Collins is published in Clarke，*Letter to Dodwell，Etc.*

[30] Blackstone，'The Search for an Environmental Ethic'，p.312.

[31] Spinoza，*Ethics*，Part Ⅳ，Prop. XXXⅦ，Note 1. From *Spinoza's Ethics*，trans. Andrew Boyle，London：Dent，Everyman's Library，1910.

[32] A. N. Whitehead，*Science and the Modern World*，Cambridge：Cambridge

University Press, 1926; see also his later works.

[33] L. Charles Birch, *Nature and God*, London: SCM Press, 1965, p.69.

[34] See H. G. Alexander (ed.), *The Clarke-Leibniz Correspondence*, Manchester: Manchester University Press, 1956.

[35] See Turner, *All Heaven in a Rage*, pp.162-166.

[36] Mary Midgley, *Beast and Man: The Roots of Human Nature*, Hassocks: Harvester Press, 1979, p.254.

[37] Ibid. pp.266-277.

[38] Kant, however, seems later to have abandoned this view: see Glacken, *Traces on the Rhodian Shore*, pp.540f.

[39] Midgley, *Beast and Man*, pp.357-359.

[40] 'Attitudes to Nature', p.260; *MRN*, (2nd edn) p.214.

[41] 'Attitudes to Nature', p.259; *MRN*, (2nd edn) p.213.

[42] 'Attitudes to Nature', p.256; *MRN*, (2nd edn) p.210.

[43] 'Attitudes to Nature', p.259; *MRN*, (2nd edn) p.213. Cf. *MRN*, pp.32-35.

[44] 'Attitudes to Nature', p.263; *MRN*, (2nd edn) p.217.

[45] 'Attitudes to Nature', pp.263f; *MRN*, (2nd edn) pp.217f.

[46] *MRN*, p.14.

[47] Val and Richard Routley, 'Social Theories, Self Management and Environmental Problems', in Don Mannison, Michael McRobbie and Richard Routley (eds), *Envionmental Philosophy*, Canberra: Australian National University, 1980, 217-332, p.324.

[48] Peter Singer, 'Animals and the Value of Life', in Tom Regan (ed.), *Matters of Life and Death*, 218-259, p.231.

[49] Skolimowski, *Eco-Philosophy*. p.83.

[50] *MRN*, p.184.

[51] 'Attitudes to Nature', p.260; *MRN*, (2nd edn) p.214.

[52] Skolimowski，*Eco-Philosophy*，pp.8-13.

[53] Blackstone，*Philosophy and Environmental Crisis*，p.303.

[54] ‘Attitudes to Nature’，p.261；*MRN*，（2nd edn）p.215. 66

[55] ‘The Liberation of Nature’，pp.94，118.

[56] Leopold，*A Sand County Almanac and Sketches Here and There*，New York：Oxford University Press，1949，pp.224f；Clark，*The Moral Status of Animals*，Oxford：Clarendon Press，1977，pp.114 and 171；see also his review of Goodpaster and Sayre，*Philosophical Books*，21，1980，237-240；Rodman，‘The Liberation of Nature’，p.89. See also Holmes Rolston Ⅲ，‘Is There an Ecological Ethic?’ *Ethics*，85，1975，93-109，p.106；Kenneth Goodpaster，‘From Egoism to Environmentalism’，in K. E. Goodpaster and K. M. Sayre（eds），*Ethics and Problems of the 21st Century*，21-35，pp.29f：and J. Baird Callicott，‘Animal Liberation：A Triangular Affair’，*Environmental Ethics*，2，1980，311-338，pp.327ff.

[57] See chapter 8（below）；also Robin Attfield，‘Methods of Ecological Ethics’，*Metaphilosophy*，14，1983，195-208.

[58] *MRN*，p.116.

[59] See ‘Social Theories，Self Management and Environmental Problems’，*passim.*

[60] John King-Farlow，*Self-Knowledge and Social Relations*，New York：Science History Publications，1978，pp.216-219.

[61] Skolimowski，*Eco-Philosophy*，p.74.

[62] Ibid.

67 第五章　进步的信念

为什么东欧和西欧社会，以及由它们发展而来的社会会如此地期望人类权力与幸福永久增长呢？尽管怀特的观点恰好相反[1]，但犹太-基督教传统似乎并没有解释这些根深蒂固的看法。然而，这些看法在西方（及苏联）的科学、技术和社会体制中随处可见。

这就使得讨论来自上述社会共同背景的一种较新的思想变得十分重要了，这种较新思想是指在资本主义社会体制和马克思主义社会体制中都普遍存在的各种进步观念。我不打算论证这种观点是我们面临的问题的根源，或是否应该拒斥它；我认为，有些形式的进步观念是很有价值的。但我要论证的是，其他一些形式的进步观念的确是我们面临的问题的根源。因此，我会讨论它的本质和起源、它的合理程度，以及它是否与困扰着我们的态度相一致等问题。

近代的进步信念

希望随着时间的流逝，通过运用自然知识为人类造福，包括物质利益，这种观念主要源于 17 世纪的培根和笛卡儿。我在此采用的现代特有的进步观是由理性主义历史学家伯里（J. B. Bury）提出来的[2]，而且并没有受到持完全不同立场的神学作家约翰·贝利（John Baillie）的质疑。尽管这样，贝利认为，进步的信念对基督教来说是一种异端邪说。[3]约翰·帕斯莫尔已经肯定地指出，由自然演化过程引起并与人类历史俱进 68
的进步信念可以追溯到 12 世纪弗洛拉的乔基姆（Joachim of Flora）那里。对于乔基姆来说，进步的保证就是神的眷顾[4]；但他也认为，无论是否属于天意，在法国，直到杜尔哥（Turgot）这样的*启蒙哲学家*时代，进步必然性的信念才成为系统的社会学说中的一部分；而在德国，则要到 18 世纪莱布尼茨的追随者的时代。[5]

作为对此的反驳，最近，罗伯特·尼斯比特（Robert Nisbet）认为，进步信念不是现代特有的一种信念，而是源于古希腊，而后受到了基督教末世论的促进，最后由宗教信仰保持至今。[6]尼斯比特成功地证实了下述方面：在古希腊，有些人相信有进步的时代；奥古斯汀为末世论和世俗的进步概念扫清了障碍；以及古代、中世纪和近代的进步态度之间存在着连续性，这种连续性比奥古斯特·孔德（Auguste Comte）及其追随者所认为的要强。然而，他却没能成功地颠覆近代进步思想的独特性。就像帕斯莫尔已经指出的：

> 断言在一个有限的时期，无论在知识还是在艺术成就方面，人类都已经取得了进步或者还会继续取得进步是一回事，而断言人类作为一个整体正在逐步完善自身——不仅在某一特定方面且在所有方面——而且这种自身完善是贯穿于整个人类历史过程的，则是另一回事。[7]

犹太-基督教信仰的确促进了科学探索，激发了改善人类条件的期望，但永恒进步的信念却与正统的犹太教和基督教没有联系，就像我们将会看到的那样，三百多年来一直设法保证永恒进步的各种基础通常也与宗教无关。

如约翰·贝利所说[8]，培根和笛卡儿希望尘世进步及改善人类命运的愿望基于对科学知识增长的期望。与普利斯特利提出的、此后又经卡尔·贝克（Carl Becker）而强化了的观点相反[9]，培根并没有完全把知识与力量等同起来，但他确实认为知识是力量所必需的：“人类的知识和人类的力量是合而为一的，因为不知道原因，其结果是不可能产生的。”[10]
69 只要不考虑非预期的成就，我们就会同意这种观点。其实，莫里斯·金斯伯格（Morris Ginsberg）对培根的主张做了更为宽泛的，但仍然似乎合理的运用：“如果知识不是进步的充分条件，它也是必要条件。”[11]再者，既然培根和笛卡儿都为期望科学进步提供了理由，那么，他们两人都为进步是必然的信念扫清了障碍，可是他俩却都不相信这种信念。如贝利所说的，他们都乐于证实他们所感兴趣的那种进步是可能的，并“反驳其不可能性的假说”。[12]的确，这种立场与他们两人声称的基督教信仰是完全一致的。

与贝利一样，我接受伯里的观点，认为“丰特内尔（Fontenelle）是第一个把知识进步思想作为一个完整的学说加以阐述的人”。[13]在这个学说中，知识进步被描绘成是必然的而且是无限持续的。丰特内尔在自然不变和人性不变的基础上构筑了他的观点：所以每一代人都能够从前代人的发现中获利并避免前人的错误。作为对丰特内尔观点的反驳，我们或许担心，在某些学科中，无论是古代的还是现代的，发现本身遭到忽视，而错误却会被永久地保留下来。但在此问题上的答案却是令人信服的，经验科学的批判方法使得这种情况在其领域中只会出现在少数事例中。人类希望建立他们的思想和社会体制并不是一定要反对丰特内尔的结论。真正的问题在于这样一种可能性：被认为是进步的技术发现会破坏科学或其他文明生活所需要的条件，如果是这样的话，技术进步会无限持续的学说就会不攻自破了。

因此，任何一种无限进步的断言都是不可靠的；然而，如果人的本性允许社会进步的话，那么，社会进步的可能性就不可低估。约翰·帕斯莫尔详细阐述过 18、19 世纪的一些社会理论家是如何对这种可能性进行探究的。[14]在这里我们不对他们的理论做详细的讨论，但他们都依赖于由约翰·洛克明确提出的拒斥奥古斯汀的原罪说，注意到这一点很重要。在《基督教的合理性》（*The Reasonableness of Christianity*）中，洛克否认人天生就有堕落的倾向。[15]他认为，任何一种生来就有的邪恶倾向都可以通过教育去除或至少抵消掉（counter-balanced）。许多当代不拘泥于宗教教条和宗教形式的神学家们都认为，人生来就有仁慈的倾向，但洛克并不赞同这点，不过，他的确反对人人都受制于生而有罪、只有超 70
自然的恩典才能拯救的偏见。

洛克对教育的主张实际上关注的是个体道德进步的可能性，他的这一主张成为大多数世俗的社会改革理论和道德改革理论的基础。毫无疑问，如洛克自己一度承认的[16]，他有些夸大了人生来就没有本能和自然倾向，以及“人可以随意地塑造自己”的观点；但是正统的奥古斯汀学说，如果得到一贯应用的话，会表明一切改革社会的努力都是徒劳的，这些社会改革的努力依赖于或者说是旨在促进合作和智慧，甚至包括本笃会和西多会团体改进大地的努力（这些努力大多是受到了奥古斯汀其他教导的影响）。的确，奥古斯汀的神学赋予人类自我决定以很低的地位，以至于后来的众多基督徒不得不在系统的基督教伦理中修正它，使其承认人类努力的作用。 因此，即使洛克肯定的观点曲解了人的本能和天生的能力，他也认为每一代新人都有道德发展的可能，并且完全可以通过世俗手段来促进这种发展，这是一种既有影响又有益的观点。它的确是对犹太-基督教传统的修正，这种修正对各种伦理——包括环境伦理——都是至关重要的。从道德方面讲，即使每一代人的起步都一样，后代人也能够继承已经改善了的社会环境和自然环境。

然而，帕斯莫尔、贝利和伯里都赞同，近代的进步信念起源于阿卜·杜·圣皮埃尔（Abbe de Saint-Pierre），而他的观点与丰特内尔后期的观点非常接近。按照贝利的说法，培根和笛卡儿认为，社会和道德进步的秘诀在于知识的增长，圣皮埃尔所做的是把培根和笛卡儿的观点与丰特内尔的知识增长是必然的观点结合了起来，由此得出了社会和道德进步的必然性。[17]然而，圣皮埃尔的贡献不只是一个基本论据的简单应用，正如贝利本人所认同的那样，培根和笛卡儿不相信知识的进步是任何进步的保证；在很大程度上，他们根本不关心道德进步问题。[18]他们所希望的至多是更加舒适地生活（培根）或是为了后代的利益促进医学进步（笛卡儿）。但圣皮埃尔坚持认为，知识的进步在社会和政治领域与
71 在自然领域一样是可行的，而且必然会在各自的领域带来相应的持久进步。这里首次预言了建立在获取知识（笛卡儿、牛顿和洛克所做的）和社会变革法律机制上的持续增进的幸福及稳定的道德进步。的确，圣皮埃尔以及不久后的许多人都认为，近期人们获得的新知识表明：正如现在是在过去的基础上的进步一样，未来必然会产生无限的更大的进步。

如贝克和贝利两人所说，这些观点鼓励了人们对现有社会体制的不满，从而导致了一种强烈的变革社会的愿望，这种社会变革发生在法国路易十五时代显然太迟了。更一般地说，没有理由怀疑，理解人类社会是可能的，而且有助于引入更有利的社会体制。值得怀疑的是，这种知识的应用是否一定会达到其目标，或者说，纵然它们的主题不同，那些有关人与社会的知识是否会像人们期望的那样与数学或物理学一样具有良好的可证实性、可靠性和累积性。此外，如帕斯莫尔指出的，“对进步的纯粹归纳论证是非常难的”。但是，依据任何标准都无法用过去来证明稳定进步的理论，即使可以从过去推断未来。不过，这一时期流行的进步是不可抗拒的信念在激励有意变革的信心方面一直影响极大，而这些变革的目的是为了促进进步。

附带着限制条件，提出有关过去、现在和未来的类似观点的人有伏尔泰（尽管，如伯里所说，他的乐观态度总是被犬儒主义所抑制）[19]、蒂尔戈（他接受进步可能是偶然的观点，他比其他*启蒙思想家*更赞同中

世纪的基督教观点）[20]、查斯特卢克斯（Chastellux，他得出结论说，进步的观念始于文艺复兴，此前的所有时代都是悲惨的）[21]和孔多塞（Condorcet，他相信，历经九个时代的不间断进步，每个时代在知识和文明方面都有进步，最终到第十个时代达到平等与知识、健康及美德方面的更大进步）。[22]这些作者的论证都是以实际的历史进步为基础的。然而，除非知识越丰富越有助于明智行为的论点是成立的，否则，就难以理解历史进步趋势的发现是怎样成为乐观主义的理由的；除非这些趋势建立在可靠和持续的机制上，否则，没有理由指望历史的教训可以用于未来。其中一种机制是由蒂尔戈和亚当·斯密提出的[23]，它是自由放任 72
的自由主义框架下私营企业经济增长的产物。尼斯比特确实认为经济增长是进步信念的自然背景，伏尔泰和孔多塞也相信经济增长。[24]从这些信念完全一致的程度上看，进步的信念必须承担我们生态问题的部分责任。无疑，并非经济增长的一切成果都能被视为是社会的进步（就像穆勒后来所指出的，即使减缓经济增长，社会也能进步）。

然而，*启蒙思想家们*对人类未来新的强调在道德上是重要的（见第六章）。无论是持人与自然关系不断衰落观点的人，还是持其社会和自然秩序永存观点的人都容易相信这一点：他们能为后代做的事情微乎其微。这种观点没有排除义务感，不过，当人们意识到他们子孙后代的命运在很大程度上取决于他们时，他们的义务感就会增强。贝克在《18 世纪哲学家的天国之城》一书的“后世所用”[25]一章中提供了*启蒙思想家们*对后代问题看法的另一种不同的视角，在这一章中他阐述了后代问题是如何成为许多*启蒙思想家*的宗教情结的焦点的，这种宗教情结早先与来生有关（这里引用贝克书中许多例子中的一个，即狄德罗宣称“来世在信仰宗教人的生活中的作用由后代转移到了哲学家的生活中”）。但我们在把心理保护理论或满足非理性愿望的理论运用于这些人时却应该谨慎：他们中的一些人，如阿卜·杜·圣皮埃尔、理查德·皮尔斯和约瑟夫·普利斯特利，在期望今世有一个更好的未来的同时，还仍然继续相信来世。无疑，对罗伯斯庇尔（Robespierre）来说，关心后代显然会降低对同代人的关心，不过，一旦有理由认为我们的后代能从我们的行动中受益或因我们的忽视而受到伤害，那么，无视他们就是不负责任，不过，值得赞扬的是，*启蒙思想家*认识到了这一点。

形而上学的保证

除了从科学、教育及历史角度来论证进步外，还有人从形而上学的角度进行论证。莱布尼茨的所有潜能都可能在某个时候得以实现的观
73 点，要么能够像最初那样被限定在与整个人类事业相对的个体的一生中，要么能够在物种随着时间的推移而得到的发展中得到运用（就像康德的《宇宙思想史》中所说的那样[26]）。对康德来说，人的潜能只能在一种完美的普遍状态下才能实现，这种完美的普遍状况能够保证永久的安宁，它正是经过了恶的倾向以及人与之斗争以后才得以产生。如康德所看到的，历史的证据不足以得出他的结论：他断言的基础是，人类的责任感要求我们相信存在着那种受到普遍推崇的实现人的潜能的条件。

虽然康德明确反对原罪说，但他最终还是依赖于神的恩典来完成他的理想的共和国的，就像乔基姆在他之前所做的那样。[27]然而，在有关人类未来的理论中借助于神的干预就如同在物理学中借助于神的干预来解释现象一样，是不合理的。[28]建立理想的道德共和国并希望实现它是一回事，而断言它具有必然性，尤其是在没有任何能使它在臆想中的未来得以实现的手段时，则完全是另一回事。的确，相信它是必然的人会很容易地把其他一切看成是从属于实现这个目的的东西，他们会用一种简捷的办法来实现理想的道德共和国。

意识到了这种可能性，康德从前的学生赫尔德（Herder）就认为，人们促进理想社会到来的最好办法就是履行其对同代人的责任。与那些强调过去（或现在）不幸的*启蒙思想家们*不同，赫尔德认为，每个时代都

会有相对的进步，进步的程度与那个时代的条件相吻合。尽管他对社会所规定的各种经验条件有很深的印象，但他不相信康德重新引入历史哲学的那些“终极因”。然而，他却完全相信人类的进步和人类进步的教育，他认为这是每个社会都能做到的，既是为过去的一些事件感到遗憾（罗马帝国的暴行），又是为了避免历史的相对主义，这种相对主义排除了一个社会可以在另一个社会的基础上取得进步的看法。我赞同帕斯莫尔的看法，如果赫尔德坚持相信进步是可能的，那么，他就需要这样一种观点：无论是否与时代发展有关，所有社会之间的评价都确实需要进步这一标准。[29]

赫尔德不仅对经验主义特征感兴趣，他也是一位怀疑论思想家，他 74
制定了历史法则。他的主要法则是“自然中所有毁灭性的力量不仅会在时间进程中屈服于保存下来的力量，而且最终都会屈从于整体的实现。”[30]赫尔德认为，邪恶是进步的刺激源；他的法则保证，刺激源会在变化产生之后消失。他的法则从前被认为是自然法则，但后来表明，它与康德认为的保证进步的那些因素一样是形而上学的。

在德国，在赫尔德的后继者历史哲学家费希特（Fichte）、谢林和黑格尔那里，赫尔德对经验的强调遭到了轻视和限制，他们更多地把注意力集中在发现发展规律上[31]。对于费希特来说，所有历史都是不断地而且必然地朝着实现自由的方向发展的。自然也包括在这一过程中，地震、火山和飓风都只是“原始的质量在与正规的、进步的、有生命力的系统的行为做最后的抗争，而最终却不得不屈服于这种行为”。[32]因此，虽然自然尚未屈服于正规法则和人类的成就，但它最终会得到控制和规范，变得更加文明（其实，人们常常从人类征服自然的力量逐渐增强方面来定义进步）[33]。谢林把社会看作一个有机体，其发展可从生物学规律中推知。[34]黑格尔则把历史看作是神的理性的不断启示和“精神自身自由意志”[35]的显现，但这个过程在他那个年代就已经完成了。对于这些唯心主义者来说，经验史充其量不过阐明了由*先前的*推理可以推导出的过程。他们强调的是发展的必然性而不是科学进步和道德进步的必然性。不过，他们对后期法国和德国思想的影响相当大，以至于历史发展的思想甚至在那些憎恨前法国大革命时期*启蒙思想家*的人中间也成为平常的话题。[36]

在后法国大革命时期，新一代的思想家——先是圣西门（Saint-Simon），后是孔德——试图解释如何使进步变得有条理和如何描绘它的社会学规律。[37]圣西门强调了宗教体系、政治体系与社会体系的紧密结合，并提出了组织与建构、批判与革命的时代交替的规律。他对历史发展过程中宗教作用的强调补充了孔多塞认为知识在历史发展中的作用的
75 观点（后来无疑地得到了怀特的认可）。他因此预言，在通向社会幸福的道路上，一种新的唯物论宗教将会替代基督教和自然神教。他的理论也使他关注社会进步的一种更为直接和现实的状况——改善工人阶级的命运。孔德则认为，历史的根本规律在于“智力和同情的融合导致超越了利己主义的利他主义力量的增长”。[38]与孔多塞和费希特一样，孔德把历史分成若干阶段。按照他的说法，每个知识门类首先要经历神学阶段，而后是哲学阶段，最后是实证或科学阶段。历史的动力在很大程度上是由思想提供的，这些思想在所有学科中都必须被提升到第三个阶段。政治进步、道德进步和智力进步之间的联系极其紧密，以至于物质进步和社会发展必须与知识进步并驾齐驱。在第三个阶段，社会将会按科学的社会学原则来进行组织。[39]孔德虽然不相信进步是不确定的，但他深信，进步是持续不断的。完全可以预言，人类将会在科学的基础上达到与环境的和谐，在过渡时期人类应该做什么和人类需要适当地被强制做些什么，同样也是清楚的。[40]这种伦理的追随者不太可能会愿意按照新的生态见解或其他见解去调整他们的行动，而且这种伦理也不太可能会让他们这么做。

进步观念的普及

19 世纪早期的法国思想家使进步的思想闻名于世，特别是他们把德

国人相信现世必然发展的信念与法国启蒙运动在历史基础上坚信知识和道德进步会持续到未来的信念结合了起来。弗朗索瓦·基佐（Francois Guizot）从进步和发展两方面提出，时代的标志就是文明的定义。他说，“文明，在说出这个词的时候就会唤起一个民族已经萌发的思想，不是改变它的位置而是改变它的状态——一个正在壮大和完善的民族。在我看来，进步的观念、发展的观念是*‘文明’*一词所包含的基本思想”[41]（基佐的文明概念不仅包括了社会朝着繁荣和公正的方向发展，还包括个体在思想和情操修养上的智力发展）。

严格地讲，如伯里所说，基佐的定义意味着根本不存在一种处在均衡状态中的文明，显然，只有修正这种假定，一种能与自然环境和谐相 76
处的可持续社会才有可能得以产生。但重要的是，伯里没有再提出异议，1920 年在写到基佐时，伯里说，“他的历史观有效地建立起文明与进步两种思想间的联系，*这种联系在今天已被人们理所当然地认为是确信无疑的了*”（斜体为我所加）。[42]这样，进步思想很快在英美普及。[43]因此，20 世纪很多人把没有发展的社会视为倒退和无法容忍，也就不足为奇了。

还应该承认的是，在这一时期，进步的思想与平等的思想联系了起来，把这两种思想联系起来的是英国的罗伯特·欧文（Robert Owen）和法国的皮埃尔·勒鲁（Pierre Leroux）。在威廉·戈德温（William Godwin）和普劳德汉（Proudhon）的著作中也可以看到他们把进步理解为反独裁主义，这与孔德的理解相去甚远。比最早的社会主义者和无政府主义者的思想影响都要大得多的是马克思和恩格斯（Engels）的独特的学说（的确，对这一时期或以后时期的进步思想的任何评价都必须首先弄清所讨论的是各种社会进步的概念中的哪一种）。然而，使得进步信念在西欧和美国得到广泛接受的更为直接的影响是斯宾塞（Spencer）的著作，他对进步的理解与他人大不相同。

早在达尔文 1859 年出版《物种起源》之前，斯宾塞在 1851 年出版的《社会静力学》中就已经采用了一种社会进化的理论[44]，但达尔文在一系列著作中提出的理论影响很大，使得人们普遍相信他的观点：整个宇宙，不论是有机的还是无机的，都处在演化过程之中。正如在第四章中已看到的，接受达尔文主义也会增强产生对自然秩序中亲缘关系的意识：如赫胥黎（T. H. Huxley）所指出的，接受达尔文主义并不必然地要产生一种适者生存的伦理信念。但是，为了得出这一结论，赫胥黎不得不强调生物进化与社会进步之间的不连续性[45]，而斯宾塞断言它们之间有连续性就显得比较容易。他可以提出问题，人怎么能够背离生命法则呢？

斯宾塞自己提出的进化法则并不比孔多塞、赫尔德、费希特或孔德等人提出的历史法则完善。[46]但如果生命形式是通过适应而生存下来的话，那么，他有关邪恶是不适应的表现形式并且会在良好的适应形式出
77 现和繁荣之时消失的信念从表面上看是有说服力的。斯宾塞相信，适应特征可以代代相传，因此，适应有望持续，并最终达到完美。

斯宾塞从一个终极原因来论证并声称“万物的最终目的是谋求最大的幸福，要达到这一目的就必须使种族的每个成员都具有能使其体验生活的最大快乐的能力，而同时又不能减少他人获得同样快乐的能力”[47]，这样做就使得他从进化理论得出一种伦理学变得越发令人可疑。按照伯里对其中含义的表达，在一个低等生物栖息的世界里，以这种方式构成的生物是无法繁殖的；因此，这些生物就必须被驱逐以腾出地方；同样，要撵走这些低级生物，土著人首先必须有一种低级构造；他必须食肉，必须有杀戮的欲望。总之，假定有一个未被征服的地球，人类“被指派”去那里居住并占领它，那么，不管生命法则是什么，除了实际已经发生了的变化外，不会再发生什么其他变化了。[48]

诚然，斯宾塞认为保留这些掠夺性的特征跟人类现在的社会地位是不相称的。[49]不过，斯宾塞在这里还是支持过去所有的掠夺，而且可能很容易地被认为是，以创造的最终目的的名义，认可所有发现自己处于荒野或面对原始人的人的残忍。再者，即使在将来，他认为会出现更多

与那个年代相符的利他主义准则，保护易受伤害的物种、栖息地或人类文化都是徒劳的、错误的。斯宾塞或许认为自己是在阐述《创世纪》，然而，如伯里所指出的，在其早期的著作中，上帝的作用就是使不变的力量产生作用，这种作用在其后期的著作中又完全成为“存在于所有现象中的不可知事物”。[50]的确，这种转变默认了斯宾塞的观点与《旧约》中有关上帝、人与自然的观点格格不入。

斯宾塞将自然选择的进化观念与进步观念合而为一的做法被广泛接受，这样，社会的进化就开始被看成是令人满意的，进步被看成是必不可少的。尽管并非每个人都认为适者生存是这种进步的标准，但在商业伦理中却常常做这样的假定。在社会中，“社会达尔文主义”常常使人难以相信那些反对剥削人的批评家和反对掠夺自然的批评家的观点。同 78
样，斯宾塞放任的自由主义也被广泛采用，以至于人们忽视了用法律手段来阻止剥削。这种思潮在理论上可能会通过扩展穆勒的正当行为标准而有所缓和，如基德（Kidd）所赞扬的，促进最大多数人包括后代成员的最大幸福[51]；但在一个技术、商业及帝国扩张的时代，进步的信念似乎完全能够保证新的思想和资源不断涌现，以满足未来的不测事件，因此，这些事件可以留给他们自己去解决。

马克思主义的态度

黑格尔的历史必然进步观点不仅被法国社会学的开创者继承，也被卡尔·马克思和弗里德里希·恩格斯所继承。马克思和恩格斯接受了费尔巴哈（Feuerbach）的观点，即需要把黑格尔对基督教的批评颠倒过来，这样，谈论上帝就被看成是用一种困惑的方法在谈论人及其关系。他们也反对黑格尔认为历史的正、反、合是神灵自我实现过程中的几个阶段的观点，他们赞同的学说是：正、反、合是“生产发展过程中的历史阶段”[52]，不同经济阶层的生产方式有其相应的关系，通过革命的手段，它们最终可以达到没有阶级的社会。

按照马克思的说法，在资本主义条件下，人与其自身的本质被异化，这种异化只有通过推翻资本主义才能解除：只有那时才会出现一个真正自由的人类社会。我已在其他文章中竭力阐明了“异化”的意义。[53]在此要说的是，他们的苏联信徒相信马克思主义的奠基人已经发现了历史规律，因而有理由相信未来不可抗拒的进步。因此，伊诺克提·格拉西莫夫（Innokenty Gerasimov）院士写道：“只有马克思列宁主义理论和科学分析的方法能够揭示处在人类发展和基本社会形态变化中的自然与社会之间相互作用的种种过程的客观规律。”[54]

79 可以看出，马克思、恩格斯对待自然的态度有两种。一种来自费希特，认为自然一定要人化，只有人化后其自身才得以实现。尽管使用的语言，用恩格斯的表达，涉及“人与自然的调和”，但其观点却完全可以用理性的控制加以说明。因此，格拉西莫夫写道：

> 在《反杜林论》中恩格斯指出，直到对自然力的科学控制服从于人与人之间生产关系的理性支配，这些力量“……尽管在我们之间运动，与我们对立，长期支配我们……”但这种立场在有计划的社会主义社会和共产主义社会发生了根本的转变。[55]

同样，叶夫金·费多罗夫（Yevgeny Fyodorov）院士和伊利亚·罗维克（Ilya Novik）在一篇投给论文集的文章中认为马克思也有类似的观点：马克思“写道，社会化的人……理性地调节他们（社会）与自然的交换，‘使自然处在他们通常的控制之下，以代替受到盲目的自然作用……’”[56]由于持同样的观点，这些作者拒斥一些西方生态著作家反对经济增长的观点，并把这些观点视为“是反对社会进步的人文化理想”。他们更喜欢“理性地认识生物圈最优化的纲领”。[57]在这一点上，他们对马克思的理解是正确的，“每当写到自然的‘沉睡着的潜力’的时候，马克思总是要涉及自然所固有的将其转换成确定的使用价值的客观可能性”[58]，即对人的使用价值。霍华德·帕森斯（Howard L. Parsons）的确反对指责马克思否认外部的、非人类自然界的价值，但这却不能令人信服。[59]帕森斯写道[60]：

> 马克思、恩格斯对自然的态度既与当代工商界人士一样，也与无数迁往边疆并在那里艰苦奋斗的移民一样。例如，18 世纪的欧洲人把美洲看成富饶、自由与和谐的理想花园，而 19 世纪的移民却把荒野看成需要克服的障碍[61]——一个需要通过人的努力去征服和改造的潜在的财富宝库。[62]

马克思，尤其是恩格斯对自然的另一种相关的观点是反对资本主义和科学技术特有的对自然的掠夺性利用，倡导工业废弃物的再生利用和一种令人惊异的现代观点，即强调需要考虑负面效应和长期后果。因 80
此，马克思认为：“资本主义农业的全部发展表现在技术上的，不仅是劳动力掠夺，也包括对土地的掠夺。定期增加土壤肥力的所有进步，都是在朝着毁灭持久肥力的方向发展。”[63]资本主义把人们都聚集在大城镇中，使得人的排泄物无法重回土壤，这又进一步“违反了保持土壤肥力所需要的条件”，并且“打乱了人与土壤间的循环”。毛纺业和丝绸业受到称赞，是因为它们利用自己的旧产品或次品；化学工业也受到称赞，因为它不仅利用自己的废品，还利用其他许多工业的废品。[64]基于同样的思想，费多罗夫和罗维克倡导“基于封闭循环技术的新的无废料生产”，认为它是一种无污染的持久生产方式。[65]

再者，另一位作家引用恩格斯的话作为对技术乐观主义的批评，因为恩格斯无疑是生态意识的先驱。恩格斯写道：“但是我们不要过分陶醉于我们对自然界的胜利。对于每一次这样的胜利，自然界都报复了我们。每一次胜利，在第一步都确实取得了我们预期的结果，但是，在第二步和第三步却有了不同的、出乎预料的影响，这常常把第一个结果又取消了。”[66]恩格斯列举的例子包括南部欧洲土著居民采伐森林造成的破坏、与土豆一同引入欧洲的淋巴结核病，以及西班牙农场主仅仅为给一*代*咖啡树增加肥力，以便尽快获利而焚烧森林造成古巴高地的水土流失。他认为，制造商只要追求眼前利润而漠视眼前利益以外的后果，更多同样的事情就会发生。他还认为，资产阶级经济学就有这些弊端（如第一章中所指出的，这种论断很难予以反驳）。[67]恩格斯的观点的确有助于奥尔达克（Oldak）论证他所赞同的封闭循环技术，也有助于他论证一种革新了的经济体系，以及制订既要考虑当代人需要又要考虑后代人需要的计划。

马克思、恩格斯以及近期科学研究的启示，使得现代苏联正统观点的代表既能批评不负责任的技术（不只是资本主义社会的）[68]，又能鼓励废品的回收利用和无污染生产。[69]同时，他们反对停止增长的观点，
81 而坚持认为“只要在其行为中考虑到*使生物圈最优化*的任务，人类就能够不断向前发展”（斜体为我所加）[70]；因为“人类能够预见和预防未来的环境退化，甚至能确保环境有目的地改善”[71]［另一篇文章的作者尼克莱•萨曼诺夫（Nicolai Semenov）院士提出了一种新方法，探索如何人工地再现自然的光合作用过程，然后在地球上绝大部分沙漠地区建立工厂以获取收益］。[72]因此，我们很难回避这种结论：苏联科学家坚信改进技术就能够并且一定会解决所有生态问题的信心也来自马克思和恩格斯的预言，马克思和恩格斯认为人与自然的紧张状况必然会消除，建立完全人性化的自然和社会是必然的。

对进步信念的评价

然而，必须承认进步倡导者有许多可取的东西。培根和笛卡儿关于科学进步是可能的观点、洛克关于无须超然力量的帮助个人在道德上也能进步的观点，以及丰特内尔关于科学技术知识（至少通常）是累积进步的观点，都是正确的。尽管一些哲学家否认科学[73]，自然科学还是取

得了进步，除了解释熟悉的现象，还能对另一些现象加以解释，并且可以预测新的现象。[74]技术的发展已经使得在任何情况下，人类都可以利用新的技能和新的力量控制自然过程及物质生产。甚至在对人类社会的理解方面也确实有了一定的进步（如在人口增长的趋势方面）；在某种程度上，由于*启蒙思想家*、康德和马克思主义创立者的工作，人们也越来越广泛地意识到了我们对后代的义务，以及我们可以为后代提供一个完善的自然环境和社会环境。无须向智力相对主义者或道德相对主义者承认此类的说法那样前后不一致，也无须向认为一切努力均是注定无益的悲观主义者让步。

但这并不等于是要接受以下观点：圣皮埃尔认同的认识社会必须与认识自然并驾齐驱，知识进步一定可以保证幸福与德行的进步；无论赫尔德、圣西门和斯宾塞这些杰出的理论家试图用何种方法巧妙地应对反证，*启蒙思想家们*所认同的历史事实使我们有理由指望永恒进步。这也不等于要接受德国唯心主义者，以及孔多塞、赫尔德、圣西门、孔德、马克思和斯宾塞的观点；德国唯心主义者认为，在历史进程中，人和自 82
然的潜能一定可以完全实现，而孔多塞、赫尔德、圣西门、孔德、马克思和斯宾塞则认为，本来就存在着历史规律，更不用说有确保进步的历史规律。的确，自然规律——如通过适应和选择的进化规律——主宰着人类历史的观点无疑是错误的，因为（如苏联的院士们常常断言的）人类尤其可以在观念的影响下，用深思熟虑的行动和其他选择来塑造自己的未来，正如赫胥黎指出的，人类保护在一般的自然过程中或许会灭亡的弱小和易受伤害群体的行为是自由的，我们可以加上一条：歪曲历史规律，把不可想象的东西说成是真实的也是自由的。

如圣西门所说的，认识人类社会就必须认识这些社会包括政治、道德、宗教在内的生活的方方面面的相互联系：即使经济力量在马克思时代以前被不适当地忽视了，而思想的重要性尽管无疑地被孔德夸大了，但却是不应该被贬低的。正是由于这一原因，认识到某些思想具有危险性就变得重要了。如我们已看到的，这样一些思想有东西方都相信永恒进步的思想；斯宾塞的进化伦理，这一伦理至少有时在某些地方忽视了公认道德中固有的对掠夺态度的禁止；还有基佐认为文明一定是文化和物质两方面的进步，若没有这些进步的趋势，社会就不能达到文明状态；我认为，马克思主义者的“自然必须人化”和“生物圈必须为人类利益而优化”的观点亦是如此。

恩格斯过于随便地假定人与自然是冲突的，只要人不驾驭自然，未被征服的自然力量就会控制人类。尽管他知道人类“征服”自然会使自己遭到报应，但他仍然坚持要征服，虽然他在描述征服自然时，所用的语言的是要与自然和谐统一，克服人与自然间的“矛盾”。而这种语言是他在基督教中找到的。[75]但是，即使人类的需要往往在道德上优先于其他物种的需要（见第九章），但把自然视为敌对的*或*需要征服的则是错误的，因为这是一种认为一切为人而存在，仅仅只是为了人类利益的近乎人类中心主义的观点。然而，在一个地球表面没有任何荒野存在的、优化了的生物圈中，生命很可能也就没有存在的价值了。

因此，当恩格斯的那些有价值的生态见解一旦与物质和技术必然进
83 步的信念结合在一起的时候，它们就显得苍白无力了。但更为有害的仍然是西方社会普遍流行的进步信念，这种信念（直到最近）都还几乎一直未受到这些生态见解的影响。诚然，在倡导平等与自由的影响下，进步观念的道德化可以作为社会批判的有力武器，对自然和社会理解的改善促进和加强了这种效果。[76]但是，进步观念却常常支持以下看法：凡是能做的就一定要做，现代化就是进步，反对利用盈利的机会就是在与历史潮流作对。这些看法都成了贪婪的理论基础，也是许多破坏自然的理论依据。在很大程度上，对东西方的环境退化负责的，不应是犹太教和基督教的信念，而是继承了启蒙运动和德国哲学的永恒进步观念，这种观念在西方受到古典经济学家和社会学家，以及主张自由的个人主义[77]和社会达尔文主义的修改，在东欧毫无疑问地由马克思、恩格斯对其进行了

修改。

因此，我们有理由反对这样的信念：进步是不可抗拒的、自然应无限地人化、技术和社会的规划必然会解决我们面临的所有问题。然而，我们没有理由拒绝这样的信念：许多进步观念是可欲的和可能的。在某种程度上，我们可以塑造自己的未来，要做到这一点，我们需要尽可能多地认识自然和社会，并将这种认识与比现在要好的社会和世界的道德观念结合起来，在此基础上，我们才有希望逐步向这种社会和世界迈进。这些确实是保护资源与保护濒危物种及其栖息地的先决条件，也是实现人类福利和国际公正的先决条件。不过，接受这一点就意味着采纳了某种进步信念，因此，我们并非要完全否认启蒙哲学家、康德、马克思、恩格斯和其他人开创的人道的、世俗的传统。其实，把这种传统与旧的犹太-基督教传统结合起来并适当地加以完善，我们就能够应对我们面临的生态问题，而无需新的哲学或伦理学。在下篇中，我将试图从公 84
认的判断中推导出一种令人满意的环境伦理，并考察它所导致的社会影响。

注　释

[1] John Barr（ed.），*The Environmental Handbook*，London：Ballantine and Friends of the Earth，1971，p.10.

[2] J. B. Bury，*The Idea of Progress*，London：Macmillan Press，1920.

[3] John Baillie，*The Belief in Progress*，London，Glasgow and Toronto：Oxford University Press，1950.

[4] John Passmore，*The Perfectibility of Man*，London：Duckworth，1970（hereinafter *PM*），212-215.

[5] *PM*，pp.195，216.

[6] Robert Nisbet，*History of the Idea of Progress*，London：Heinemann，1980.

[7] *PM*, p.196.

[8] Baillie, *The Belief in Progress*, p.103.

[9] Joseph Priestley, *An Essay on the First Principles of Government and on Political, Civil and Religious Liberty*, London:(2nd edn)1771, pp.4f, cited by Carl Becker, *The Heavenly City of the Ehehteenth-Century Philosophers*, New Haven and hondon: Yale University Press, 1932, pp.144f.

[10] *Aphorisms*, Book One, Ⅲ: *The New Organon*, ed. Fulton H. Anderson, Indianapolis and New York: Bobbs-Merrill, 1960, p.39.

[11] Morris Ginsberg, *The Idea of Progress: A Revaluation*, Westport, Conn.: Greenwood Press, 1953, p.77.

[12] *The Belief in Progress*, p.104.

[13] Bury, *The Idea of Progress*, p.110.

[14] *PM*, chapter 8, 'Perfecting by Social Action: The Presuppositions'.

[15] *PM*, p.159.

[16] At the end of his *Concerning Education*, cited at *PM*, p.159. For a sustained critique of the Lockean view that the new-born infant is a *tabula rasa*, see Mary Midgley, *Beast and Man: The Roots of Human Nature*, Hassocks: Harvester Press, 1979.

[17] *The Belief in Progress*, p.108.

[18] Ibid. pp.102-104; see also chapter 4(above).

[19] Bury, *The Idea of Progress*, p.150.

[20] Ibid. pp.156f.

[21] Ibid. pp.186-188.

[22] Ibid. pp.208-210; Baillie, *The Belief in Progress*, pp.115f.

[23] Nisbet, *History of the Idea of Progress*, pp.185, 189.

[24] Ibid. pp.334f.

[25] Becker, *The Heavenly City of the Eighteenth-Century Philosophers*, pp.119-168.

[26] *PM*, pp.215-219.

[27] *PM*, p.220. 85

[28] Cf. chapter 2, 'Physical Theology', of Robin Attfield, *God and The Secular*, Cardiff: University College Cardiff Press, 1978.

[29] I have discussed these matters further in 'Against Incomparabilism', *Philosophy*, 50, 1975, 230-234, and in 'How Not to be a Moral Relativist', *The Monist*, 62, 1979, 510-521.

[30] Cited at *PM*, p.226.

[31] Bury, *The Idea of Progress*, p.251.

[32] Cited at *PM*, p.233.

[33] Black, *Man's Dominion*, Edinburgh: Edinburgh University Press, 1970, p.105.

[34] Bury, *The Idea of Progress*, p.251.

[35] Cited at *PM*, p.233.

[36] Bury, *The Idea of Progress*, pp.260-277.

[37] Ibid. pp.282-285.

[38] Ginsberg, *The Idea of Progress: A Revaluation*, p.24.

[39] Bury, *The Idea of Progress*, pp.291-294, 299-301.

[40] Ibid. pp.304-306.

[41] Cited ibid. p.274.

[42] Ibid. p.276.

[43] Ibid. pp.309-312.

[44] Ibid. pp.336f, *PM*, p.241.

[45] Ibid. pp.344f; *PM*, pp.244f.

[46] 'Evolution is an integration of matter and concomitant dissipation of motion; during which the matter passes from a relatively indefinite, incoherent homogeneity to a relatively definite coherent heterogeneity; and during which the retained motion undergoes a parallel transformation.' Presented at p.47 of F. Howard Collins, *Epitome of the*

Synthetic Philosophy of Herbert Spencer, London: Williams & Northgate, 1889. (Collins' *Eptome* ran to multiple editions in Britain, America, France, Germany and Russia.)

[47] Bury's paraphrase, *The Idea of Progress*, pp.338f.

[48] Ibid. p.339.

[49] *PM*, p.241.

[50] Bury, *The Idea of Progress*, p.339.

[51] Ibid. p.347.

[52] Karl Marx, *Selected Works*, 2 Vols., Moscow, 1949 and London, 1950, Vol. Ⅱ, p.410, cited in PM, p.236.

[53] In 'On Being Human', *Inquiry*, 17, 1974, 175-192.

[54] Innokenty Gerasimov, 'Man, Society and the Geographical Environment', in *Society and the Environment: a Soviet View* (ed. anon.), Moscow: Progress Publishers, 1977, 25-36, p.25.

[55] Ibid. p.26. His quotation is from F. Engels, *Anti-Dühring*, Moscow, 1975, p.320.

86 [56] Yevgeny Fyodorov and Ilya Novik, 'Ecological Aspects of Social Progress', in *Society and the Environment*, 37-55, p.43. Their quotation is from K. Marx, *Capital*, Vol. Ⅲ, Moscow, 1974, p.820. See also Richard and Val Routley, 'Social Theories, Self Management, and Environmental Problems', in Don Mannison, Michael McRobbie and Richard Routley (eds), *Environmental Philosophy*, Canberra: Australian National University, 1980, 217-332, p.318.

[57] Fyodorov and Novik, 'Ecological Aspects of Social Progress', p.47.

[58] Alfred Schmidt, *The Concept of Nature in Marx*, New York: Humanities Press, 1972, p.162, cited by Howard L. Parsons, *Marx and Engels on Ecology*, Westport, Conn. and London: Greenwood Press, 1977, p.49.

[59] Parsons, *Marx and Engels on Ecology*, pp.43f, 49-51.

[60] Ibid. p.37.

[61] At this point Parsons refers, as his source, to Leo Marx, *The Machine in the Garden: Technology and the Pastoral Ideal*, New York: Oxford University Press, 1964.

[62] Here Parsons cites Roderick Nash, *Wildness and the American Mind*, New Haven: Yale University Press, 1967, chapter 2.

[63] Karl Marx, *Capital*, Vol. Ⅰ, trans. Samuel Moore and Edward Aveling, ed. F. Engels, New York: International Publishers, 1967, pp.505-507; cited by Parsons, *Marx and Engels on Ecology*, p.174. Cf. his pp.183f.

[64] Karl Marx, *Capital*, Vol. Ⅲ, trans. Ernest Unterman, ed. F. Engels, New York: International Publishers, 1967, pp.101-103; cited by Parsons, *Marx and Engels on Ecology*, pp.177f.

[65] Fyodorov and Novik, 'Ecological Aspects of Social Progress', p.53.

[66] F. Engels, *Dialectics of Nature*, Moscow, 1974, p.180, cited by Pavel Oldak, 'The Environment and Social Production', *Society and the Environment*, 56-68, p.56.

[67] F. Engels, *Dialectics of Nature*, New York: International Publishers, 1954, p.246; Parsons, *Marx and Engels on Ecology*, p.182.

[68] Fyodorov and Novik, 'Ecological Aspects of Social Progress', pp.43f; Oldak, 'The Environment and Social Production', p.61.

[69] Fyodorov and Novik, 'Ecological Aspects of Social Progress', pp.37-41; Oldak, 'The Environment and Social Production', p.64.

[70] Fyodorov and Novik, 'Ecological Aspects of Social Progress', p.48.

[71] Gerasimov, 'Man, Society and the Geographical Environment', p.34.

[72] Nicolai Semenov, 'Energetics for the Future', *Society and the Environment*, 69-98, pp.93f.

[73] Thus Mary Hesse, 'On the Alleged Incompatibility between Christianity and Science', in Hugh Montefiore (ed.), *Man and Nature*, London: Collins, 1975,

pp.121-131.

[74] Cf. Ginsberg，p.51.

[75] In *Dialetics of Nature*：Parsons，*Marx and Engels on Ecology*，p.180.

[76] Thus Ginsberg，*The Idea of Progress：A Revaluation*，p.71.

87 [77] See Mary Midgley's strictures on individualism in ‘The Limits of Individualism’, chap.17 of her book *Evolution as a Religion*，London：Methuen，1985，pp.139-148，and those of Val and Richard Routley on conventional liberalism in ‘Human Chauvinism and Environmental Ethics’ in *Environmental Philosophy*，96-189，pp.97-120.

下　篇

应用伦理

第六章　未 来 世 代

88

现在，我把注意力转向伦理学方面。本章主要探讨我们对未来世代所担负义务的本质和基础。讨论这类问题需要改变研究的方法，即离开历史的研究方法而转向更为传统的哲学研究方法。因此，为了更好地认识我们所担负义务的基础，我将对规范伦理学的各种理论，即各种关于正当行为标准和义务标准的理论进行评价。不过，尽管它们与做出的预言或理论的产物有不一致的地方，我也会关注一些具体的义务，即那些被广泛的直觉判断所证明的义务或是对它们的道德反思问题。

对后代的义务问题使其中的一些理论显得不足，这些理论无法解释根深蒂固的道德直觉，因而，适当的方法就是修改甚至摒弃这些理论，而不是要求判断去适应这样或那样的理论。思考后做出的判断毕竟是建构规范伦理学理论最重要的事实依据，它所需的条件是：不一致的判断必须在理论的帮助下得到修正，而不是以不一致为代价来维持这些判断。因此，我的目的之一是要在判断与理论之间、在规范性原则与其应用之间达到一种“反思性平衡”。

在我看来，对于道德论证来说，事实上，从*先前*研究者对诸如道德概念含义的讨论，以及*后来*研究者对具体判断的研究，都可以发现存在着可以看到的限度和范围。但我在此不准备对其进行论述，提到它主要是为了避免产生误解，以为伦理学的论证方法只限于考虑刚才谈到的那
89 种直觉理论和规范理论的相互影响。不过本章要讨论的恰恰就是这样一种相互影响。

然而，读者一定觉得自己有权知道这里对道德议论和道德主张所采用的是什么观点。我所采用的观点是[1]：道德论述不只是规定及陈述态度和义务；它既追求真理，又实际地认可知识。这一观点最近得到了伦福尔德·班布鲁福（Renford Bambrough）巧妙的辩护[2]，不过我应该补充的一点是，我比他更加认同自然主义，认为道德判断可以有效地只从事实（如有关伤害或利益的事实）和概念原理中获得。但是，我的自然主义并没有妨碍我与施雷德-弗莱彻（K. S. Shrader-Frechette）[3]这样的反自然主义学者一起寻求共同点，至少在应用伦理学领域中是这样。因此，眼下要做的是发现某些有关我们义务的真理：持各种不同元伦理观点的学者在这方面已经做了一些工作，即使他们并没有承认存在着这种真理。[4]然而，我不是在这里为道德客观主义辩护，如果有读者认为以后的几章都是在寻求最有用的、前后一致的和合理的伦理立场，我不会有什么抱怨。

对后代的义务问题是讨论生态伦理的一个最好的出发点。还有其他一些明显的问题，其中一些重要的问题（动物地位、生命价值）将在后面的章节讨论。现在选择这个问题来讨论是因为它可以（确实需要）评价规范理论，也是因为它在生态问题中的关键作用，并且无须详细全面阐述价值理论便能够得到解决。为使本章保持在一个合理的限度内，我尽可能地把维持人口的义务问题和后代内在价值问题放在后面，虽然要完全避免与此相关的问题是不可能的，尤其是在谈到可能会存在的人的利益时，有些人会被纳入规划之中，而有些人则没有被纳入其中。不过，我主要讨论这样一些人的义务问题：他们因这样或那样的原因*将会*

来到这个世界上。我不打算讨论这些人应该是少点还是多点，也不考虑前面的几代人是否应该早点行动来限定他们后代的人数。

第五章已经探讨了启蒙思想家观念中子孙后代的重要性；他们的确承认活着的人（现今的人）越来越多地影响着其后代的利益，这与近期文献中常有的一种说法相反：近期文献中有说法断言，哲学传统对眼下的问题毫无借鉴之处。然而，在这方面，我们的义务的范围和依据还有 90
待寻求。再者，管家伦理也许会被认为能够迎合后代利益的需要，作为一种能够抵御其他观点对犹太-基督教传统非议的伦理，它已在第二、第三章中被介绍过。其实，不管布赖恩·巴里是多么无心的，就这一点而言，他也曾似乎认为管家伦理适合这种需求，而没有选择规范伦理的那些传统理论。[5]但是，要弄清楚管家伦理是否如他所认为的那样——真的有超越了对人类和其他有机体关怀的含义，最便捷的方法就是先弄清楚其中一些理论的意义，然后再看看它们是否像巴里所说的那样，与管家伦理相冲突。

真正的义务

假定未来仍然有人存在，那我们对他们有些什么义务呢？格里高利·卡夫卡（Gregory Kavka）指出[6]，可以依据富人和团体对处在极度贫困的陌生人的援助来进行类推。如果存在着这些义务，那么，在比较未来人与当代的陌生人的需要的时候，做点牺牲以满足他们的基本需要，从而使他们避免陷入绝望的义务，同样也是存在的。但是，未来人需要清洁的空气、水、肥沃的土地，以及同样的自然生态系统，而这个自然生态系统却是我们赖以生存的；我们可以维持或破坏所有这一切，保护或者耗尽他们也同样需要的资源（有些是可再生的，有些则是不可再生的）。既然他们与当代陌生人并没有实质上的不同，我们在这两种情况中就都有相应的义务。

富裕社会对极度贫困的陌生人确实负有义务，这是符合普遍的直觉判断的命题，也是一个在别处已经充分论证了的命题。[7]我们的富裕社会在道义上有责任尽我们之所能使陌生人免遭痛苦和不幸，一旦接受了这一点，那么，认为空间距离会造成差异的看法就是不合理的（避免遭受痛苦的能力显然是程度大小的问题，这种程度并不随空间距离而变化）。
91 这一推论表明，只要我们能够避免当代陌生人遭受痛苦和不幸，无论空间距离大小，我们都对他们负有责任。同样，我们对后代陌生人，无论时间距离长短，也负有同样的责任：因为时间距离跟空间距离一样与责任毫不相关。既然所有可以接受的原则都得出了同样的结论，那么，就没有必要在这里详细探讨它的基础。

理查德·劳特利和瓦尔·劳特利用一个生动的比喻得出结论说，让未来人处于一种具体危险，即核废料辐射的危险之中是错误的。如果有人将一个装满了剧毒和易爆气体的罐子交给一辆拥挤的公共汽车来运送，这辆车是属于第三世界国家一条经营不善的运输线上的，它得在险峻的道路上长途跋涉，若不这么做，他们一定会有很大损失，即便如此，我们也应该把这种行为视为是极不道德的。借口说最糟糕的事情*或许*不会发生，说乘客*或许*是先因车祸致死，都是让人无法容忍的。“只是为了不改变舒适的生活方式，或甚至有更充分的理由就去造成严重的危险和代价，尤其是给……他人的生命和健康造成危险，通常都被认为在道德上应受到谴责，甚至有时会被视为是一种罪行。”[8]然而，劳特利认为，在很多方面，这种行为与对后人产生影响的行为类似，如生产和储存有毒核废料，这些核废料的放射性会持续一百多万年，并且在不知如何安全处理它们的情况下，就开始去做。

无论他们的说法正确与否（以及在本章的叙述中提到的支持他们观点的一些理由正确与否），公共汽车的比喻确实反映了在没有好的理由（如需要战胜眼下威胁着上百万人的罪恶）的情况下，我们使后人遭受风险和危险的种种情况。即使当代人有可能遭受损失，我们也没有理由忽略会给后人造成的费用和风险；目前的费用可以包含在我们的道德考虑之中，但我们绝不能忽视这之外其他所有需要考虑的东西。如果是这样的话，我们就必须承认自己对后人负有义务。

“贴现”问题

后代的需要是否应该得到与当代人的需要*一样的*考虑？卡夫卡叙述了三种对后代的需要给予较少考虑的理由，并逐一进行了反驳；其他 92
人，包括劳特利，也做了类似的论证。

卡夫卡首先考虑到，后人的时间定位（temporal location）使我们可以轻视他们的利益。现在根本不存在的事实的确产生了有关我们是否能够谈论他们拥有权利的问题；但是，如果“按事情的正常发展”，他们将会生活在这个地球上，而且与现在的权利拥有者没有本质区别，而我们却任意严重地破坏他们的利益，那么，我们就没有什么理由挑剔范伯格（Feinberg）的结论：后人现在就拥有他们所要求的权利，除非“权利”的定义十分狭窄，使得这一结论错误[9]（我们可以把范伯格的结论理解为当后人活着的时候，他们跟我们拥有一样的权利，也可以跟劳特利一样，承认当下并不存在的实体甚至可以拥有所有权，包括拥有当下的权利）。卡夫卡对那些只因时间定位而轻视后人的需要的回答是，理性审慎的态度是把个体的未来欲求与现在欲求同等对待，这一点是大家公认的，因此，合理的道德不会真正看重人们的福利所处的时间位置，这一点也应该得到公认（这里，卡夫卡把未来欲求的*不确定性*暂时搁置一边，在这一点上，我赞同他的观点）。

然而，还有一种纯粹以时间为借口对后人的利益区别对待的看似更为合理的理由，这种理由很少有人加以评论。目前的这代人是能够帮助那些现在活着的人的最后一代，而那些生活在遥远未来的人能够得到现代人以及其后若干代人的帮助。因此，为后代储备资源的责任可以由他们之前的各代人共同承担。所以，有理由认为其他各代人能够并愿意承担和分担责任，就这一点而言，目前这一代人可以不承担全部的负担，这样，他们满足后代需要的责任就要小于他们满足当代人需求的责任，因为当代人的需要若现在得不到满足，就永远没有机会了。

对这一点的直接反驳是：现代人的某些行为，无论其他人今后做什么，都会给后代人带来风险或造成损害；在这些情形中，为我们的后代提供帮助与他们为自己的后代提供帮助的机会是不相关的。一种更为普遍的观点或许是：在有必要采取行动而其他人则可能会做他们认为需要做的（全部或部分）事情的情况下，或者，无论我们行动还是不行动，我们都会对未来事态的进展产生关键的影响的情况下，我们在前一种情
93 况中所造成的影响以及同时承担的义务要少些。但实际上，我们可以对遥远后代所造成的无法挽回的损害加以控制；所以，上述的普遍观点与许多可能对遥远未来产生影响的当下行为毫无关系，因而，它也就无法证明我们行为后果的时间定位本身具有道德意义。的确，无论谈论的是对近期后代的影响还是对遥远后代的影响，这个普遍的观点都一样适用，而同时，这个观点也阐释了这样一个事实：我们对遥远后代的责任在许多情形中都是一种共同承担的责任。

卡夫卡接下来考虑的是无知和不确定性问题。他说，可能有人声称我们无法知道未来人需要什么，因此，我们不能认为他们的利益与当代人的利益一样。但是，如他在反驳中所说的，我们能够确信他们的大多数需要，如健康的身体、食物、住所和安全等，而且我们能够为满足这些需要提供许多便利条件。罗伯特·古丁（Robert E. Goodin）对不确定性的另一种论点做了同样的反驳。这种论点是，现在的所作所为给后人造成的损失是不确定的，因为现在的行为对未来是有风险的和不确定的，或是未来的技术有可能消除它们，或是在它们造成影响之前或许所有的人都死光了；因此，我们可以对后人的利益打点折扣。[10]但是，劳特利指出，所有人都有可能在我们的行为造成伤害之前死去是无法让人

接受的借口。把寻求避免由我们造成危险的方法的重担交给他人，也同样让人无法接受。如古丁所承认的，尽管可能的风险没有确定的风险那么糟糕，但现今的许多行为已经损害了未来人应该拥有的利益和愿望（如果是这样的话，那么施雷德-弗莱彻所指出的——损失的不确定性并不表明我们有权完全忽略它——显然是非常正确的[11]）。

卡夫卡在马丁·戈尔丁（Martin Golding）的观点中找到了另一种从无知的角度进行的论证。戈尔丁主张，我们只有在知道后人的愿望是什么时，才能将其视为是我们道德共同体中的成员。但我们并不知道离我们较远的后代有什么要求，因为我们不可能知道他们对于人类好的生活的概念是什么。[12]在反驳时，卡夫卡拒绝接受人类道德共同体中的成员必须对好的生活有具体的实质性的理解。只要有人具有跟我们一样的弱点和能力，不论他们有什么样的信仰和期望，都有权享受我们的道德关怀；尽管这是确定无疑的，但由于这样或那样的原因，他们的遗传天赋和社会生活的大环境会受到影响，他们对好生活的理解却跟我们非常相似，至少在形式上如此。因此，我们对于他们实际观念的无知并不能像 94
戈尔丁说的那样，成为我们把责任最多局限在我们后几代的理由。的确，如劳特利所指出的，如果我们储存核废料给后人造成的影响会持续一百万年的话，那么，我们就至少对大约三万代人负有责任。[13]

卡夫卡考虑的第三点与后人的连续性问题相关，即后人或许根本就不存在，事实上，他们的人数在很大程度上取决于我们自身。范伯格提出了一个相关的问题：我们不知道那些未来人是谁，因而可以认为，我们对他们几乎不负有责任。[14]但是，如他所说，我们明确知道人类有一个未来才是重要的：我们无须一定要先知道他们的身份而后才对其负有责任。劳特利对此问题提出了另一种看法：我们不知道未来人的数量，也不知道与他们相关的许多其他数据。这或许会使人认为他是在暗示我们不能把未来人的要求与现代人的要求相提并论。不过，如他们所说，即使在有些情况下，由此产生的冲突难以解决，但不知道他们的人数也不能让我们忽视他们的要求：因为数量的确定不是与道德相关的前提，任何一种持这种观点的理论在这方面都不会受到重视。[15]

但是，如果我们能够左右未来消费者的人数，难道我们不应该对当代活着的人有优先的义务吗？至于将来的人，也许我们应该做的是减少他们的数量，这样就可以解决可能产生的利益冲突。这是卡夫卡自己提出的代际连续性的说法。我在此无法探求其所有含义，因为它提出了一些复杂的问题，例如，我们是否应该限制人口数量；如果我们使其逐渐消失，我们是否做了不道德的事（对于这些问题，我在下一章还要讨论）。眼下，我们要说的是，这个问题关注的是“我们及我们所属的群体如果愿意就可以将他们带到这个世界上来的”那些人［特鲁迪·戈维尔（Trudy Govier）称之为“可能中选的人”[16]］，而不是那些有可能存在但能否存在却不受我们控制的人。事实上，我们几乎可以肯定将来会有很多人，一旦我们接受了他们将会存在这一假定，眼下谈论的这个问题就不再是使他们的利益从属于当代人利益的理由了。

95 古丁提到了另外两个可能成为忽视后人利益的理由：未来人会比我们生活得更富裕和人们认为后享受较之于先享受的利益在价值上会减少。他对第一个理由的回答是，未来人说不定比我们生活更糟。我们必须确实知道他们会比我们富裕得多，才能有理由将承担放射性废料储存堆泄露风险的重担压在他们身上。要是他没有把自己局限于能源政策的话，他或许还会说，我们的行动危及生命支持系统，会破坏我们后代的生存利益，无论他们多么富有。因此，忽视他们的利益所造成的灾难对他们来说是不可挽回的，而他们仅仅只是从当代人那里获取了一点点福利。

第二个理由与成本、收益和货币价值之间有相似之处。货币的价值因通货膨胀会随时间而贬值，因此，1 美元在现在要比十年后有价值得多，收益和成本常常也是如此：延迟其中一个常常会影响另一个。不过，古丁指出，这不是社会贴现率（a social discount rate）的论据。利率是不稳定的和不可预测的，即使对未来利益提供预期补偿的资金现在已经投入，现在的行为对将来所造成的损害也无法用金钱来补偿。此外，德里克·帕菲特（Derek Parfit）也指出，收益常常不是用来再投资的，而是用于消费的，因此，后人得到的收益并没有增长；而在其他情形中，延期的成本没有收益，就像一种遗传缺陷在二十年后发生在一个人身上，而不是次年发生在另一个人身上一样。因此，延期的成本与收益只有当它们存在时才会被计算，这些都不能证明轻视所有未来人的利益是正当的。[17]应当补充的是，即使给未来很低的贴现率给所有遥远后代的利益附加了微不足道的价值，仍如劳特利指出的那样，这与完全无视未来人的政策一样，会受到道德谴责。[18]

的确，在赞成他们的观点的基础上，我得出了这一结论：“*对未来人的义务与对现代人的义务是相同的。*”[19]在道德上，未来人与现代人的利益是等同的。我们对他们的义务只有在出现特殊的已知的因素时才能减少，例如，为他们所做的努力可能会失败。我们对人类负有的责任绝不会仅仅因为他们生活在未来而减少。 96

替代学说

然而，布赖恩·巴里指出[20]，上述结论是建立在广泛的道德直觉反思基础上的，某些传统理论在义务的产生和责任的范围与限度方面是相冲突的。巴里强调了不同世代之间能力的不对称，较早的世代可以帮助或者伤害较晚的世代，但较晚的世代却不能影响较早的世代（除非在其成员的声望方面）。至少可以依据三种传统的理论来说明这种不对称使较晚世代没有资格成为较早世代应尽义务的受益人。我们接下来就讨论这些理论，这主要是为寻求一种更为恰当的规范理论做准备，因为这种理论不仅能够解决其他道德领域的问题，而且能够说明我们对未来人负有的真正义务。

按照大卫·休谟的理论，公正与道德义务各有其指向，因为它们是为了这样一些人的整体利益的：他们均有各自的利益，并且优点和缺点都彼此相近。如巴里在别的地方所指出的[21]，休谟认为，只有在资源适度匮乏的情况下，公正才会产生并具有意义，而在极度匮乏的情况下不会产生义务；在势均力敌的双方之间义务才会有效力，而在人类与较弱物种之间它却不具有效力，无论这物种的成员多么理性和聪明。现在，假定当下世代与未来世代的力量是不对称的，那么，休谟的追随者一定会认为，未来世代的地位与较弱物种是一样的，因而应该否定对他们负有义务（甚至相关的义务）。如果道德被理解为一种在平时对所有参与者都有利的自我保护策略，出现这种论点就不足为奇了。

休谟的理论不支持对后代的义务，我们还应该遵循它吗？我认为，巴里拒绝接受它是对的。休谟成功地描述了这样一种情境，在这种情境中，公正是作为有利的东西产生并被接受的，后来他混淆了这些情境和公正的限度。事实上，他的理论在有些方面违反了道德直觉。因此，我们并不认为生存权只在资源适度缺乏的条件下有效，而在严重缺乏的情形中就会丧失。我们也不赞同对那些无自我保护能力的人不负有道德义务。的确，如巴里所说，即使休谟有时也不得不这么认为。[22]

97 巴里讨论的第二种观点是义务产生于共同体中具有互惠关系的人之间，这是一个很早就有的观点。这种观点显然把我们对那些在我们死后才出生的后代的责任排除在外了。巴里发现戈尔丁持有这种观点：戈尔丁确实承认存在对后代人的可能的义务，这些后代人对好生活的理解与我们是一样的。[23]不过，我们已经看到，这种规定的限定太强了：如果戈尔丁的共同体理论因此遭到拒绝，那么就更不用说，有关对代理人所在的共同体之外的成员不负有义务的理论都应该被拒绝。

巴里讨论的第三种观点是：义务是建立在财产所有权基础上的。他认为这是约翰•洛克的观点，也是罗伯特·诺齐克（Robert Nozick）《无政府主义、国家与乌托邦》中的观点。[24]依照这种观点，得到了正当财产的人可以随意处置这些财产，而不因此对其他任何人负有义务（事实上，只是在留下相同的自然财富供他人享用时，洛克才会接受这种观点[25]，但他似乎过于草率地假定条件总是可以得到满足[26]）。但是，如果他们对当代人不再负有任何义务（除了对他们的财产所有权之外），那么，至少可以说，对未来人就更没有什么义务可言了，因为他们永远不可能与其前辈同时拥有财产所有权。

然而，这个观点不仅与对待未来人的道德直觉相冲突，而且与普遍持有的道德直觉相冲突。因此，对于一个处在绝望中的人，无论他是不是我们共同体中的成员，我们都不会赞同这样的说法：我们没有义务给予我们能够给予的物质援助。再说，不管财产是多么正当地获得的，公正都可以要求财产再分配（如一些拉丁美洲国家所做的那样，看起来是挺合理的）。

因此，我认同巴里对规范伦理学中的所有这些观点的拒斥。巴里接着还讨论了约翰•帕斯莫尔的理论，该理论的结论是：我们只应对我们直接的下一代负责。[27]帕斯莫尔利用了杰米里·边沁、亨利·西奇威克（Henry Sidgwick）、约翰·罗尔斯（John Rawls）和马丁·戈尔丁等人的各种规范理论，他认为这些理论可以支持自己的观点。但劳特利对此却十分怀疑。[28]帕斯莫尔自己的基本观点是：我们的义务取决于我们所爱的东西。这样一来，由于我们的爱并不延伸到遥远的未来，因而我们的责任也不延伸到未来。对这种观点可以做这样的回答：义务的存在与情感无关；我们对许多生活在遥远未来的人没有情感，但我们对他们负有 98
义务；因为爱的消失而导致义务失效的说法是一种否认义务的轻率之举。帕斯莫尔有时也呼吁这样一种观点：义务取决于共同体的成员关系。这是一种已经遭到拒斥的观点。帕斯莫尔还在未来人利益的不确定问题上大做文章。但巴里反驳道：“当然，我们不知道遥远的子孙后代会有些什么样的喜好，但他们不可能希望得皮肤癌，也不希望出现土壤侵蚀，以及因冰冠融化而导致的低处地区的淹没。”[29]

寻求更好的理论

那么，规范伦理学理论对未来世代的义务给予了一种什么样的平等一致的处理呢？我们现在借助杰尔·保罗·索伯（Jere Paul Surber）的看法来讨论这个问题。[30]同巴里一样，索伯得出结论说，不可能存在完全令人满意的理论。他认为，义务论、功利主义伦理以及戈尔丁的立场都处在不断的变化之中。他在文献中没有发现试图用义务伦理来解决对未来世代的义务的问题，尽管约翰·罗尔斯的理论也涉及此问题（我将回过头来讨论罗尔斯的理论），但他认为他们的推论不能完全证明行为和规则是正当的[31]，他肯定要讨论他自己所说的“代与代的公正问题”。[32]但索伯却似乎想使用“义务论”而不是依据这样的理论，即道德代理人无论在何种情况下都具有不容削减的权利，或是无论得到什么样的结果，某些行为肯定是错误的。虽然他对这类理论的有些批评缺乏说服力，但我接受他的最主要的批评意见，即如果一个理论承认对未来人有与当代人同样的义务，那么，就会在决定这些不同义务的先后次序问题上拿不出有效的办法，如同一些理论在义务冲突的时候常常根本没法提供解决的方案一样，从揭示何种行为在道德上是正当的理论中，我们也得不到可以适当期望的指导（稍后我将要讨论罗尔斯提出的有关优先权的可接受的原理和准则是否超越了这种缺陷）。

不过，索伯最终发现戈尔丁的观点不能令人满意，当然，他也不看好功利主义。他承认，作为一种未来取向的、诉诸后果的理论类型，功利主义显然非常适合解决对未来人的义务问题。但他又认为，“使平均效用最大化最需要的是行动（或准则）”的“经典公式”在未来世代的问题
99 上是不适用的，因为我们不能在人口数量不确定的情况下进行平均分配。

尽管我会在第七章对功利主义平均理论（the average theory）的某些观点提出批评，但这一理论在处理人口不确定的问题上被认为要比总量

理论（the total theory）好。我认为，索伯的缺陷在于没有足够的能力颠覆这样的评价。按照总量理论的说法，追求总体效用的最大化是值得的（或者说是必须的）。如索伯指出的，如果人口确定，这两种理论肯定都会赞同同样的行动（或规则），因为总量和平均值一起在变。如果（人口数量）分母本身不一致，它们之间仅仅是平均值和总量的分歧。这里通常假定总量理论需要最大的人口数量，而没有这种要求的平均理论则显出优势。

索伯对平均理论的批评来自布伦顿·斯特恩斯（J. Brenton Stearns）[33]，斯特恩斯相信未来人口数量的不确定会导致平均理论的失败。但它的支持者认为，只需用平均效用来指称对各个未来世代的平均效用进行平均便可以维持该理论。在他们看来，如果人口数量的增加导致了这种平均，那么，平均理论就将是首选，但如果低于平均值，它就会遭到拒斥。平均理论唯一一个尚不能以这样或那样的方式做出充分判断的问题是：在两个平均效用相同的不同群体中偏向谁。但是，除了这个问题之外，平均理论是不会受到索伯和斯特恩斯的攻击的，因而，也不会受到劳特利的反对，劳特利反对的是那些要求把确定性作为道德判断条件的理论（实际上，在许多情况下，即使我们的头脑中没有一个确定的人口数量，我们也可以知道总体福利或平均福利是增加了还是减少了，因此，一般来说，功利主义对这种反驳有免疫力）。

与索伯相比，斯特恩斯对资源保护论者所使用的论据几乎都是功利主义，这一事实令人印象深刻，也是必然的。关注资源保护、生态系统和基因库或防止污染和道德败坏完全取决于我们对当代人和后代人的善行（一些保护论者认为来自人类利益的争论是不充分的，但我将把有关其他利益的争论放到后面的几章讨论）。因此，尽管有些疑虑，但斯特恩斯仍在功利主义的传统下处理这些问题，并采用了一种改变了的总量理 100
论。他认为，我们有义务使内在的善最大化和内在的恶最小化，这与人口的繁衍无关。我们的义务不是确定人的数量，而是“要使人类在一个内在价值相当高的水平持续地生存”。

平均理论与总量理论的这些差别以及与对手竞争的优势将在下一章被更充分地讨论，它们与人口问题和生命价值的关系都将在那里探讨。眼下值得注意的是，至少就我们所看到的而言，功利主义的这两种理论都可以被合理地认为是加强了对未来世代的义务。反对意见中唯一一个使总量理论无法回应的正统批评是：它要求的人口数量水平太高。但是，这种理论并没有要求我们将两类人带到这个世界来：一类是那些无法过上有价值生活的人，另一类是由于他们的增加而减少了总体幸福的人。因此，这种反对意见绝不是明显致命的。这个问题远未结束，但很显然，总量理论也并非不可辩护。

事实上，索伯是拒斥斯特恩斯总量理论的观点的，因为斯特恩斯把总量理论与对确定的（存在的或“与之有契约关系”的）人的责任联系到了一起。他相信，这种原则的二元性导致了功利主义框架中不可通约的义务问题，它会让人想起这正是早些时候索伯拒绝义务论时的弱点。但是，身份明确的人的善行与身份不确定的未来人的善行是否可通约，却是不清楚的——生活在前的某些人对廉价能源的使用是否胜过了让更多的后人冒遭受核泄漏的风险，提出这一问题实际上前后是一致的。斯特恩斯习惯于接受对可指定的人（assignable persons）的不可削减的义务的观点，并通过他的并非完全遭到拒斥的简•纳维森（Jan Narveson）式的功利主义来行使善的义务。按照简•纳维森式的功利主义，我们对可指定的人的责任（加上不作恶的责任）是有限的。[34]这种理论在下一章也要被讨论到。他相信我们的义务超越了这一点，他把我们对不确定的未来人的义务与纳维森所承认的义务的不可通约问题联系在一起，但我能看到，这种让步是多余的。

然而，索伯通常对功利主义理论有另一种方式的拒斥。他认为，保护后代义务的有些好处是无法计算的。他的例子是遇到的自然环境的*可能性*和决定他们自己如何管理自然环境的*经验*。但是，他认为，功利主义只能应付可计算的利益。

我也怀疑，这些利益是否只是从他们得到的快乐中产生了价值，由 101
于他们容易得到这些快乐，因而他们拒绝功利主义的任何形式的纯粹享乐论。然而，我相信其他形式的后果论（“功利主义”的术语有时经过扩展被应用到后果论中），它可以被看成运用人类基本力量的能力，这种能力是一种与幸福并列的内在的善。其他形式的后果论能够处理刚才提及的例子。因为只要像“较多”和“较少”这些词能够被明智地使用，后果论者就不需要按照他们自己设计的内在价值单位去计算感受的价值。如果我们假定功利主义理论只能够处理给定的数量，那么，用数量的例子讨论它便是误导了我们。就它们对人类的影响而言，同样的观点可以用在索伯的其他例子上，如动物物种的丧失或未遭破坏的森林的美的消失。即使其他利益和关怀就像真的一样进入这些例子中来（如动物的利益），我们也没有理由把它与功利主义无法解决的恶牵扯到一起。

巴里也反对功利主义，或者说至少反对总量理论，这种反对意见需要认真考虑。巴里反驳了这种荒谬的说法：对未来的无知可以使我们免于对更远的后代的义务。然而，他对约翰·帕斯莫尔所得出的结论表示了同情：功利主义对我们的要求太严厉。[35]我提出这种观点不是要推卸承担公认的责任，而是要拒斥存在着这种公认义务的信念。那么，总量理论对义务的不合情理和偏激是什么？巴里不时地暗示，后果论可能与公正相冲突，这种观点我在别处也说过。[36]但当下的情境表明，巴里的反驳意见更有点像是沿着总量理论的道路在走。总量理论要求我们给予未来的所有世代同等的关怀，直到我们对现在和未来的所有世代没有任何差别。这就等于扩大了现代人的义务，这种义务甚至可能会超过我们能力的限度。

然而，我们根本就不清楚能得出这种结论。我只是考虑到这样一个事实：我们拥有的义务不能超越我们的能力。我们能够为后人所做的就是，*限制*各种危害他们生存环境和健康的行为。这些行为在我们的能力范围内被忽略了。除此以外，就我们能够决定的范围而言，我们要保护

资源，从而使可更新资源能够在一个自我更新（或至少是可更新）的条
102 件下为后代提供他们所需的资源：在帕斯莫尔的观点中，这一点也适用于那些制度，把那些制度传给后代也是我们对后代的主要义务。

说到保护，两种观点都很重要。就像我们可以从肯尼思·博尔丁（Kenneth Boulding）[37]那里了解到的那样，未来人最大的要求是未用竭的自然资源存量（和艺术与科学知识），而不是高消费的方式。再者，我们的后几代人将提供一些我们所说的需要，这种可能性缩小了我们造成的差距。在一些不可再生资源（如矿产和化石燃料）的使用上无疑还存在着问题，但是，在全盘考虑之后，总量理论所产生的义务是宽泛了一些，但它并非不现实的苛求（有趣的是，在这里，巴里的反对理由有一个先决条件，那就是，索伯对计算收益的反对意见是错误的）。

契约理论

不过，巴里更喜欢在契约框架中探讨对未来人的基本义务的可能性，如罗尔斯的《正义论》所提供的框架，尽管他对这些理论并不十分满意。巴里认为，为了真实地描绘额外增加的人群，总量理论需要做出的牺牲太多，而平均理论又太少。在后来的两个世纪里，总量理论也遭到说它同意人口大量生育的政策和导致物种灭绝的（但显然是错误的）人的责难[38]（不过，确实难以置信的是，这将是使未来人口最大化和不打扰他们幸福的最好办法）。劳特利也对功利主义怀有敌意，他们试图重新建构我们对未来人义务的罗尔斯式的基础。[39]而施雷德-弗莱彻对功利主义的敌意使得她得出结论说，政策是不平等的，*因而*是功利主义的（!），很显然，她也偏爱罗尔斯式的方案。[40]现在我要探讨一下罗尔斯的理论作为我们义务基础的适合性问题。

罗尔斯的基本假设是，那些准则只是由理性的立约人、群体（parties）在正常情况下用一种好的理解人类事务的方式来安排生活时所

做出的选择，而非有关他们自己未来的知识和与众不同的信念。他们的无知保证他们弄不出有利于他们自己的规则，也可以假定他们能理性地对待私利，并且绝不会因别人得到好处和因他们受到伤害而牺牲私利。 103
但罗尔斯有一个关于未来世代的问题。他认为这个问题太牵强，根本无法想象那些在历史长河中展开的不同世代的成员能够成为有契约关系的群体，能够适应他所说的“原初状态”。在这个“原初状态”中，群体知道他们相互之间属于同一个世代。为了从他们的选择中产生一个原则，罗尔斯不得不改变他关于动机的假设。因此，每一个群体都被设想为关心他们自己的后代，都知道需要选择可供他们使用的规则。[41]

罗尔斯对处于原初状态中的群体动机的修改在方法上受到巴里的严厉抨击。巴里指出，这是一种*特别的*方法，它保证产生与作者直觉相符合的义务。它也是武断的和不真实的：假如当事人关心他们的后代，那为什么他们不关心一下他们的家庭和朋友？而且，正义储存的派生原则并不会导致对*遥远*未来世代的义务问题。[42]

巴里由此得出结论说，与这种动机方法相反，罗尔斯应该丢掉原初状态中的群体是同时代人的假定。这种看法受到克莱顿·哈宾（D. Clayton Hubin）的关注（但并未被认可）[43]，也被劳特利所接受。[44]相反的是，罗尔斯应该假设所有世代（巴里的看法）或者某些世代会更好（劳特利的看法）。事实上，哈宾指出，这样做是困难的，休谟描述的、在很大程度上得到罗尔斯回应的正义环境在代与代之间并不存在。[45]然而，如我们所看到的，巴里严厉批评了没有休谟的正义环境就没有群体之间公正的义务的观点（哈宾自己的观点是，由于人们对他们子孙的关怀是非常自然的事，因此，对未来世代的正义是可能的，非正义只会出现在当代人中间。[46]不过，由于自愿协议、社区诸如此类的原因，假定我们只对人有义务，事实上，义务的基础比这个要宽得多）。

如果要求人们相信正义只会产生于休谟所描绘的那种环境中，被巴里和劳特利修改了的原初状态就会明显地产生不适当的结果，因此，这

104 种信念必须被放弃。所有世代拥有的这种信念也应该被放弃，因为群体能够从这种信念以及会有多少代人的一些简单算术中推演出来，但这是问题之一，在某种程度上可以假定这些问题依赖于他们的深思熟虑。[47]然而，劳特利所提供的方法在某些方面有助于解决这一问题，因为群体只知道是部分（而非所有）后代，但不知道是哪些后代。

从罗尔斯对原初状态的解释中，劳特利能够说明可以选择的不仅是罗尔斯说的正当储存原则，还有支配正义分配的原则和后代物质资源的使用率问题。这一原则会严格限制不可更新资源的消费，除非能够找到替代资源，否则，不可更新资源的耗竭就会威胁到后代人的利益。尽管如此，就像劳特利看似有理的主张那样，除非能找到核废料安全储存的方法，否则，这类利益会排除核裂变能的开发。帕特里克·哈伯德（F. Patrick Hubbard）也做了大致相同的解释[48]，他提出了类似的对所有后代的最小资源保证原则和设置最大消费限度原则，这样就可以防止生产和污染的指数增长，促进社会的可持续发展。他承认，最小原则和最大原则在有些情况下差距较大，而在另一些情况下又相互一致。他也意识到了需要限制特权以确保最大消费原则顺利实施的可能性。

同样，维克托·利皮特（Victor D. Lippit）和滨田宏一（Koichi Hamada）把罗尔斯的原初状态“扩展”到了代际分配的原则上。他们主张，任何人都不能实际代表未来各代，从这一点来看，他们提出“人们不知道自己会是哪一代人”[49]的条件表明，谈判的各方来自不同的世代。他们指出，未来世代尽管在技术和资本存量方面有利，但在自然环境方面却不利。如果目前的趋势不能扭转，后代人要么只能用怪异的方式适应污染的环境，要么无法生存。[50]

因此，在他们扩展了的原初状态中所选择的这些原则包括了对污染行为的绝对限制（禁止污染原则），但这个原则确实太过分了，它要求
105 “每一代人传给后代的地球不增加一点环境污染”。[51]只有一个例外可以考虑，那就是，当前的一代人是最不利的，由于食物供应的缘故，有些

环境的破坏是被许可的，但绝不是每个家庭拥有一辆小轿车这样的情况。总之，这些原则应用的结果虽然不会完全阻碍经济的增长，但也将会降低它的增长。

这些原则也很容易得到补充，例如，还可以提出物种保护和荒野保护的管理原则。这些原则有很多可以来自其他的规范伦理学理论，如既可以来自功利主义传统中的平均理论，也可以来自该传统中的总量理论。罗尔斯的理论为经济学家和哲学家们评论一直向往的效率与贴现假定提供了一种有价值的框架。但它也有严重的缺点，因为并不是所有的东西都能够通过原初状态的修改而得到补偿。

不可仅凭契约

莱昂·克雷格（Leon H. Craig）和巴里都提出了一个问题[52]，未来世代的数量或者最终活着的未来人的数量是不能在原初状态的决定产生之前确定的，经过协议的任何意见都会对可能出现的世代的利益产生偏见，除非他们以某种方式被代表。当然，*可能*存在的人是否有利益，这是有争议的。但如果没有未来后代人的意见，人类在几个世纪以后很容易遭到灭绝，这一点却是很清楚的。对于大多数观点来说，这是极大的恶。

解决这一难题就要在原初状态中有那些可能出现的人的代表。但这种解决方式肯定是虚幻的（巴里用圆括号很可能是想把它看成是异想天开的），因为他们在数量上是无法确定的，所以他们全体出席是不可能的。基于同样的原因，代表他们的团体不可能被公正地分配给一定的选票，以与现实人代表的选票保持平衡。或许他们的代表能被分到一票（在我们所处的历史时期，*任何*涉及资源消费的议案很可能也是如此）。或许不应该让任何人知道他们自己是否会真正出现。但这样一来，要说出在这样一个组织中会得出怎样的原则就变得困难了，甚至很难看到为什么我们应该承认它们就是原则。

106 当然，容易承认的是，未来可能出生的人对于任何规范理论都是一个问题。但目前的看法是，对罗尔斯的理论来说，这个问题似乎是无法克服的。可能出生的人在下一章还会被讨论。我暂时转向与罗尔斯及其追随者们不同的一个问题。

这个问题是，有理由怀疑罗尔斯的大多数的基本假设，因为这些假设认为，在一些恰当描述的原初状态中，所有被选择的规则都是公正的，并且只有这些规则才是公正的。理由在于：缔约的各方都是具有自我利益的人，没有什么能够保证他们对所有其他拥有权利的候选人保持公正。当然，他们会提供他们那一代人生活的所有物品和条件，因为他们每个人都知道这是他们自己的物品和条件。但他们不会去制定与非人类物种的权利相一致的规则，这样做势必要超出正义的范围。罗尔斯现在肯定会认为对动物的义务可以归入一个完全独立的道德范围中，一个需要同情和怜悯的范围。但是，如费因伯格（Feinberg）所认为的那样，如果动物能够拥有道德权利的话[53]，或者说如果在某些其他方面应该对它们有义务，以及如果我们有一天可能遇到其他星球上的理性公民也拥有这种福利，那么，这个同情怜悯的范围就是不够的。此外，如果巴里对休谟的评价是对的，而罗尔斯的错误就在于他遵循了休谟对正义的论述，那么，正义的规则就不能被限定在罗尔斯所说的大致选择了满足这些条件的各缔约方所做的选择上。现在要说的一点就是，不是缔约各方的信念应该改变（如上所说），而是缔约各方根本就不适宜决定什么是公正的。

因此，为了寻求义务原则和公正原则，有理由提出疑问，我们的方法是否应该过问一下，理性的人们会做的选择或者他们的期待是什么。完全有更多的理由怀疑罗尔斯的财产（substance）原则和优先权原则是否正确。因为（除了它们可能会有直觉的诉求外），这些原则依赖的是罗尔斯可疑的基本假定。对我们来说，直接从人（或许还包括可能的人）的需要以及具有类似能力和弱点的物种成员的需求那里找原因，这是明摆的事情；这确实是那些允许突出需要（而不只是快乐）的后果论已经做过了的事情。[54]与它的竞争者不同，这种观点远未受到损害，在本章的后面，这种观点将会被进一步讨论。

但这绝不意味着必须放弃支配对未来世代义务的原则，这些原则是 107
罗尔斯理论的基础。它们确实需要补充，但在许多场合，事实表明，似乎合理的后果论理论将会为劳特利、哈伯德、利皮特和哈梅达等人提出的，以罗尔斯理论为基础的原则提供适宜的基础。因此，有必要去寻求这样一种由后果论支持的原则。

后果论的含义

在第七章中我将进一步解释这种后果论并为它辩护，这种后果论是一种总量理论的观点。依照这种观点，内在价值的最大化在道德上总是可取的，即使有很大的分歧，内在价值最大化在道德上也是必要的。我要进一步指出，通过满足每个人的基本需要可以实现内在价值的最大化；而且一旦人口数量趋于稳定，它就会明确要求同等地满足每一代人的基本需要。

卡夫卡曾经指出，同等地满足只能通过这样一种条件在各代中得到实施，这个条件是约翰·洛克为私有财产的可接受性所制定的，即每个人都应该留下足够他人维持生存的东西。因此，每一代人“只能在技术允许那些资源的再生或枯竭而不会造成它们输出能力净亏损的范围内，利用地球上的自然资源”。[55]只要不造成浪费，只要可再生资源得到保护，技术的运用可以使剩余的资源（包括非再生资源）和从前一样维持同样人口数量的生活水平，人们就可以利用非再生资源。若某一后代的人口超过原有数量，那么，其就会被要求按比例留下更多的资源总量，以使下一代的每位成员都能得到同等的供给。资源的增加将以改进技术的方式表现出来，如我们所看到的，即使不能假定每个问题都可以通过技术加以解决，但我们也有理由相信，技术能在适当的范围内通过已取得的成就和积累的知识不断解决问题。 因此，卡夫卡的“洛克式标准”包括保护再生资源和与非再生资源的枯竭相对应的技术进步。正如他所说的那样，“如果所有的世代都遵守这一规则，人类就能无限期地在地球
108 上生活下去”（或者说，如果环境也得到适当的保护的话，人类就能在地球上持续地生存下去）。

我认为，无论在某一代人中还是在更多的世代中，后果论者的理论都不必承诺为不同人的需要提供平等的帮助。可能会有人反对，但毫无疑问，有些后果论观点容易受到这种攻击。不过，边际效用递减率的支持者从前一直主张，基本需要的供给要比不太需要或完全不需要的供给好得多，因此，使这个世界内在价值最大化的最好方式是按需要是否是基本的先后次序来为所有的需要平等地提供帮助。如果是这样的话，后果论者的理论能够为我们有关正当的义务（如对未来人的义务）和他们将拥有或已拥有的这类权利的众多直觉信念提供基础。因此，卡夫卡的“洛克式标准”确实适合一种似乎有理的后果论理论的需要。

实际上，卡夫卡也注意到了代与代之间负担的分配问题，并在最早的例子中用每代人都有义务为后代提供与他们自己所享用的等量的东西来解决这一问题。但当他面临着需要对所有的世代进行安排的问题时，他就会注意到当前的这一代人负担过重，他会认为有必要为穷国的发展投资，这种发展很可能使世界人口稳定在一个能够得到地球支持的水平。[56]由此，他断定，我们这一代人完全有理由用掉比公正分配的更多的资源，如果这样的话，就会创造一种条件，在这种条件下，无须做太多的牺牲，洛克式的标准就将可能被用于未来世代。这是一种关系到解决发展问题和生态问题的有益方法，并且能引起对这一事实的注意：如果国际社会是公正的，它就只能是可持续的。因此，如果可以接受需要为发展和人口数量的稳定投资的主张的话，那么，承担责任和免除责任的分配在满足需求最大化的名义下也可以得到支持。

卡夫卡的“洛克式标准”与索伯所关注的完全相同，索伯认为，当代人应该为未来人体验和选择他们自己喜欢的东西提供同等的可能性与机会。[57]如上面所争论的那样，这样的关注很适合后果论的框架，这种平等供给原则看来也得到了卡夫卡的支持。博尔丁强调，保护现存自然 109
资源和使污染减少到最低程度的重要性也是如此[58]（卡夫卡的纲领好像并不消除污染，而是像利皮特和哈梅达所说的那样，要求抑制和防止它逐步上升。因此，余热应被减到最小，以防止大气或工业化地区过热）。同样，巴里也主张，为以后各个世代提供的一切机会都不应减少，例如，如果有的机会因资源耗尽而丧失，就应找到其他的机会，即使做出某些牺牲也应如此。[59]玛莉·威廉斯（Mary Williams）争辩说，功利主义追求的是“最大的可持续收益”路线，而不是未来人利益的贴现。在这条路线上，可更新资源能够长期维持在一个可利用的水平上[60]（如果考虑到非人类的利益，这个结论无论如何都需要修改[61]）。

罗尔斯的追随者对“洛克式标准”也提出了几条建议。这适用于劳特利的限制每一代人使用物质资源的观点，同样也适用于哈伯德的最大消费原则。我们已经看到，消费最大化实际上是可以改变的，为每代人的平等供给原则最好用一种确定方式表达，而不是对增长绝对限制形式，这种限制会大大减少未来的机会，尤其是穷人的机会。劳特利关于核能计划应该取消的结论至少在安全的储存技术发明以前应该得到支持，否则，后人的风险太大。的确，如古丁指出的，几乎所有慎重的风险评估决策程序都支持反核的案例。[62]利皮特和哈梅达要求每一代留下的污染不要超出地球的承载限度，这一原则的实际效果与卡夫卡的纲领最终是一致的。

必须承认，这一纲领作为一种代际规则，为从不同世代中随机选出的各方代表提供了一种很好的选择。然而，即使在正义的契约理论（和所考虑的其他非后果论理论）中存在上述不足，它也能得到后果论传统的支持，这一点仍然是重要的。我应该说，这是它真正的基础：“洛克式

标准”是正确的，因为它在不伤害其他物种的情况下最大限度地满足了
110 所有世代的人类需要。这一观点在第七章以及以后的几章里还要做进一步的说明。

然而，如果不阐述管家理论并为其辩护，那么这一立场又是什么呢？对于宗教信仰者来说，即使在上帝出现之前，或者说在上帝是主要成员的道德共同体成立之前就有了这种责任的制度化安排，管家理论也毕竟是在人的利益（和与他相邻的其他物种的利益）范围内被描述和辩护的。[63]新的伦理没有必要去迎合我们对后代的处理：它所需要的是对某些古老传统的细致的逐一的应用。

注　释

[1] Robin Attfield，‘The Logical Status of Moral Utterances’，*Journal of Critical Analysis*，4（2），1972，70-84.

[2] Renford Bambrough，*Moral Scepticism and Moral Knowledge*，London and Henley：Routledge & Kegan Paul，1979. See especially chapters 2-3. My reservations are expressed in a review in *The Philosophical Quarterly*，31，1981，177-178.

[3] K. S. Shrader-Frechette，*Nuclear Power and Public Policy*，Dordrecht，Boston and London：Reidel，1980. My disagreement over meta-ethics concerns her remarks on the so-called ‘naturalistic fallacy’ in chapter 6.

[4] An example is Jonathan Glover’s book，*Causing Death and Saving Lives*，Harmondsworth：Penguin Books，1977. Glover waives all claims to moral objectivity at p.35，but supplies an admirable example of the search for it throughout his book.

[5] Brian Barry，‘Justice Between Generations’，in P. M. S. Hacker and J. Raz（eds），*Law，Morality and Society*，Oxford：Clarendon Press，1977，268-284. See in particular p.284.

[6] Gregory Kavka，‘The Futurity Problem’，in R. I. Sikora and Brian Barry

(eds), *Obligations to Future Generations*, Philadelphia: Temple University Press, 1978, 186-203, p.187. (Kavka's article is reprinted in Ernest Partridge, *Responsibilities to Future Generations*, New York: Prometheus Books, 1981, 109-122.)

[7] See Peter Singer: 'Famine, Affluence and Morality', *Philosophy and Public Affairs*, 1, 1971—1972, 229-243; 'Reconsidering the Famine Relief Argument', in P. G. Brown and H. Shue (eds), *Food Policy*, New York: Free Press, 1977, 36-53. Several of Singer's fellow-contributors argue to this effect in William Aiken and Hugh La Follette (eds), *World Hunger and Moral Obligation*, Englewood Cliffs, NJ: Prentice-Hall, 1977, in which 'Famine, Affluence and Morality' is reprinted. Onora Nell argues to the same conclusion from a different premise in 'Lifeboat Earth', *Philosophy and Public Affairs*, 4, 1974—1975, 273-292. I have presented some considerations in 111
support of Singer's stance in 'Supererogation and Double Standards', *Mind*, 88, 1979, 481-499.

[8] R. and V. Routley. 'Nuclear Energy and Obligations to the Future', *Inquiry*, 21, 1978, 133-179, p.135.

[9] See Joel Feinberg, 'The Rights of Animals and Unborn Generations', in William T. Blackstone (ed.), *Philosophy and Environmental Crisis*, Athens: University of Georgia Press, 1974, 43-68; also in Richard A.Wasserstrom (ed.), *Today's Moral Problems* (2nd edn), New York: Macmillan Co. and London: Collier Macmillan, 1979, 581-601; and in Ernest Partridge (ed.), *Responsibilities to Future Generations*, 139-150. See also the papers there by Ruth Macklin, Richard T. de George, Galen K. Pletcher and Annette Baier. All these writers accept obligations to future generations. Whether we speak of future people's rights depends on the sense of 'right', and as Baier says, is a subordinate issue. As is argued in chapter 7, not all morality turns on rights.

[10] Robert E. Goodin, 'No Moral Nukes', Ethics, 90, 1980, 417-449, at p.429.

[11] Shrader-Frechette, *Nuclear Power and Public Policy*, chapter 3. Though there is insufficient space to launch into a full assessment of the risks of nuclear energy, the

conclusions reached in this paragraph will stand independently of such a study.

[12] Martin Golding, 'Obligations to Future Generations', *The Monist*, 56, 1972, 85-99, p.97f., reprinted in Partridge (ed.) *Responsibilities to Future Generations*, 61-72. Daniel Callahan's reply to Golding embodies points parallel to Kavka's; thus he insists that 'our moral community' be construed as the human community and not some subsection of it. See Callahan's paper 'What Obligations do we have to Future Generations?' in *American Ecclesiastical Review*, 164, 1971, 265-280, reprinted in *Responsibilities to Future Generations*, 73-85.

[13] R. and V. Routley, 'Nuclear Energy and Obligations to the Future', p.137. I have argued in 'On Being Human', *Inquiry*, 17, 1974, 175-192, that human nature and needs set limits to defensible substantive conceptions of the good life for a human.

[14] Feinberg, 'The Rights of Animals and Unborn Generations', p.65.

[15] R. and V. Routley, 'Nuclear Energy and Obligations to the Future', pp.158-160.

[16] Trudy Govier, 'What Should We Do About Future People?' *American Philosophical Quarterly*, 16, 1979, 105-113.

[17] Derek Parfit, 'Energy Policy and the Further Future', forthcoming in Peter Brown and Douglas MacLean (eds), Energy Policy and Future Generations, Tottowa, NJ: Rowman & Littlefield.

[18] R. and V. Routley, 'Nuclear Energy and Obligations to the Future', p.150. A similar point is made by Kenneth Boulding in 'The Economics of the Coming Spaceship Earth', in John Barr (ed.), *The Environmental Handbook*, 77-82, p.81.

[19] 'Nuclear Energy and Obligations to the Future', p.161.

112 [20] Barry, 'Justice Between Generations', at pp.270-276.

[21] Barry, 'Circumstances of Justice and Future Generations', in R. I. Sikora and Brian Barry (eds), *Obligations to Future Generations*, 204-248: also David Hume, *A Treatise of Human Nature and An Enquiry Concerning the Principles of Morals*, in T. H. Green and T.H. Grose (eds), *The Philosophical Works* (4 Vols.), London:

Longmans, Green, 1874-1875.

[22] 'Circumstances of Justice and Future Generations', p.221. See further Mary Midgley, 'Duties Concerning Islands', in Robert Elliot and Arran Gare (eds), *Environmental Philosophy: A Collection of Readings*, St. Lucia: University of Queensland Press, 1983.

[23] 'Justice Between Generations', p.272.

[24] Robert Nozick, *Anarchy, State and Utopia*, Oxford: Blackwell and New York: Basic Books, 1974.

[25] See Kavka, 'The Futurity Problem', p.200.

[26] See F. Patrick Hubbard, 'Justice, Limits to Growth, and an Equilibrium State', *Philosophy and Public Affairs*, 7, 1977—1978, 326-345, P.345, n. 12.

[27] John Passmore, *MRN*, p.91. A similar view is held by Peter Laslett in 'The Conversation Between the Generations', in Royal Institute of Philosophy (ed.), *The Proper Study*, London and Basingstoke: Macmillan Press, 1971, 172-189, and is open to parallel objections.

[28] R. and V. Routley, 'Nuclear Energy and Obligations to the Future', pp.144-149, 166-173, and 176, n. 14.

[29] 'Justice Between Generations', p.274.

[30] Jere Paul Surber, 'Obligations to Future Generations: Explorations and Problemata', *Journal of Value Inquiry*, 11, 1977, 104-116.

[31] See Robin Attfield, 'Toward a Defence of Teleology', *Ethics*, 85, 1975, 123-135, pp.128-131.

[32] John Rawls, *A Theory of Justice*, London, Oxford, New York: Oxford University Press, 1972, Section 44, pp.284-293.

[33] J. Brenton Stearns, 'Ecology and the Indefinite Unborn', *The Monist*, 56, 1972, 612-625. Reprinted in Richard A. Wasserstrom (ed.), Today's Moral Problems, 602-613.

[34] Jan Narveson, 'Utilitarianism and New Generations', *Mind*, 76, 1967, 62-72.

[35] Barry, 'Justice Between Generations', p.275.

[36] See 'Circumstances of Justice and Future Generations', p.219: Robin Attfield, 'Toward a Defence of Teleology'; also 'Racialism, Justice and Teleology', *Ethics*, 87, 1977, 186-188.

[37] Boulding, 'The Economics of the Coming Spaceship Earth', p.78.

[38] These objections are to be found in 'Justice Between Generations', pp.283f.

[39] See R. and V. Routley, 'Nuclear Energy and Obligations to the Future', pp.151f, and 167-173, respectively.

113 [40] See Shrader-Frechette, *Nuclear Power and Public Policy*, pp.94 and 149, and 122f, respectively.

[41] Rawls, *A Theory of Justice*, Sections 4, 24, 25, 44 and 45.

[42] 'Justice Between Generations', pp.279f. Also D. Clayton Hubin, 'Justice and Future Generations', *Philosophy and Public Affairs*, 6, 1976-77, 70-83 (see p.75, n. 4).

[43] Hubin, 'Justice and Future Generations', pp.72-81.

[44] R. and V. Routley, 'Nuclear Energy and Obligation to the Future', pp.167f.

[45] *A Theory of Justice*, p.127.

[46] Hubin agrees with Edwin Delattre that obligations regarding future persons should not be analysed as obligations owed to those persons. See Delattre, 'Rights, Responsibilities and Future Persons', *Ethics*, 82, 1972, 254-258.

[47] Thus Barry, 'Justice Between Generations', p.281.

[48] F. Patrick Hubbard, 'Justice, Limits to Growth, and an Equilibrium State'. For his interpretation of the original position, see p.330, n. 4.Cf. the principles of maximal and minimal provision for future generations derived by Michael Bayles in 'Famine or Food: Sacrificing for Future or Present Generations' in Partridge (ed.), *Responsibilities to Future Generations*, 239-245.

[49] Victor D. Lippit and Koichi Hamada，'Efficiency and Equity in Intergenerational Distribution'，in Dennis Clark Pirages (ed.)，*The Sustainable Society*. New York and London：Praeger Publishers，1977，285-299. The requirement here quoted is from p.293.

[50] Ibid. p.295.

[51] Ibid. p.297.

[52] Leon H. Craig，'Contra Contract：A Brief Against Rawls' Theory of Justice'，*Canadian Journal of Political Science*，8，1975，63-81；Barry，'Justice Between Generations'，pp.280-283.

[53] Feinberg，'The Rights of Animals and Unborn Generations'. This criticism of Rawls has been made by Michael S. Pritchard and Wade L. Robison，'Justice and the Treatment of Animals：A Critique of Rawls'，*Environmental Ethics*，3，1981，55-61，and by Mary Midgley in 'Duties Concerning Islands'.

[54] Stephen Bickham，in 'Future Generations and Contemporary Ethical Theory'，*Journal of Value Inquiry*，15，1981，169-177，holds that nocurrent normative theory can cope with the objections to it until our metaphysical presuppositions are revised. This I believe to be too pessimistic a view.

[55] Kavka，'The Futurity Problem'，p.201.

[56] Like Kavka，I reject the view of Garrett Hardin in *The Limtis of Altruism*，Bloomington：Indiana University Press，1977，that famine relief and improved nutrition in poor countries in the present diminish the quality of life there in the future. But space is lacking for any ampler discussion of international politics，or of the nature or levels of 114
whatever authorities would be called for to implement the policies here advocated. Indeed the conclusions arrived at in the present book preclude neither world government，nor anarchism，nor intermediate arrangements.

[57] Surber，'Obligations to Future Generations'，p.115.

[58] Boulding，'The Economics of the Coming Spaceship Earth'，pp.78 and 81f. I take the conservation of renewable resources such as trees to be compatible with the planned

use of non-renewable resources such as coal.

[59] 'Circumstances of Justice and Future Generations', p.243.

[60] Mary B. Williams, 'Discounting Versus Maximum Sustainable Yield', in Sikora and Barry, *Obligations to Future Generations*, 169-185.

[61] The need for an ampler utilitarian position is well argued by Peter Singer in 'Not for Humans Only: The Place of Nonhumans in Environmental Issues', in K. E. Goodpaster and K. M. Sayre (eds), *Ethics and Problems of the 21st Century*, Notre Dame and London: University of Notre Dame Press, 1979, 191-206.

[62] Goodin, 'No Moral Nukes', pp.435-443.

[63] Pace Barry, 'Justice Between Generations', p.284.

第七章　生命的繁衍及其价值

人口数量的增长普遍地被看成一个生态问题，至少在有些地方它无疑是个社会问题。这个问题在某种程度上是由人类与其他物种打交道引起的，因为在控制疾病方面的进展肯定可以部分地解释这一问题。其实，这就足以使其成为一个生态问题了。然而，在那些人均寿命较短的地区，贫困似乎也可以被看成是导致这一问题的原因。在这种意义上，人口数量的增长可以被看成是发达和欠发达多方面问题中的一个，而不应该首先被视为生态问题。不过，有一个理由可以使我们将其视为生态问题，即它在导致肮脏、污染、土地侵蚀、林地丧失和沙漠扩大方面所起的作用。在第一章中已经提到，它很可能不是导致这些问题的主要原因，但若是它增加了这些问题的严重性（实际情况确实如此），那么，它的生态意义就非同小可。人口数量的增长似乎也危及了大量的人以外的物种，这又促成了另一个生态问题的产生。

但是，我们应该先弄清楚最适宜的人口数量是多少，或至少知道什么样的人口变化能算作是有了改善，从而知道我们应该达到的理想的人口水平，然后才能够把这个问题确定为“人口过剩”（一种很明确的规范性表达）问题，而“人口爆炸” 也就不在话下了。[1]迈克尔·贝勒斯（Michael Bayles）指出[2]，这个问题优先于诸如那种人口变化速度是合理的，以及应采取的控制方法之类的其他问题；而且它立即把我们带到了规范伦理的基本原则上来。同时，它也要求我们考虑有关价值的基本问题，例如：是否所有生命都是有价值的，或者只有某些种类和特质的生
116 命才有价值；如果只有某些生命有价值的话，那么，它们是哪些生命。要详细论述这些问题，就有可能会忽略那些实际问题；然而，不探究那些问题，或是对其答案采取想当然的态度，就会对这些问题及其根源缺乏清晰的了解。如果是这样的话，即使找到了令人满意的解决方案，那也只是偶然的，而且，我们必然会忽略这样一种情况：通过为完全不同的人群提供生活的必需品，我们可以使世界变得更好。

我们还需要用有关人口方面的义务和价值原则来补充第六章中对后代义务的讨论。第六章中提到，不管后代是谁，我们都对他们负有长期的义务。不过，推定我们应该让多少人来到世界上的讨论是必要的，如果这个问题没有找到合适的答案，那么，目前发现的所有答案显然都是有缺陷的。

目前所讲的这些可以解释一个事实：大多数哲学家讨论人口问题的著作所关注的是人口数量的基本原则方面，而不是关注可以采取哪些控制人口的方式，以及如果可以采取政治压力的话，哪些方式可以用来控制人口。大多数的作者都真切地意识到了人口问题的紧迫性，然而，如果他们能够直接关注原则问题，那无疑会让人拍手称赞。相反，要是哲学家只研究那些较为直接的问题，这种讨论就往往显得多少有点肤浅[3]，即便这些问题是全球性的，情况也依然如此。

不过，那些因原则问题转而求助哲学家的外行可能会对此感到困惑。因此，只有某些规范伦理学理论，即那些把义务和公正转变为行动结果的理论，可以说是与未来人口数量问题相关。我们在第六章已经看到，其他理论要么没有提出任何东西来，要么没能对与除后果外的其他

东西相关的原则在何种程度上优先于与后果相关的原则这一点做出令人满意的解释。但是，在后果论理论中，那些热衷减轻痛苦和不幸的消极理论（negative theories）完全可以通过毫无痛苦地让人类消失而得到最大的满足，但这一想法却与大多数人的深层直觉相冲突；而倡导幸福和价值生活最大化的积极理论，至少看起来是在冒鼓励未来人口增长的风险。 117

我会在适当的时候论证这种困惑是不成熟的。但我得先介绍一些主要的、积极的后果论理论，以及它们面临的各种难题。这样做也可以进一步阐明普遍价值，在人们一旦遇到人口增长方面真正的问题时，这些价值很容易被遗忘。

总量理论和平均理论

在第六章我们已经提到，总量理论（被认为是功利主义的经典形式，尽管索伯不这么看）和平均理论都赞成或要求效用的最大化。效用通常被认为是幸福或者是达到幸福的手段，并且这两种理论都各自要求一个群体总体幸福水平的最大化和平均幸福水平的最大化。或者说，这些理论要求的不是最大限度的幸福，而是人的某些（或更多）其他状态的最大化，这些状态可以被看成是具有内在价值的，诸如健康和有价值的生活阶段。在第六章中，我反驳了只有幸福才具有内在价值的信念，而认同这样的观点：满足人的基本需要要比提供其他的东西好得多，所以，我显然支持其中的一个观点。不过，这样说来，暂时按照大多数作者的理解就简单多了，他们认为，总量理论和平均理论关注的都是幸福程度。

对总量理论主要的反对意见在第六章中已做过讨论。它似乎要求人口最大化，要求我们造就幸福的人而不是使人幸福，因而它更关注的是幸福而不是人（尽管到目前为止，这一点还未被视为是一种反对）。更确切地说，就享受着颇有价值生活的任何特定数量的人群而言，它所隐含的是，只要生活维持在勉强可过之上，增加人口就会更好，因为每个新增添的勉强幸福的人会增添整体的幸福。这一结论让人普遍感到惊骇，
118 哲学家已习惯于把它视为“矛盾结论”（repugnant conclusion）。再者，其他反对意见的提出是因为总量理论似乎不涉及个人，而且似乎只是为了作为幸福的承载者而提倡生育更多的人，仿佛幸福是如同牛奶一般的产品。

平均理论常常被认为克服了这些难题，它为大部分成员提供了高水平的幸福而非相对低水平的幸福。但是，平均效用理论本身所隐含的东西却完全是反直觉的。[4]因此，如果存在着一种高平均水平的幸福，那么，该理论就会禁止增加任何后代，因为他们的幸福水平比从前的平均水平要低（除非增加后代进一步提高了人们已有的高水平的幸福程度）。就此而论，平均理论看来的确有些偏向现代人而歧视后代人。但情况并不总是这样：对于生活在极度痛苦中的人群，这一理论要求增添人口，不管他们是谁，只要平均幸福可以由此提高即可，即使新增添的那部分人自己是痛苦的并希望自己从未出生。这里不存在歧视问题，但社会政策却非常可疑。再说，如果一个幸福的群体只能在虽然轻微但持续地使资源和幸福水平减少的情况下繁衍自身，那么，这一理论就会禁止任何生育并要求人类灭绝。

也有人提出，平均理论是要求从幸福的人群中消除生活悲惨的人。但其实不必这样要求，相反，它可以为那些不幸的人提供通达幸福的手段；由于满足基本需要的供给与人们的幸福有着很大的关系，并且（无论从哪方面说都）会带来极大的好处，所以，平均水平或许可以因此而得到改善。总量理论有时也受到同样的攻击，但由于类似的原因，它也幸存了下来。

尽管如此，平均理论却容易受到上述其他反对意见的攻击：最明显的是，它会要求增添人口，以使幸福最大化（这倒有点像总量理论所受的指控），并会要求物种的灭绝。同样，由于它只是因为幸福程度而要求

增添人口，所以，其很容易受到非人性化的指控；因此，［就像安格林
（Anglin）所指出的那样］一种理论更多关注的是幸福而不是人，如果这
也可以算是一种反驳意见的话，那么，这种反驳意见可以用于平均理 119
论，也同样可以用于所有其他理论。

影响人的原则

现在，在许多哲学家看来，总量理论和平均理论的问题就是两者都涉及对未来可能出生的人的关怀。这些哲学家认为，后果论（如功利主义）真正吸引人的地方，是它们要求我们关注现实人的福利，而不考虑可能会出生的人。因此，他们极力把功利主义理解为只关注如何促进活着的人的幸福，或者，更中肯地说，活着的人加上那些很可能存在的人的幸福，这是不管哪一个特定的代理人都可能会做的。在试图对功利主义进行诠释，同时又免受攻击的过程中，各种各样的理论被提了出来。[5]它们的共同点被德里克・帕菲特称为影响人的原则（person-affecting principle），即对人产生有益影响的结果即为好的，相反则为不好的。在这里，仅仅只是有可能出生的人没有被算在内。

尽管影响人的原则在直觉上似乎有道理，但它却已经受到了批评，尤其是来自西科拉（R. I. Sikora）和德里克・帕菲特的批评。[6]因此，西科拉说，影响人的原则得出的结论与上面提到的“矛盾结论”类似。想象一下，有这样一个非常不幸的群体（如核战争的生还者），他们在牺牲了某些自身利益的情况下，能够提高平均幸福程度和总量幸福程度，并通过繁育在可预见的未来会非常幸福的试管婴儿来重新建造世界。影响人的原则不允许他们考虑这个可以造就更幸福的人的政策；因此，这一原则至少通过赋予活着的人的优先权来确保一种低水平的幸福，即使人类可能会有一个更光明的未来亦是如此。然而，这种可以避免的低水平幸福的设计被（部分地）认为是“矛盾结论”之所以矛盾的原因所在。

西科拉的论点是在对所有可能的“本体论偏好理论”进行考察的过程中产生的；这些理论偏爱现代人的利益，并认为要求他们为可能出生的人的生存做出牺牲是错误的。这个考察显示这些理论都与“矛盾结论”类似。

120 此外，影响人的原则不能用来解释未来可能出现的人，他们的利益应该关注，因为不管人们做些什么，他们都可能存在；但由于这些人数量太少，又可能被忽略。无论某个特定代理人或其他群体可能做些什么，影响人的原则必须关怀这些可能存在的人。然而，某个群体行为所决定的后代与别的群体行为所决定的后代在身份和数量上会有所不同。如此一来，这一原则规劝不同的人口政策被用于不同的代理人群；而且，这些政策之间不会相同，因为每一个群体都必须考虑其他群体可能存在的后代，而不是自己群体可能存在的后代，他们完全有能力阻止这些人来到这个世界上。

影响人的原则的另一类问题集中在未来人的身份上，这类问题是由德里克·帕菲特提出的。连推迟怀孕都会使出生的婴儿不同，因此，采用不同的社会政策会大大影响出生者的身份。我们来看一下消费政策。与保护政策相比，在一百年当中它可以使生活标准保持在一个较高的水平上，但随后就进入一个较低的水平。这样一种政策既不会伤害现代人也不会伤害可能出生的人，如果实施了这一政策，在一百年的时间内，跟实施其他政策一样，所有人的状况都不会变差，因为如果实施其他政策，他们就不会存在，而取代他们的则是另一些人。因此，如果这个让人不快的、以消费为导向的政策不会使不存在的人、可能存在的人或其他人的状况变得更糟糕，影响人的原则就不能对它进行批评。

对于母亲个体也可以得出类似的观点。一位母亲生下了残疾孩子，如果推迟怀孕就有机会生一个健康快乐的孩子的话，这位母亲很有可能会受到道德的谴责，但对这位母亲而言，没有孩子结果会更糟。根据影响人的原则，她不应受到责备。此外，社会规划者们能够建议这些母亲推迟怀孕，但母亲们并未这样做，她们最多也只会被指责为由于自己的疏忽而使得自己和其他实际存在的人过上了不幸的生活。

因此，影响人的原则在用于决定未来人生存的问题上是不能令人满意的，然而，却正是由于这些问题才引入了这一原则。在人口固定的情况下，这一原则没有什么问题，它所产生的结果与总量理论和平均理论完全一样。因此，它并不比它们优越。但是，在我目前所关注的道德领 121
域内，它的失败也是惨重的。的确，因为随着时间的推移，那些目前实际上可能活着的个体比例会逐渐下降，这一原则允许我们漠视（至少）大多数距今一百年的人，漠视他们几乎所有的后代。不过，这种漠视的错误我们已经在第六章中做了详细的阐述。

实际上，纳维森认为，有这样一种义务——不要让那些生活不幸的人来到这个世界，这一点会得到多数人的赞同。因为如果不这样的话，这些人就会来到这个世界，他们就会经历实际可以避免的不幸，基于这一点，纳维森试图使这种观点与影响人的原则一致。然而，这就等于承认至少有些可能的生命是具有道德意义的。例如，总量理论的倡导者正是基于同一点而关注可能存在的生命，譬如，他们可能会被带到这个世界，他们生活的质量成了现在的代理人可以选择的一个或多个因素。同时，纳维森否认有义务让有价值的生命来到这个世界，他补充说，新增人口“如果给所有人带来的利益，*包括*新来者的利益，超过了包括他或她本人在内的所有人的成本，并且在与不新增人口相比可得到净利益时，才应该实施”。[7]

但是，这一观点好像与基本的影响人的原则一样看似是合理的。因此，它不能解释为什么那个残疾孩子的母亲不愿为得到健康孩子而推迟怀孕是错误的。再者，它虽然考虑到了不幸的人来到这个世上就会抱怨他们的不幸，但如蒂莫西·斯普里格（Timothy Sprigge）所指出的[8]，它忽视了能过上有价值生活的人一旦来到世界他会珍视这种福祉，这不需要做任何可辩护的合理说明（因此，我们不能说我们的义务仅仅只是阻止未来糟糕事态的发生，理由前面已经讲过）。再说，假定我们有义务促进实际存在的人的福利，并愿意为此额外增加人口，那么，忽略他们的福利，如纳维森所说的那样，把他们当作二等公民来对待，就很难被证明是合理的。最后，这种不对称的观点在有的情形中实际上是要求人类灭绝。[9]

122 纳维森提出了一个更有说服力的观点："不具体针对任何人的责任在观念上是令人难以接受的。"[10]但是，他认为，所有责任都应该是针对某人的（一旦责任被视为不履行便是错误的时，这个推论无疑是不适用的），并且所有责任都应该针对现实的人，然而，他自己却违背了影响人的原则，承认可能出生的（不幸福的）人的负面责任。因此，可能出生的人有时是很重要的，我们需要进一步思考，以便弄清楚他们在什么时候和什么情况下是值得考虑的。

补救的努力

特鲁迪·戈维尔试图为纳维森的基本立场辩护，他认为，我们应该对"从认识论上讲可能的人"（即那些不以我们的选择为转移的可能存在的人）给予一些关注，但不必太多地去考虑那些"从意志上讲可能的人"（即那些可以由我们决定其存在的人）。戈维尔试图对帕菲特在身份方面提出的异议做出回答，他承认不同的人会按照不同的社会政策生活，但却主张我们应该考虑"*那些在将来有可能存在的人*"。[11]我想，他所说的这些人是指那些将来可能存在的不定群体中的所有成员：如果实施了某种政策后，出现了 n 个人，那么，即使其身份会因政策不同而改变，但这 n 个人却是我们应该关注的。

但是，这种修正只是缩小了二等公民的人口数量，就取决于我们的后代人而言，戈维尔依然拥护纳维森的不对称观点。然而，无论在哪里实施计划生育，现在看来，所有子孙后代从意志上讲都是可能出现的。

的确，尽管戈维尔试图要证明不对称的合理性，但大多数对纳维森观点的攻击同时也是针对她的。不过，她认为对于从认识论讲可能存在的人，无论其身份如何，我们都应对其负有现实的义务，所以，她的观点还是比纳维森前进了一步。

另一位试图拥护纳维森的不对称观点的哲学家是彼得·辛格。辛格坚持认为功利主义诱人的因素是下面的原理："假如那些人的存在或将会存在不依赖于我们的行动，那么，他们幸福比不幸要好，并且他们越幸福越好。"[12]与纳维森和戈维尔一样，辛格不愿意承认额外增加的生命的价值。但是，为了应对帕菲特对身份问题提出的异议，他想出了一个人口政策。这个政策并没有要求给予任何固定群体在利益上的优先权，但 123
却的确要求尽可能地将人口一直保持在最低水平，使这些人至少能够享有最少人口本应享受到的平均（从而也是总体）幸福。

正如帕菲特和西科拉所指出的[13]，辛格的言论实质上也包含了使这样一个群体（此后称为"核心"）的幸福最大化的义务，即便这样做需要新添人口。但是，这样做的目的是为了那个核心群体，而不是新增的人，除非其中有些人碰巧属于核心群体。然而，辛格相信，在新增的人遭受不幸的情况下，他的原则暗示了这样一种义务：不要生育他们，因为这些新增的人会给他人带来副作用。这一点，我们可以从他们还是死了为好的事实中看到。在辛格的信念中，只要新增的人会幸福，就不存在相应的消极义务。

但是，辛格的原则甚至不能为他拥护的不对称观点提供保证，因为如帕菲特所指出的，不幸的人存在的副作用也可能对核心群体有益。除此之外，辛格的原则自身也处于极度困境之中。例如，它可以要求不断地新增人口，条件是所有新增人口的平均幸福水平在每个阶段都与前阶段的平均幸福水平保持一致，直到最后达到如"矛盾结论"中说的一个勉强幸福的大群体。因此，辛格的原则没能超越总量理论。再者，如西科拉所说，只要核心群体的境况好转，辛格的原则就倾向于少部分地新添勉强幸福的人，而反对大量增加中等幸福的人。此外，如果核心群体的最小成员数量少，但他们在一个人口众多的勉强幸福的群体中是最幸福的，那么，辛格的原则就会偏向这个群体，就会反对略微降低核心群体的幸福从而使所有其他人都与核心群体同样幸福。还有，它会让父母不要为了增加孩子的幸福而在怀孕时间的选择上做出牺牲。它还会要求现在的一代人用完一种稀有资源并从中得益，而他们或许会意识到未来人可能会更加需要这种资源来治愈一种遗传疾病。这个理论中的每种偏好显然都是错误的，而且在某些情形中，无须这样限定。

辛格的原则中还存在一个技术问题。前面提到，他的原则可以要求不断增加人口而降低总体人口的平均幸福，只要每次人口增加后都有一
124 个核心群体至少与前一阶段的人一样幸福。因此，在这两个阶段中，这一原则要求的发展是它最初所禁止的，因而，这样一种发展既是禁止性的又是义务性的（因为允许每个阶段的众多人口的平均幸福可以低于前阶段，而这降低了的水平却是核心群体在下个阶段必须维持的；因此，两次过渡之后，最初的人口群体规模和幸福水平就都会发生变化）。辛格对这个“不可传递的偏好”（intransitive preferences，即 B 比 A 好，C 比 B 好，但 C 却比 A 差）问题的解决办法在于，他认为，因为被禁止的结果是可以预见的，所以，这一原则的首次运用必须被视为是禁止性的。但是，如帕菲特所言，这一点是不能被接受的，除非有其他理由可以允许不按照原则所要求的去做。

潜在的人的利益

与戈维尔一样，辛格超越了纳维森，他承认那些可预见最少数量的未来人，无论他们的身份如何，都与道德相关，但在其他一些可能会存在的人的利益被忽略的情形中，他的原则就不灵了。如何才能照顾到这些人的利益呢？其中一个方法或许是哲学家所采用的，他们会为所有可

能存在的人拥有利益和权利的原则辩护。因此，黑尔（R. M. Hare）认为，如果其他情形都一样，那么，阻止可能存在的人出生从道德上讲是错误的[14]（黑尔的可能存在的人包括胎儿、受精卵，甚至还包括尚未结合的配子；其实，在文章《弱者生存》中，可能存在的人包括了在此后两年内可能出生的所有人[15]）。黑尔借助于广泛接受的基本原则来为自己的立场辩护，这一原则要求，我们应该用自己希望被对待的方式去对待他人，他将这一原则应用于生命问题。然而，无论是胎儿还是尚未受精的卵子，就所有可能的人都算作人而言，黑尔出现了明显的问题：因为如果它们不被算作人的话，那么，可能存在的人的利益和权利问题就不会出现。

妊娠是利还是弊？这个问题很难弄清楚，但帕菲特和鲁帕斯对此所做的探讨却使人打开了眼界。[16]从他们的讨论来看，最令人信服的观点或许是，对于一个生活有意义的现实人来说，已经怀孕的确是件好事，
但对于只是可能存在的人来说没有什么益处，因为他们那时并不存在。 125
有一种观念是可能的人拥有权利和利益：现代人拥有权利和利益是在他出生之前的人行动的理由，或者说当他们还只是潜在的生命时，他们的权利和利益是前人行动的理由。但是，可能的人本身并不拥有权利和利益。我们不会让他们一直不存在而撇下他们不管（如果我说的是正确的话，那么，怀孕不会构成危害，因为事先并不存在任何被伤害的东西[17]，然而，对于一个生活悲惨的人来说，怀孕将要负至关重要的责任，因为如果不怀孕的话，生活中的不幸就不会出现了）。不过，如果可能的人本身没有利益的话，*那么*，黑尔的原则就已经遭到了拒绝。

要是可能的人真的受怀孕影响的话，那么，如帕菲特所指出的[18]，影响人的原则就会因没有上述的缺陷而恢复其原有的地位，因为它的不足在于它没能给予可能的人以利益，确切地说，可能的人变为现实人所拥有的利益。但是，如果可能的人本身就是易于受到影响的人，那么，这一原则就已经将其利益包括在内了。然而，事情果真如此的话，这一

原则就会有悖其初衷——将这些假定的人排除在考虑范围之外。

当然，最好还是让影响人的原则具有其倡议者所想达到的目的性，其倡议者自然要否认，在通常情况下，可能的人拥有利益。我已经提出了质疑这种观点的理由：从本质上讲，道德存在于个体的责任中（或者说，因而也存在于个体权利中）；因此，前提不同的影响人的原则会遭到拒绝（我曾断言，不管在何种情况下它都必须遭到拒绝），所以，不需要对它加以修正以便将可能的人包括进去，即便这样的修正看起来是合理的。如果新增添的幸福或有意义的生活是有价值的，并且应该为他们提供的话，那么，这也可以用某种更为非个人的（impersonal）原则来表达，诸如总量理论或其不同版本。现在我就逐步地来阐述这一立场的情况。

有意义生活的价值

鲁帕斯争辩说，每种有意义的生活实际上都具有内在的价值，这已经给人留下了深刻的印象。他说的“有意义”是指生活的主体是这样活
126 着或很乐于这样活着。如果他的论断是正确的，这或许可以解释黑尔断言堕胎（或大多数堕胎）总是令人遗憾，因为这阻碍了具有潜在价值事物的进一步发展（许多堕胎可能还是对的，但那不是现在要讨论的）。鲁帕斯说，每一个愿意活着的代理人必定喜欢他生活于其中并乐于这种生活的世界，而不会喜欢一个他根本就不存在的世界。承认了这一点，就可以进一步维持前面一种状态比后面的状态要有价值得多的观点。让一个观察者从处于其中任意一种状态中的每个个体的角度来考虑这两种状态，他就会发现这种偏好，而只要相关的其他个体全都处于两种状态之中，他会发现偏好没有抵消；如果假定他可能成为这些个体中的一员，问他选择哪种状态，他仍然会选择前一种，如果可能的话，他会在此基础上去实现它。鲁帕斯在哈森伊（J. C. Harsanyi）的工作基础上[19]详尽阐

明了这种确定价值判断的非个人的“客观的”程序，还把它用于证明这样的结论：只要活着的人一直乐于这样活着，那么，对他们来说，活着的时间长比短更有价值；进一步地说，生命的价值不会因其主体是*谁*而发生改变。

也许并非所有人都赞成鲁帕斯的价值判断方法。例如，有人认为它过于偏向有喜好能力的实体；或许有人会争辩说，这样的判断根本无须偏好的作用。然而，鲁帕斯的结论却与格罗弗（Glover）的结论惊人地一致，而他们所使用的方法却相去甚远。格罗弗是通过考察普遍反映道德信念的假定来做出价值判断的。[20]的确，格罗弗指出，只有生存的愿望并不表明生命的延续对相关的人有利或有价值；不过，只要让鲁帕斯的公正的观察者了解何种生活有利于其主体（人或动物）的必要信息，或许他会允许这样的修正（格罗弗实际上没有告诉我们何为有价值的生命；这里也没有篇幅对此做进一步的探讨，不过我在别处探讨了有价值生命的一些重要方面[21]）。但是，如果目前对有价值生命的概念可以想当然，而且允许把生命幸福的程度作为一个好的指标，而不是作为有价值生命的不变指标的话，那么，鲁帕斯有关何为有价值的结论在这里可以被认为是表达了一个重要的事实，无论是基于他自己的方法还是基于对 127
我们直觉判断的反省方法（应该注意的是，尽管鲁帕斯与黑尔的结论所关注的都是现实的人和可能的人，但两人的结论所涉及的范围并非完全相同，鲁帕斯关注的只是那些倘若实现才会有价值的生命，而黑尔则没有做任何这样的限定）。

对评价总量理论的异议

如鲁帕斯所说，他的观点与功利主义的总量理论是一致的，但却并非一味地继承。如果我们应该进一步把凡是有内在价值的东西都最大化，并接受鲁帕斯的观点，我们看来确实是又返回接受一种有“矛盾结论”的总量理论了。对许多读者来说，这或许是一个极糟的念头，事实却并非如此，现在我就来做出解释。

首先，如黑尔、辛格、西科拉所指出的[22]，总量理论并不要求我们这个星球的人口增加。这一点需要详尽阐述。有 8 亿人已经生活在绝对的贫困之中，在多数情况下，增加人口根本不可能增加总体幸福，也不会延长鲁帕斯和格罗弗的价值判断所说的有价值生活的年限。即使新增加的人本身并非营养不良的或不幸的，但其出生后无论如何都会增加世界的粮食负担；如果其购买力超过那些难以得到食物的人，他们就会使贫困国家的更多人买不起所需的东西。那么，仅从这一点来说，总量理论或许是赞成世界人口停止增长而非相反（就目前的情况而言，平均理论甚至会建议大量减少人口；考虑到刚刚接受的价值理论，这是不太可能得到拥护的，不过，我们已经对平均理论给出了确凿的反对理由）。

要注意的另一点是，把人口政策从普遍的规范伦理理论的判决中分离出来是错误的。因此，由于目前的世界人口能够得到粮食供给，而且要是真的得到了解决并会使生命价值的意义完全不同的话，总量理论肯定主张应该解决温饱问题。然而，要是采取适当的措施，包括使人们能
128 够永久地得到食物而无须依赖他人捐赠的发展政策，那么，总量理论就不会为了这些条件而主张全面减少人口了（尽管要是没有这样的发展政策，它很可能会赞成减少人口而不愿维持目前的人口水平）。然而，它依然基于下面的理由不会主张全面增加人口。

尽管总量理论要求的人口数量高于其他一些理论，但它并不是要求这些人同时出现。确保人口水平持续到永久的未来是使有价值生命数量最大化的最可能的途径。而短期内人口数量的最大化则恰好排除了这一点，因为它会带来资源的耗竭、肥沃土地的荒芜、污染、自然基因库的丧失，以及人类最终赖以生存的整个生态系统的毁坏。因此，总量理论所建议的是在可持续条件下的人口最大化，而且，由于上述原因，它会建议在目前的情况下，人口再减少一些。

再者，总量理论对增添有价值生命的要求不能这样被用于地球人口，仿佛有无限的空间并以较为幸运的那些人已经习惯了的方式容纳这些额外的人。空间及资源都是有限的，忽略了这些东西的有限性，就很可能会造成极大的不幸；其实，即使食物供应不存在什么问题，这种情况也有可能发生。

这些不同论点的共同寓意是，人们接受“矛盾结论”时感到不安是因为他们把这个结论用于其他的条件中，而依据这些条件，总量理论是不可能得出这样一个结论的。

在更为理论的层面上，安格林列出了三条人们认为“矛盾结论”是矛盾的理由。[23]它忽略了个体生命的质量；它完全由数量来决定道德上的相关差异；它为了功利而倡导增加人口。对于每一种情况，安格林的回答是，所有这些指控都适用于*任何*功利主义理论，因为所有功利主义理论都允许协调个体间的幸福以达到共同的善，都欢迎增加幸福的生命，而且，与纳维森的理论不同，它们所倡导的人口数量都只依据自己的价值理论而没有引用其他独立的原则。

对某些人来说，这可能就成了拒斥功利主义或所有其他后果论的一系列理由。然而，*就任何一种理论*来说，相互冲突的利益或价值都必定要在考虑双方的情况下做出权衡。再者，对于人口数量的异议基本取决于每个存在的生命是否有价值，或者如帕菲特所说的，是否“越多就越 129
有价值”。[24]最后，总量理论并没有为了成为效用这一抽象概念的持有者和驻地（locations）而严格禁止人口出生。它寻求的主要是具有内在价值的生命的最大化（无论是幸福的生命还是值得存在的生命），以及这些生命持续时间的最大化；即使并非所有相关的人目前都已经实际存在，这种生活也有必要让人（或其他动物）享受。总量理论得出的结论是责任不需要针对现实（或者甚至可能）的人。通过表达这种思想，总量理论从某些方面来看就不是关于个体的理论。但是，如果它要求人口的出生不是为了他们自身的内在价值而是为了国家或民族的荣耀这样一些隐含而抽象的东西，那么，从这方面来看，它就是关于个体的理论。

因此，总量理论在现实世界中不会得出“矛盾结论”；即使在某种可能的（更广阔的）世界中或许有可能得出这种结论，那似乎也不能成为拒斥总量理论的最终理由，因为其他可替代的理论比它糟糕得多（如果对此尚不清楚的话，可以参看西科拉的《精心的杰作》，他在文中回顾了所有可能替代的理论，他发现其全都有缺陷[25]）。总量理论对主要的反对意见具有免疫力，并且有许多值得称道的地方（包括为后果论辩护所做的考虑，这些我在其他地方提到过[26]），前面提到的价值理论也为总量理论提供了进一步的支持。除此之外，帕菲特为“矛盾结论”提供了辩护的论据，安格林为增加人口的义务提供了论据，而西科拉则为总量理论本身提供了论据。[27]

接受“矛盾结论”

我们先来看看帕菲特的论点。与一个过着很有意义的生活的特定群体相比，要是在别的地方同样也生活着一个人口数量相同的群体，他们的生活质量低一些，但却仍然值得生活下去，这种情况至少并不比前者糟糕（要是两个群体并不知道彼此的存在，或许就不存在不公正）。如果我们把有特定人口的情况称为 A，而第二种情况称为 A^+，那么，A^+比 A 要好些，或至少不比 A 差。我们现在设想一种情况 B，人数与 A^+一样，所有人都同样幸福（即过着同样有价值的生活），而且平均的生活质量略
130 高于 A^+，但却明显低于 A。现在就很难否认 B 这种情况要好于 A，因而，也就很难否认 B 要好于 A^+，因为 A^+并不比 A 差，B 比 A 要好。因此，通过两个自然的步骤，我们得出了一个结论：如果人口同时翻了一番，平均水平不妨从非常高的水平降低一点。这一结论是总量理论所拥护的，却是平均理论所反对的。但是，如此推论下去，就意味着我们可以让人口不断地成倍增加，生活水平不断地下降，直到我们拥有极其众多

的人口，他们的生活质量完全相同，都仅仅只高于勉强值得一活的生活水平。

帕菲特实际上是在与“矛盾结论”格斗，目的是要尽可能地拒斥它。但由 A^+转向 B 是不会遭到平均论者和所有接受边际效用法则的人拒斥的。至于由 A 转向 A^+，前面提到了平均理论由于拒斥这种转向而受到批评。依据鲁帕斯和格罗弗之类的任何价值理论，这种转向都显然是恰当的。

那么，现在的问题就是要解释为何人们不愿接受这个结论。我认为，人们不愿接受的部分原因是这样一种假定：在不会带来严重的负面效应的情况下，人口的这种持续翻番和生活质量（或生活价值）的不断下降可以发生在我们这个星球上，因而可以被看成是一种改善。实际上，所有人口的增加都无疑会造成饥荒，并可能导致传染病和战争，从而使所有人的生活变差。再者，责备这两种转变的人可能过于急切地认定自己是 A 中的一员，并且会失去许多自己享受着的东西。但是，如鲁帕斯所指出的，要采用一种公正的观点，他们（相反）应该设想自己同样有可能成为 A^+中的新添人口之一。这些人所经历的不会是生活水平的下降，而在大多数情况中，他们会发现生活是美好的。

有一种评论是恰当的。对于某些群体，人口可以随时翻番而不会因此有人生活不幸或没有意义。然而，人口的翻番实际上总是做不到这一点。要是很多人都处于不幸之中的话，善胜于恶的总体平衡就会停止上升，而且总量理论要求停止人口增长。

对新增人口的义务 131

现在我要转向讨论安格林对新增人口义务的论证。除去细节，安格林的论证基于这一前提：我们必须略微牺牲一点自己的利益以让一个幸福的人来到这个世上，而不是不牺牲自己的任何利益以将一个幸福与不幸各占一半的人带入这个世界。但后面这种做法就等于没有将任何人带入这个世界。因此，在前面一种做法和什么都不做的选择中，前者是义务性的。第一种做法是更有疑问的前提，但是，如安格林所说的，平均论者必须接受它。但如果这一前提被接受了的话，那么，就会有一个新增的义务；要是条件允许其反复使用的话，这种义务就会得出一个矛盾的结论。但源自真正义务的结论不可能是矛盾的。更重要的是，甚至有时还有义务牺牲一些现实人的利益而将额外的人带到世上。

安格林试图用这种论证来取代西科拉的论证，因为安格林认为西科拉的论证没有说服力。西科拉论证的前提是：允许“一批”额外的人来到这个世界上，在这些人中绝大多数都会幸福，但至少有一个人会很不幸（因而没有义务不这么做）。可是也有义务不让一个很不幸的人来到这个世上。因此，必须有一种把幸福的人带到这个世上的义务，这种义务超过了不把很不幸的人带到这个世界的义务。[28]安格林对此做出的反应是，即使把幸福的人带入这个世界不是义务性的，西科拉所说的那种义务也可能会被幸福的人的期望所推翻，因为这种做法有可能是多余的。但是，推翻一种义务需要另一种义务才能做到，所以，西科拉的论证最终还是胜出一筹，或者说我认为是这样的。

乔纳森·贝内特（Jonathan Bennett）对西科拉的结论做了进一步的反驳。人类延续的理由可能取决于现实人的功利，因为人类会逐渐消除他们带来的痛苦。但是，这个理由很难证明人类延续上百万年的合理性，而且无论如何也解释不了“对新增人口的义务”，而安格林却极力争辩这种义务是存在的，即使牺牲一些现实人的利益，这种义务也仍然存在。
132 根据贝内特的观点，理由也许在于，跟我们这些活着的人息息相关的计划一定要继续下去，所依据的原理是必须将未完成的事业完成。这一点似乎只有在计划可以被赋予贝内特所认为的那种意义之后才是合理的，而贝内特所赋予它们的那种意义我已在另文中进行了反驳。[29]贝内特的第三点简单地说就是，比义务重要的那些因素没有必要产生另一种义务，对此我认为，西科拉的回答是正确的：如果产生不了义务，那么，它们也就无足轻重了。因此，西科拉的论证是站得住脚的。可以说，现实人有相当大的义务将这样一些人带到世界上来，这些人都会在可预见的未来过上幸福的或有价值的生活。

对总量理论的辩护和修正

西科拉接着进一步展开了自己的论点以便为总量理论做新的辩护。[30]人们可能会认为他的早期论据指的是，用增加额外的人来增加幸福所具有的价值至少与增加不幸的人所具有的负面价值是相同的。不过，他现在对此做了补充：如果不幸是等量的，那么，增添不幸的人就与使现代人不幸是一样糟糕的。因此，增加幸福的人以增加全球的总体幸福所具有的正面价值至少也就与防止那些活着的人不遭受等量的痛苦（或增加等量幸福）所具有的价值是一样的。

但是，如西科拉承认的，早期的论点可能没有表明，额外的幸福生命的价值与等量的不幸生命的负面价值是相等的。问题的关键在于，现实人或新增人的痛苦是否一点也不比新增人的幸福重要，因此，在其他条件相同的情况下，资源是用于抚养一个新增的幸福生命还是用于防止一个人的不幸则是无关紧要的。我并非说许多代理人应该两者兼顾（或许大多数人的确应该这么做）。我也并非说，人类应该等到现有的所有苦难都得到解决之后再继续发展，这种观点无论如何都会被我已经接受了的早期观点排除掉。确切地说，早期的论证与防止不幸大大胜过创造幸福的观点是一致的。

如西科拉指出的，接受这一点就丧失了古典功利主义的简单性。这无疑需要对此种立场进行修正。但是，我以前曾指出，我不能接受幸福是唯一的善的观点；而且我还进一步主张，满足人们的基本需求比增加 133
那些基本需求已得到满足的人的幸福要有益得多。不过，西科拉认为，让具有内在价值的东西最大限度地超越内在恶的东西，是我们无论如何都应该做的；在此基础上，仍然可以产生将有价值的生命带到世上的义务。对此，我是赞同的。[31]

不过，刚才谈到的对总量理论的修正允许我认同詹姆斯·斯特巴（James P. Sterba）为了严格限制目前人口增长的政策而提出的理由。[32]斯特巴说道：

> 假定未来后代的幸福权利要求现实人为未来后代的基本需求做好准备，那么，现实人就必须对他使自己以及未来后代的基本需求都得到满足的能力进行评价。由于未来后代的人数是由现实人决定的，他们就必须考虑自己是否有能力满足那些人的需求。如果现实人发现，要是人口增长超过了一定的程度，他们就会缺乏足够的资源去满足每个人的基本需求，那么，他们就有责任限制未来后代的人数以使他们有能力满足每个人的基本需求。

因此，斯特巴认为，未来后代的幸福权利使得在平均理论和总量理论的政策之间寻求一种折中立场的做法合理化了。但是，所找到的这种立场（顺便提一句，这种立场是针对需求而非权利的），可以被视为是总量理论的修正版本。依据这种修正版的理论，满足需求并阻止那些基本需求无法得到满足的人的存在完全可以使内在价值最大化。正是基于此原因，增加现代及未来生命的价值应优先于促进幸福。

被修正理论的含义

那么，修正了的总量理论支持什么样的政策呢？比如说，它包含了“矛盾结论”吗？在我们这个现实世界中，它不包含这个结论，原因与前
134 面所讲的有关未经修正的理论的含义是一样的。只有在一个有足够空间和资源，并且其机制可以确保这些资源得到均衡分配的可能世界中，它才会包含某些矛盾的结论（尽管只要非人类的利益不会因此遭到损害）。

但是，由于基本需求应该被认为是包括发展人类的基本能力的需求、包括实用的推理能力的，所以至少提供一些（正式或非正式的）教育就应被包括在内，这样，所要求的生活质量就会高于勉强的生活。在这样一个世界中，或许还会有贫困，但也许除了无能力的人之外，几乎对于所有人来说，生活都明显地有价值。不过，所有这些都是对与我们这个世界完全不同的、被修正了的理论所做暗示的一种描述。

另外，这个修正了的理论究竟能否为人类的延续做准备呢？西科拉成功地辩护道，这种义务必然涉及一种情形：即使有一些不幸的人被生了出来，但更多有望过着有价值生活的人也同时出生。因此，按照西科拉的观点，如果在我们可能的后代中，所有或多数人都将过着悲惨的生活，那么，我们就有义务不把他们带入这个世界；的确，如果其他情况都一样的话，我们应该有责任这么做。然而，在这样的情形中就会有明显的冲突：如果其他一些将会过着悲惨生活的人不出生的话，有价值的人也就无法出生了。但是，或许有人认为，这样的情形与现实世界的状况相差无几，并真诚地提出疑问：按照修正了的理论，在目前的情形下，人类的持续发展是否正当？斯特巴本人似乎并不怀疑这点，但评论家或许会对其一致性提出质疑。

然而，下面所考虑的问题表明，修正了的和未修正的理论所产生的政策间的冲突只是表面上的，并非真实地存在着。第一，任何一个群体都可能有一些不幸的人，其中包括一些不值得活下去的人，即使在每个人的基本需求都得到满足的群体中亦是如此。但是，这并不是要指责那一代人的前辈；斯特巴的观点也没有暗示这样的群体不应该出生。第二，由于目前世界人口的温饱问题都可以得到解决，而且现有的资源也可以满足每个人的其他基本需求，所以，“供给”就有了这样一层含义：只要后代人的人口数量与现代人的人口数量一样，那么，就应该满足他们的基本需求。因此，只要人们在这种意义上理解斯特巴的言论（我建议人们这样去理解他），他就能一贯地倡导人口零增长的政策（在这种政 135

策下，世界人口逐渐地自我替换），而不是提倡零出生率的政策（在这种政策下，世界人口就不能逐渐地自我替换）。第三，尽管“供给”还有另一层含义：除非人的需求可以很容易得到满足，否则，其基本需求就无法得到满足。但是，我们不能认为斯特巴是在提倡满足这种意义上的基本需求，因为这种供给取决于公正的制度，而每一代人对自己应该拥有何种制度至少都拥有最终的发言权。当代人完全有义务在这种较强的意义上去满足它的所有成员的基本需求，斯特巴无疑是赞同这一点的，但我们不能强迫这一代人在同等的意义上去满足后代的需求。当然，目前的这一代人可以通过制定公正的制度，鼓励第三世界国家公平地发展，以及担负起前一章所提到的义务这样一些方式来促进这种基本需求的满足，但它无法保证未来人的需求就一定能得到满足，无论其人口数量是多少。

这样看来，斯特巴的立场与安格林、西科拉对新增人口的义务所做的辩护，尽管形式不同，实质却是一样的。斯特巴还补充了一点：要对义务的有效范围加以限定。假如一个群体的所有成员的基本需求都没能得到满足，那么，无论它的分配体制多么公正，都可能是错误的。因为它会产生一个人口众多的群体，而不是将人口限制在基本需求可以得到满足的范围内（人口较多的群体可能会被种种不幸所困，这是西科拉会接受的结果，但是，若是幸福大于不幸，他就不会接受它了）。

由此推断，世界人口的增长应该被加以严格控制，不过，在这种控制范围内，除了其出生将意味着其他人的基本需求可能得不到满足之外（无论那些人是当代人还是后代人），应尽可能多地让那些可能过上有价值生活的人来到世上。由于有更多的总量人口的温饱和基本需求可以得到满足，所以在理论上我们不能由此推断说，人口应该被控制在当下的水平。另外，我们不太可能指望社会协定和国际协定会得到不断完善，从而使增长群体中的每个人，或者说几乎每个人，都能过上有价值的生活。此外，人口的增长会给我们生活所必需的生态系统和非人类物种造
136 成沉重的负担，如果人口无限持续地增长下去，情况至少会是如此。另

一个反对人口增长的考虑因素是卡夫卡所辩护的那种义务（如第六章所说的，隐含在公平地满足基本需求的义务之中）。这种义务就是：每一代人都应该将自己从上一代手中接管的地球完好无损地交给后代，只有最初的一代人可以例外，因为他们需要在资源上投资，以便使后代能够履行这种义务。如果人口增长超过底线，我们就无法很好地履行这种义务，正如人口学家告诉我们的，无论我们做什么，人口都肯定会增加。

人口数量的迅速增长通常会产生不良的副作用和痛苦，这种考虑也会影响到常规的人口政策。因此，如果大家一致认同，我们的目标是一个可持续的人口，那么，其人口数量水平不仅部分地取决于非灾难性变化的速度，也取决于目前的人口数量。在现实世界中，人口本身正在以迅猛的速度增长，给许多第三世界国家社会服务性的供给造成了明显的负担，这本身就可以成为要求人口增长速度放慢的理由。但是，人口增长迅速下降也会带来严重的社会负担。因此，我们需要的政策是，可持续性和人口零增长是最终的目的，而这些目的是通过不断持续地减少现在的增长率来实现的。因此，我们完全可以这么说，每个国家都应该拥有自己的人口政策，同时，一个更为公正的国际体制也应被引入进来。不过，我们在这本书中无法就此类问题再做进一步的探讨。

不可轻视的生命

这里要说的是，每个额外的人的存在并非如某些生态著作的作者们所声称的是祸根。当然，如果同时增加的人口太多，地球生命支持系统就可能受到不可逆转的损害，濒危物种就会丧失，甚至短期内还会有战争、饥荒和瘟疫。然而，只有当某些生命是有价值的，所有这一切才能站得住脚。事实上，如我们所看到的，完全有理由相信每一个来到这个世界的人都是有价值的，完全有理由相信那些拥有他们需要过的那种生活的每个人的价值。在其他物种成员也被考虑进来时，这种价值理论就需要有所补充（见第八章）。但它不会影响这一价值理论的真实性。

因此，大多数团体——犹太-基督教和其他团体——都有这种传统的
137 信念：孩子是福，生命（除了特殊因素使生活毫无价值）是礼。就像某些哲学家推测性地认为的那样，这种信念不只是不利进化条件的产物，也是人类历史变幻莫测的产物。这与上述价值理论倡导的完全一致，要是没有某种此类的价值理论，我们对人口的各种义务就会变得毫无意义。除了对鲁帕斯理论的上述评论之外，我并不想在此进入堕胎的道德一类问题的讨论，不过，我的结束语要指出的是，尽管人口增长有其限度（其中包括生态限度），但本质上它并没有错。

注 释

[l] Cf. the title of Paul R. Ehrlich's *The Population Bomb*, London：Pan Books/Ballantine，1971.

[2] In the editor's Introduction to Michael D. Bayles（ed.），*Ethics and Population*，Cambridge，Mass.：Schenkman，1976.

[3] Cf. Robert G. Burton，'A Philosopher Looks at the Population Bomb'，in William T. Blackstone（ed.），*Philosophy and Environmental Crisis*，105-116.

[4] In the passage which follows，I draw on two papers in R. I. Sikora and Brian Barry（eds），*Obligations to Future Generations*，Robert Scott，Jnr，'Environmental Ethics and Obligations to Future Generations'，74-90，and L. W. Sumner，'Classical Utilitarianism and the Population Optimum'，91-111；and also on Bill Anglin's paper 'The Repugnant Conclusion'，*Canadian Journal of Philosophy*，7，1977，745-754.

[5] Cf. Jan Narveson，*Morality and Utility*，Baltimore：John Hopkins Press，1967，pp.46-50；'Utilitarianism and New Generations'，*Mind*，76，1967，62-72；'Moral Problems of Population'，in Michael D.Bayles（ed.）*Ethics and Population*，59-80；'Future People and Us'，in Sikora and Barry（eds），*Obligations to Future*

Generations, 38-60; Thomas Schwartz, 'Obligations to Posterity', in ibid. 3-13; Mary Warren, 'Do Potential People Have Moral Rights?' in ibid. 14-30; Trudy Govier, 'What Should We Do About Future People?', *American Philosophical Quarterly*, 16, 1979, 105-113. A partially similar position was adopted by Peter Singer in 'A Utilitarian Population Principle', in *Ethics and Population*, 81-99.

[6] R. I. Sikora, 'Utilitarianism: The Classical Principle and the Average Principle', *Canadian Journal of Philosophy*, 1975, 409-419; 'Is it Wrong to Prevent the Existence of Future Generations?', in Sikora and Barry (eds), *Obligations to Future Generations*, 112-166; 'Utilitarianism and Future Generations', *Canadian Journal of Philosophy*, 9, 1979, pp.461-466. (Sikora's argument has been criticised by Jefferson 138
McMahan in 'Problems of Population Theory', *Ethics*, 92, 1981—1982, 96-127; Sikora shows that his case remains substantially intact in 'Classical Utilitarianism and Parfit's Repugnant Conclusion: A Reply to McMahan', ibid. 128-133.) For Derek Parfit's contribution, see 'Rights, Interests and Possible People', in Samuel Gorovitz et al (eds), *Moral Problems in Medicine*, Englewood Cliffs, NJ: Prentice-Hall, 1976, 369-375; 'Energy Policy and the Further Future', in Dougias MacLean and Peter Brown (eds), *Energy and the Future*, Totowa. NJ: Rowman & Littlefield, 1983; and 'Overpopulation, Part One' (unpublished paper), revised as 'Future Generations: Further Problems', *Philosophy and Public Affairs*, 11, 1981—1982, 113-172.

[7] 'Future People and Us', p.55.

[8] Timothy L. S. Sprigge, 'Professor Narveson's Utilitarianism', *Inquiry*, 11, 1968, 337-341, cited by William Anglin, 'In Defense of the Potentiality Principle', in Sikora and Barry (eds), *Obligations to Future Generations*, 31-37, p.35.

[9] Further trenchant criticisms of such an asymmetrical position are to be found in James P. Sterba, 'Abortion, Distant Peoples and Future Generations', *Journal of Philosophy*. 77, July 1980, 424-440.

[10] 'Future People and Us', p.45.

[11] Trudy Govier, ‘What Should We Do About Future People?’ The passage quoted is from p.111（Govier’s italics）.（On page 113a there is a misprint at line 13. If her summary is to fit her text, ‘dependent’ must be read as ‘independent’.）

[12] Peter Singer, ‘A Utilitarian Population Principle’, p.86. See also his Practical Ethics, pp.87f.

[13] Parfit in ‘On Doing the Best for Our Children’ in Bayles（ed.）, *Ethics and Population*; Sikora in ‘Is it Wrong to Prevent the Existence of Future Generations?’（see especially pp.127-132）. Singer has acknowledged in the light of Parfit’s criticisms that his attempt to defend an asymmetrical theory of obligations failed: see his ‘Killing Humans and Killing Animals’, *Inquiry*, 22, 1979, 145-156, p.155, n.5. But the revised position which he there adopts, a combination of Govier’s position where self-conscious beings are concerned and the Total theory where merely conscious ones are in question, is still open to the objection of disregarding the interests of people who will exist if the agent makes them actual.

[14] R. M. Hare, ‘Abortion and the Golden Rule’, *Philosophy and Public Affairs*. 4, 1974—1975, 201-222, p.212.

[15] R. M. Hare, ‘Survival of the Weakest’, in Samuel Gorovitz et al（eds）, *Moral Problems in Medicine*, 364-369, p.366.

[16] See Derek Parfit, ‘Rights, Interests and Possible People’, ‘Overpopulation, Part One’ and ‘Future Generations: Further Problems’; T. G. Roupas, ‘The Value of Life’, *Philosophy and Public Affairs*, 7, 1977—1978, 154-183. See also Jefferson McMahan, ‘Problems of Population Theory’, pp.104-107.

[17] A somewhat similar view is taken by Michael Bayles in ‘Harm to the
139 Unconceived’, *Philosophy and Public Affairs*, 5, 1975—1976, 292-304, and by George Sher in ‘Hare, Abortion and the Golden Rule’, in that same journal, 6, 1976—1977, 185-190.

[18] In ‘Overpopulation, Part One’; an echo of the point remains in ‘Future

Generations: Further Problems'. See also Jefferson McMahan, 'Problems of Population Theory', pp.101f.

[19] Roupas explains his sources and how he modifies them in n. 12 on p.127.

[20] Glover, *Causing Death and Saving Lives*, pp.45-57.

[21] In 'On Being Human', *Inquiry*, 17, 1974, 175-192.

[22] Hare in 'Abortion and the Golden Rule', p.218; Singer in 'A Utilitarian Population Principle', p.82; Sikora in 'Is it Wrong to Prevent the Existence of Future Generations?', pp.118f and p.158, n. 4.

[23] 'The Repugnant Conclusion', pp.748ff. (I add extra reasons below. Taken together, Anglin's reasons and mine supplement Sikora's account of why the conclusion is thought to be a Repugnant one, and our assessments of them suffice to show that, even if, as McMahan holds, the conclusion seems Repugnant for reasons beyond those which Sikora allows, the appearance of repugnancy can be allayed.)

[24] Derek Parfit, 'Innumerate Ethics', *Philosophy and Public Affairs*, 7, 1977—1978, 285-301, p.301.

[25] Sikora, 'Is it Wrong...', pp.114-116, 119-132, 133-136.

[26] In 'Toward a Defence of Teleology', *Ethics*, 85, 1975, 123-135.

[27] For Anglin, see 'The Repugnant Conclusion', pp.752-754; Parfit's argument is presented in the 1973 draft of 'Overpopulation, Part One', in 'Future Generations: Further Problems', by McMahan; 'Problems of Population Theory', pp.122f; and by Singer in 'A Utilitarian Population Principle', p.94; for Sikora, see 'Is it Wrong...', pp.140-145. It should be remarked that the Extra Person Obligation is obligatory only where the alternatives are to do nothing or to do something of less value than producing a worthwhile life. For many couples there are alternatives of equal or greater value, and so the obligation does not apply.

[28] Sikora, 'Utilitarianism: The Classical Principle...', pp.412-416, summarised by Anglin in 'The Repugnant Conclusion', p.752, and presented afresh by Sikora in 'Is

it Wrong…', pp.136-140.

[29] Jonathan Bennett, 'On Maximising Happiness', in Sikora and Barry (eds), *Obligations to Future Generations*, 61-73; Bernard Williams and J. J. C. Smart, *Utilitarianism, For and Against*, London and New York: Cambridge University Press, 1973, pp.113-117; Robin Attfield, 'Supererogation and Double Standards', *Mind*, 88, 1979, 481-499, pp.492-494.

[30] 'Is it Wrong…', pp.140-145. (I have here presented his argument in simplified form. I have also omitted his mention of timeless utilitarianism, as its role in the argument is not clear.)

[31] Ibid. pp.144f.

[32] 'Abortion, Distant Peoples and Future Generations', pp.433f.

第八章　非人类物种的道德地位 140

到目前为止，我都是把评论的基础限定在人类利益的范围内的。如果包括那些尚未出生的后代的利益都需要考虑的话，那么，就会像如果人要活得有价值，就应该允许他们拥有他们想要的东西的人口政策那样，在保护自然资源、野生生物、荒野和生态系统问题上就必然会出现一种可怕的情况。然而，有资格获得道德关怀的或许不只是人类。或许一些非人类的生命，更宽泛些说，甚至非人类的自然也是与道德相关的。还有，也许某些非人类的物种、无人的地区也应该拥有它们自己的权利。本章将处理这些问题。

如肯内斯·古德帕斯特（Kenneth Goodpaster）所说的[1]，道德关怀的范围和限度问题不可与道德意义混为一谈。回答第一个问题不需要任何人去考虑某一类存在的权利和利益是否比另一类存在重要。道德意义是下一个要考虑的问题，虽然这个问题不时地出现在本章中，但它却是下一章要着重讨论的问题。不过，解答第一个问题会有助于我们弄清第二个问题，尤其是当它们都包含了内在价值理论时；因为一旦我们知道了一个事物的价值依据，我们就能着手对其价值与其他状态或其他事物的价值进行比较，就可以考虑优先权问题。

这一研究与应用伦理、规范伦理和元伦理有关。因此，如果要考虑某些动物的利益，那么就又多了一条保护它们栖息地的理由。规范伦理同样会受到影响，因为我们应该最大限度地满足不仅仅是人的需要，或
141 许还包括某些动物的需要。然而，只有在元伦理层面上道德关怀的概念被理解为包含了非人类的利益，这一点才能得以成为可能。理论上，元伦理问题“x 能够得到道德上的关怀吗？”不同于“x 应该得到道德上的关怀吗？”这一规范伦理问题。在类似的情形中，费因伯格试图把“动物能够拥有权利吗？”与“动物拥有权利吗？”区分开[2]；但正如古德帕斯特所指出的[3]，它们是密切相关的。虽然他过早地接受元伦理可以被加以修改以适于规范伦理的观点，但要弄清如何才能做到这一点却并非易事。一旦认定 x 可能是善行的对象，那么，x 应得到行善的考虑就不应该遭到拒绝，除非 x 与被认可拥有道德地位的事物之间的类比完全站不住脚。

虽然刚才提到了权利，但我们目前所探讨的（或总的来说，这本书）并不涉及权利的定位问题；因为即便只有一些人拥有权利，或即便所有的事物都不拥有权利，人或者其他动植物仍可能值得被给予道德关怀。权利并不是道德关怀的唯一基础：某物可以没有权利，但却仍然拥有道德地位。此外，所有后果论者都不会把权利作为道德基础。我有时提出，对权利的看法应该被理解为：当我们认识到了权利并尊重它时，它就能建立在扬善避恶的基础上。为了寻求权利的道德基础，无论如何都应该建立这种理论。而且，权利话题的使用意义非常广泛，它取决于权利是否被视为自由，是否被理解为总是与相应的义务对等[4]；权利是否是不受干扰的挡箭牌[5]；当不这么做会造成极大的伤害时，是否权利才能被剥夺[6]；权利是“次要的约束”（side-constraints），根本不用被剥夺（除非它们之间会出现冲突）。[7]因此，我们需要先阐明权利问题的意义，然后才能去评价它；其运用范围随着使用的意义不同而变化（使用的意

义不同，其运用的范围也就不同）。而且，事物也完全可以具有价值而不具备“权利”所赋予的多数意义（或许任何意义）。

感觉能力与其他能力

只有人类才有资格受到道德关怀吗？确切地说，所有的人都值得受到道德关怀吗？就像劳特利所指出的[8]，社会契约理论会使我们只去考虑契约所规定的个体；但如第六章所说的，这些理论错误地对待甚至忽略了 142
那些无法被纳入契约中的人。同样，就像沃诺克（Warnock）说的那样[9]，康德的只有理性代理人才配受到尊重的看法过于狭窄，这种看法毕竟把婴儿和智力障碍者都排除在外了。若是相反，像以往那样，把婴儿和智力障碍者包括在内的话，那么，要想证明把那些和婴儿、智力障碍者一样知道疼痛与失意的动物排除在外是正当的，则是极其困难的。

当然，大多数婴儿和许多有智力缺陷的人具有潜在的理性，他们遵从规则并有自主能力，而这些，即使不是所有的也是大多数非人类的动物所不具备的。再者，如果一个物种的大部分成员都不具备这些潜能，就表明它不是人类，从这方面来看，这些潜能是人类不可或缺的，但对其他物种来说却是可有可无的。这一事实也许并非无意义，因为有理由认为，一个有机体通过遗传获得的能力（包括那些不可缺少的能力）决定了它作为该物种成员的善；黑猩猩或海豚的潜能就与人类不同。的确，认为一个真正有价值的生命能够运用其物种所必备的能力，这似乎是有道理的。但若是这样的话，那么，具有上面提到的那些潜能的个体就需要发挥这些潜能，否则，他们的利益就会被剥夺。尽管所有这些对于价值理论来说都是重要的，但却与现在所讨论的不相关。一些智力障碍者，包括智力障碍婴儿，虽不具备这些潜能，却不能因此而失去道德关怀。倘若他们没有因此而失去道德关怀的话，那么，那些同样能感受疼痛和失意的动物也就应该有道德地位，这与那种想依据与大多数人拥有某些相同的能力，同时又有一些自己独特的能力的论点大为不同。

那么，有感觉能力似乎就足以使个体享有道德关怀的资格。这或许是因为正如享乐主义者所声称的那样，只有快乐才是幸福的，而只有痛苦才是不幸的。如果让快乐最大限度地超过痛苦，那么，所有容易感受到快乐或痛苦影响的生物都应该在被考虑之列。然而，有理由认为，还有其他一些利益，其中包括自我决定的能力和其他一些基本的（但不总是独特的）人的能力。对于这些能力而言，感觉能力在大多数情形下毫无疑问是必要的，但自主的价值等，似乎并不取决于其所产生的快乐。尽管如此，快乐和痛苦本身依然具有正面价值和负面价值，即使它们不只是指善与恶；因此，对善恶的这种（当下的）感受性确实足以使他们
143 得到道德关怀。这样，大多数非人类动物和人类一样具有道德地位，即使他们之间存在着对善恶价值的不同理解。

雷根的感觉能力重要性的观点是[10]，从逻辑上讲，感觉能力是一种过着较好或较糟、有快乐和痛苦生活的存在者拥有的必要条件。他认为，仅仅具有感受快乐和痛苦的价值并不能解释为什么将能感受快乐和痛苦的存在者仅仅作为手段是错误的。实际上，内在价值附着在作为生活主体的存在者身上，他们能够从自己的视角来进行评价。雷根这一立场的先决条件是，只有个体生物本身而不是其体验或特性，才具有内在价值。他还认为，仅就个体生物本身具有内在价值来说，将它视为工具便是错误的（具有内在价值本身是拥有不可削弱的道德权利的充分和必要条件。然而，如我已说过的，权利问题不是我在这里所要讨论的）。

但是，如果快乐具有内在价值而痛苦具有相反的内在价值，那么，任何一个存在所具有的感受性就足以解释为什么将存在仅仅作为工具是错误的。或更确切地说，只要承认我们在大多数情况下必须将内在价值最大化，这种感受性就的确能说明错误的原因。要是把所谈论的生物仅仅视为工具的话，那么，它们感受快乐和痛苦的能力就会完全被忽略：如果考虑到了生物的这种能力，它们就不会是与道德完全无关的，即便

有时其他存在的重要性超过了这种能力，这一点有时也仍然是至关重要的。因此，没必要仅仅只把个体生物本身，而不是其状况和体验，视为拥有内在价值；即使没有这一条件，也仍然可以说这些存在与道德有关。

雷根认为，生物不应仅仅被视为工具（其自身与道德相关）的充分和必要条件就在于成为拥有某种对其自身或好或坏的生活主体；对此，我认为他所说的是与道德相关的充分条件但也许不是必要条件。若严格按照上述提到的标准要求生物明确其身份和未来，就肯定是充分条件而非必要条件了。辛格有时[11]用这种标准将大多数人和一些动物（他认为这些动物的死亡是内在的恶）与婴儿、某些智力障碍者和大多数非人类动物（即使因为影响了其他存在而必须得杀死他们也是错误的）区别开。不过，他除了真正关心那些符合这一标准的生物的痛苦和快乐外， 144
也同样关心不符合这一标准的生物的痛苦与快乐。

这一标准也可以从较弱的意义上来被理解，它既不需要自我的观念也不需要未来的意识；从这种观点来看，某个存在，只要它有意识并对它所经历的事情有高兴或沮丧的态度，就能成为生活的主体，不管这种生活对它而言是更好还是更糟。所有这类生物都拥有自身的善（它是快乐的或沮丧的），甚至有些或许没有感受快乐或沮丧能力的生物也可以有自身的善（有些昆虫、鱼、软体动物就是如此）。这样，如果凡是具有满足感和挫折感的存在都有资格受到道德关怀的话，那么，雷根的标准，即使是从弱的意义上来看，也是与道德相关的充分条件。但它不能自我证明说这一标准是必要条件。许多不符合这一标准的生物也有利益并且能够获得利益，看来这种说法是有道理的；而且，认为凡是有利益的存在都属于“道德病人”（moral patients）①似乎也很荒唐。因此，利益标准现在也应被考虑。

在最近一篇关于利益范围的文章中，雷根认为，只有有意识的或有

① 道德病人意指需要被道德关怀的对象，如同等待被关怀的病人一样。——译者

潜在意识的存在才有利益；这样，人类胎儿在此之列，而树木却明显不在此列。[12]但是，雷根在这里或许用的是一种特殊意义的“利益”——他将“有利益”解释为“有愿望、需要等”——一种不同于 “拥有自身善”的理解：因为他在此前和此后的文章中一直认为，没有意识的存在可以拥有自身的善，并对费因伯格证明它们不可能拥有利益的观点提出了批评。[13]

不管怎么说，这种限制利益范围的观点被费因伯格无条件地采用了[14]，他因此将“无意识的生物”排除在拥有利益的种类之外，尽管在这一点上，他并非前后观点一致。费因伯格明确认为，利益既需要愿望或目的，又需要认知。他还认为，当我们谈到植物的善或需要时，它们需要履行的职责“取决于人类的利益，而不是植物自身的利益”。但是另外，在早先一篇有关存在拥有自身利益所需的条件的文章中，他列举的一个条件“休眠的趋向、生长的方向以及自然的展现（natural fulfillments）”[15]是具有认知能力的生命所必需的，该生命反过来使存在拥有了自身的利
145 益。然而，植物显然符合这一要求的各个要素，而且，如同古德帕斯特所说的那样，认为人类将生长和维持（我们或许还能增加许多其他的）的职责分配给了树木是荒唐的。其实，自人类在这一星球出现的很久以前直到现在，树木的需要就一直没改变。

我已在其他地方评价了费因伯格的观点[16]，这里，我只是想重申这样一个明显的事实：树木及其他植物拥有自身的善（这种利益常常与人的利益相冲突）。因此，对需要和利益而言，它们既不需要有感觉能力、有意识，也不需要有认知能力。拥有自身的善，树木就可以成为人类行为的受益者，至少是道德地位的强有力的候选者。正如古德帕斯特所认识到的那样，树木没有对快乐等方面的感受力，它们的道德意义很可能比有感受能力的生物要小。我们可以认为，这是因为赋予它们较少价值的缘故。但此时，古德帕斯特得出结论说，无论道德意义多么微不足道，所有生物都应该得到“道德关怀”。

但是，有望成为受益者或拥有利益是获得道德关怀的充分条件吗？除了答复反对意见外，古德帕斯特对此的主要论点是善行与道德之间的必然联系。一旦承认了这种联系，两者的运用范围就有可能是一样的。在答复默里·亨特（W. Murray Hunt）的文章中[17]，他用更强的方式重申了这一论点。他指出，行善与不作恶是道德的核心。因此，不应给予无生命之物以道德关怀，因为它们没有利益，也无法受益或受害；但是，由于生物的确在受益范围内，所以它们就应该在道德关怀之列。他的论点明确表达了这一点：在弱的意义上看，植物因其自身的善而获得道德关怀在概念上并非不可能。但是，这个论点并不表明植物的利益应该被给予考虑。如果这样的话，那么，认为植物应该受到道德关怀的障碍就不存在了；尽管现在它看起来不那么偏离常规，但这种看法本身尚未被确认。

古德帕斯特还有一个补充论点，用来解释他的勉强被接受的结论。在价值理论和“道德关怀”概念之间或许有一种必然联系；尤其是后者的感觉能力标准与享乐主义的价值理论相符合。因此，就像许多人那样，凡是承认只有快乐才是具有正的内在价值而只有痛苦才是具有负的内在价值的人，都不太可能接受这种观点：不受快乐和痛苦感觉影响的 146
存在也应该得到道德关怀。我想这是对的，但是，要从这个角度进一步支持他的结论，古德帕斯特还需要就属于无感觉能力的生命及其状况的价值提出一个令人信服的观点，因为虽然享乐主义遭到拒绝，但是取代它未必要赋予植物价值，或者未必要用赋予植物道德关怀的理论来加以回应（实际上，古德帕斯特最近在整体的生物圈中确立了价值的位置[18]；这种整体论理论下文将专门介绍）。

环境关怀

尽管如此，如雷根指出的那样，人类与其环境中无意识存在的相处有其“道德维度”[19]（因而，人们普遍认为，无论其成员有无意识，消灭一个物种是错误的；同样，没有充分的理由破坏树木或森林，也是错误的。此外，也有人反对随意改造一些无生命的自然物，如在山上采石、在河中筑坝）。因此，雷根描述了一种“环境伦理”。在为其辩护时，他竭力表明，对待这类事情，就是最常用来说明道德关怀的各种替代方法都没能够做到这一点。在雷根提出的环境伦理中，他不仅承认有些非人类的存在具有道德地位[20]，也承认所有有意识的存在和一些无意识的存在也具有道德地位。这些存在会被视为具有价值，而这种价值与其是否被某个有意识的生物所了解、赏识或对其有兴趣无关[21]［虽然雷根在这里使用了“固有价值”（inherent value）一词，但我仍然继续使用“内在价值”，因为在下文可以看到“固有价值”也在对比的意义上被使用］。但它可以根据它们的其他属性推导出来。

雷根认为，各种用来说明道德关怀的选择都没能做到这一点，这种看法是正确的。因此，掠夺无意识的自然（如毫无节制地露天开采）是错误的，因为这样做会使它的代理人变得对人类（或其他动物）也残忍起来，即使这些结果实际真的会发生，这种论点与它的经验论的前提一样都是站不住脚的。此外，即使不出现这些结果，这些做法也同样会遭到反对。

雷根的另一个论点是，不要轻率地或是无故地破坏任何东西。按照这种论点，掠夺环境由于违背了这一点，因而是错误的。帕斯莫尔提出
147 了这个论点的另一种说法。[22]他认为，我们不赞成肆意破坏就可以说明我们对这类行为的反应；因此，根本不需要雷根在这里提出环境伦理。对这一论点的答复是，如果恶意破坏是错误的话，那么，要么像我在其他地方说过的[23]，这样做会产生一些不良影响而使世界丧失价值，要么像雷根所认为的那样，被破坏的东西本身必须具有价值。因此，这种关于肆意破坏的理论依靠的是一种它自己都不能提供价值依据的基础。虽然不能因此推断出，就像雷根认为的那样，被肆意破坏的物体肯定具有

内在价值[24]，因为其价值可能取决于有意识的感知者的状况；但是，其中一些物体及其状况是否可能具有内在价值仍然在讨论中。

雷根的第三个论点是：灭绝物种或破坏森林之所以是错误的，这是因为，按照快乐优先于痛苦的关系，这样做会产生不利影响。雷根承认，这一理论不是人类中心主义的，因为它将动物的苦乐纳入了被考虑之列。如果把这个理论扩展到包括人类利益以及所有有感受能力的存在，那么，它就会使我们在环境问题上做出的判断比雷根所承认的要多。因此，为了科学研究、娱乐、幽居和领略动植物栖息地的自然美，保护许多动植物是重要的；而且为了医学和农业，尽可能地保持基因库的多样性也是重要的。帕斯莫尔理所当然地提出了这些理由[25]，而且这些理由是纯粹从人类利益的角度得出的。如果非人类动物的利益也要被给予考虑的话，那么，如劳特利和辛格所主张的那样，也有理由反对诸如伐光森林这类做法。[26]

然而，所有这种理论都会陷入一种劳伦斯·特赖布（Laurence H. Tribe）所说的困境：如果仅仅只是考虑这些利益，那么，用塑料树取代天然树木往往就会显得合情合理了。[27]树木的许多功能能够由对人类有更大实际利益的植物来替代；虽然有上述理由要求对某些树木进行保护，但是，这些理由不足以用于所有情形。的确，如果我们从快乐而非利益的角度来推论的话，那么，时尚就会使塑料树受到青睐，于是便会出现全球性的塑料树大“种植”。依据雷根的观点，这种由塑料环境取代自然环境的骇人之举使拒绝这一理论就成为正当的了。

接下来就是拒绝享乐主义，这种享乐主义是雷根主张中的核心，并且采纳这样一种观点：在涉及内在的善和野生动物个体在自然环境中按照自己的方式生存方面，人类审美能力的开发是很重要的。但是，即使 148
是这样一个宽泛的后果论，看起来也有让塑料制品过量取代天然物的危险；同时也会有暗示仅仅从工具性的角度来考虑树木而不赋予其本身价值的危险。

雷根的第四个论点基于这样一个前提：部分自然环境象征着文化价值，这种文化价值若没有这些自然环境便无法得到令人满意的体现；重要景观的消失会减少我们自身的价值。萨戈夫认为，这种考虑要胜过功利主义。[28]戈尔丁也曾就具有历史意义的遗址问题发表过类似的观点。[29]自然物的象征价值或许在很大程度上的确能够说明我们为什么要保护它们；但是，如戈尔丁对自己的论点所承认的那样，它是以人类利益为基础的；而这种利益无法要求免除与其他同类利益相比较。就其本身而言，象征意义的价值确实使这个论点变得有利，因为它提醒所有用结果来评价行为的人不要忽视，行为可以通过心理或文化含义对其主体和他人产生的影响。

但是，这个论点提出的理由，包括雷根提出的理由，都是有缺陷的。第一，很难确认哪些价值应该得到体现；显然，我们的文化蕴含了对荒野本身的各种各样的评价（这些评价与目前谈论的事物联系最密切的价值相冲突）；而且，我们尚不清楚是否应该偏向那些珍视荒野的文化精英所认同的价值而忽略其他人所认同的价值。第二，这一论点在没有要求自然保护的地方文化（或当时的文化）中显得无力。实际上，这个论点在某些情形中或许会要求建立和保护塑料森林。此外，这个论点与荒野自然的象征一样没有说服力；虽然在某些人看来，河流象征着自由，山峦象征着完整，但是，除了历史遗址外，很难相信这种象征意义会永久不变。再说，有许多因人类活动所产生的负面影响而可能灭绝的物种，它们根本无法进入人类视野从而展现自身，使人类认识到它们；但是，它们的成员不能仅仅因为我们没有注意到它们就失去地位。

149 那么，雷根的四个论点似乎不能说是某种宽泛的道德判断，但却进一步表明了树木具有某种价值，这种价值有时并不是纯工具性的。然而，这并不表明它们（或它们的繁盛）就具有内在价值，并因此而成了独立的道德关怀对象，就更不用说它表明无生命的自然物具有内在价值了。其实，就诸如岩石、河流这类物体而言，我赞成古德帕斯特的看法：没有自身善的存在物不能成为道德关怀的对象（相对于生活在其中或周围的生物而言），也不具有内在价值。当然，我们需要某种理论来解释我们赋予各种各样的自然物以非工具性的价值。但是，这种价值究竟是存在于我们对多样性的意愿之中，还是存在于物种而非物种中个体成员的价值中，或者还是实际上存在于非人为控制和制造的野生生物的体验价值之中，仍然是悬而未决的问题。还有一种理论认为，具有内在价值的不是个体生物而是整个生态系统，整个生态系统被视为一个共同体，或生物圈，或地球，个体自然物的价值构成了它们参与其中的更大的整体价值。

多样性的价值

多样性的价值一直是我们文化中的一个主题。这一主题的渊源追溯到了洛夫乔伊（Lovejoy）的著作《存在巨链》（*The Great Chain of Being*）。[30]人们常常以为，世界越多样化越好。在生态联系中，这一原则引人注目。它把一种价值尺度赋予了那些看似不起眼但实际上却在生态系统中起着不可或缺作用的物种。这表明，内部多样性和表现出更大稳定性的生态系统要比多样性简单的生态系统具有更高的价值。这一原则完全可以用来说明保护相互依存的生物系统的重要性，而无须用自身多样性的价值来说明。保护这类生态系统的重要性，其理由很可能是有感觉能力的存在（有时包括人类）的利益，或者生态系统保持完整对人类的外部利益（如大型基因库、娱乐、科学研究）。而且，即使不涉及这些方面，多样性问题也值得重视。多样性肯定是有价值的，因为人们能够从多样性的体验中获得快乐。只要人们承认有感觉能力的生物希望自 150
己得到快乐，而且快乐通常会因人们对自然界和人类文化多样性的体验而增加，那么，人们就很容易认识到为什么多样性是有价值的。

对多样性价值的这种解释不能说是以人类为中心的，因为它包含了非人类生物某些体验与活动的价值。此外，我们不能因此断定一个物种的丧失并非天然的坏事，因为认为物种丧失是坏事很可能有其他理由，这些理由或是在于物种方面，或是在于其中的个体成员方面，或是在于个体成员所处的状况方面。多样性可以扩展到有生机的生命和未呈现出生机的生命，我认为，没有理由接受无论在什么情况下物种越多越好的观点。在别的地方我对多样性的价值问题做了进一步的探讨。[31]对于多样性的作用，帕斯莫尔很有说服力地指出，它是好与坏的混合体。[32]因此，我们可以接受这样的观点：多样性在充实和丰富我们及生物同伴的生活上是具有价值的，但它自身却是无价值的。下面我们就来讨论物种的价值问题。

物种的价值

上面已经给出了充足的理由来说明为什么物种的消失常常与人类利益是相背离的。对于这些问题，彼得·辛格补充说，这也常常会对非人类的其他物种造成伤害。[33]不过，如他所指出的，物种不是有意识的实体。那么，我们可以认为物种有它的利益吗？按照辛格的说法，不能。尽管我反对他的说法，但我相信，物种没有自己的利益的结论是对的，至少这意味着一个生物物种没有超越其个体成员的利益。从理论上讲，说一个物种拥有利益通常与说抽象的物种拥有利益是一样的，尽管物种常常被视为现存的具体的群体，我们所说的利益只是归结为现有物种成员的利益，而不包括其他。在危及未来物种利益时，如草本植物和豆类植物，应该有它们的利益，在不涉及个体生物的情况下，这样做当然是
151 合理的。然而，在内在价值问题上，就必须得涉及特定的个体，或至少涉及个体特有的繁盛所处的所有生存状态。[34]

然而，不要忘记物种的未来成员，这一点很重要。在某种较小的程度上，这种关怀已经隐含在现存的个体利益之中。因为在有感觉能力的动物中，后代的兴旺通常符合当代利益。然而，如同第七章中所说的，

对于人类来说，这一观点本身对于永久地保存一个物种来说并不是正当的。真正的问题是，非人类物种的未来世代是否有价值、是否应该现在被考虑，不管怎么说，这都与第六章的观点相似。在这里，答案很可能是：只要未来世代的存在和繁荣是有价值的，并且我们能够促进和保护它，我们就应该考虑它。然而，一个物种的消失表明它将没有后代。由于人类活动的直接结果，或是污染、自然栖息地的消失以及其他有害趋势的结果，很多物种正面临着消失的威胁。因此，我们必须考虑这些物种后代成员的价值。

在道德意义上这是无疑的，但在许多案例中这种情况很容易被置之不理（在现有成员的价值问题仍未解决的情况下，声称无感觉生物未来世代具有内在价值则是不可能的）。但是，只要这些物种（或它们的存在）有价值，它们的后代成员就拥有道德地位，包括那些我们能够完全阻止他们存在的可能的未来成员。在此领域，如同在未来人类的领域一样，即使在尚不明确对某些具体的未来成员的义务，甚至在不能辨认其身份的情况下，我们也有责任考虑这些未来的成员。因此，在实践的意义上，我们能够说物种生命的延续是有价值的，尽管这种价值实际上取决于那些现存的和未来的成员的价值。

有意识的生命与无意识的生命

要知道这些义务能够扩展到多远，我们就需要解决无意识能力的生物的内在价值问题。但在解决这一问题之前，有必要对威廉•弗兰克纳
（William Frankena）和辛格的相互对峙的理论做些评价。弗兰克纳秉承了 152
刘易斯（C. I. Lewis）“固有价值”的概念，认为一个外在客体的价值在于它在当下为人的生活做贡献的能力，这是一种因事物是否有生机，是否能引起人们的关注、研究，是否有美感，或有助于我们健康和愉悦而带来的价值。刘易斯举的例子是一幅画，弗兰克纳比较了这种固有价值

与工具价值，并把它应用于自然领域和文化领域，以便于人们评论和思考这两种价值。[35]他举的例子是：鸟对观鸟者有价值（因为鸟是有感觉的动物，他可以明确地承认它们也具有内在价值，但他不会说植物或岩石具有内在价值）。

彼得·辛格持类似的观点，并以不同的方式做了表达。辛格认为，瓦尔·劳特利关于一个物种的毁灭类似于毁坏一件伟大的艺术品，以及“大自然制造的极其复杂和无法仿造的产物”（辛格的引用语）具有非工具价值的观点，就像一幅名画具有“除了给人带来愉悦和灵感以外”的价值。[36]他回答了怎样才能揭示一件艺术品如米开朗基罗的《圣母怜子图》具有“那些已经看到或将会看到它的人所欣赏的以外的”价值。

有点遗憾的是，辛格似乎在暗示，《圣母怜子图》的价值只是工具性的而不是非工具性的，他的观点表明他会同意弗兰克纳所持的一幅画的价值不是工具性的，而是它本身所固有的看法。但无论怎么说，他认为这种价值取决于它能被感知和能引起愉悦的可能性。他用不同于理查德•劳特利的、他自己最近提出的思想实验来维护他的观点。[37]我们可以想象一下，把卢浮宫里所有的画变成一堆篝火，我们最终会是什么感觉。只要排除了星际旅行者来访的可能性，辛格就会认为这样做没有什么错。他或许应该排除更大的可能性，那就是，在必然发生最后一个有感觉能力的生物在知道自己很快就要死去的情况下，欣赏者还会在以后享受这幅画带来的乐趣。如果情况如此，艺术品的价值就是固有的而非内在的。现在，如果我们排除了死者的利益或上帝的利益，那么，我们就很难下结论说这种行为是错误的，这一结论因反映了无生命的客体不具自身的善而得到加强。因此，艺术品具有固有价值而不具有内在价值。如斯坦利·本（Stanley Benn）所说的，如果在它们与物种（或其成员）之间确实存在一种类推，那么，就像斯坦利•本说过的那样[38]，按照本和瓦尔·劳特利的步调，无论从哪方面讲，这种类推一点也不会得到比

现在更强的结论。 153

我赞同弗兰克纳和辛格的观点，他们的观点不仅可以被应用于艺术品，还有河流、岩石这类自然客体。它们有时具有象征意义，同时又以奇妙的多样性展现它们的固有价值。我不准备讨论那些大量的生物物种，无论是有感觉能力的还是无感觉能力的、具有固有价值的问题。在这方面，雷根提供了一个他很惬意地称为“来源于真实的红杉”的例子。这很可能与第四章中玛丽•米奇利的观点相冲突。玛丽•米奇利指出，非人类的野生生物要么被认为没有价值，要么被认为具有与按照人类意图培育的生物完全相同的价值。[39]不过，这种冲突只是外表上的。就他们所关心的内在价值而言，米奇利的观点可能会被接受，不过认可了她关于我们能够从那些野生的和培育的动植物中获得愉悦的观察报告，就意味着在任何情况下，我们关心的野生和家养的生物都具有固有价值。当然，有一点很清楚，那就是不能从它们具有的固有价值中推出这就是它们具有的唯一价值。辛格很容易地就能够得出他的观点：就它们的价值而言，树木只能引起兴趣和需要，在同样的意义上，轿车也是如此。[40]但除了人为的意义外，轿车缺乏自然的满足感，缺乏生长的趋势。相反，树木则拥有完全独立于人或其他目的的独特的善。

因此，虽然古德帕斯特提醒说，植物自身的善不能作为确立它们具有道德地位的依据，但在它们与人们广泛赞同的具有同样立场的细节之间存在着某种类似，这正好构成了它们具有的利益和使它们名副其实的品质与能力。因此，生长、呼吸、自我维持、自我繁殖的能力对于植物和有感觉能力的动物（包括许多无细胞结构的生物）来说都是共同的。由此可以看到，在认识所有被关怀的生物不仅能够获得道德地位而且它本身就具有道德地位的问题上存在着一种类似的观点。事实上，有一个条件限制问题，因为类似的观点只是用在我们感兴趣的生物那里，尽管对于那些生存状况在过去就弄得很清楚的有感觉能力的生物来说，只要它们具有任何一种感觉能力，它们就拥有自身的利益，但通常，对于无感觉能力的生物不能这样说。因为那些生物的利益取决于其能力的实现，一旦这种能力在过去完成并开始衰退（常常通过其他生物的成长表
154 现出来），它们的利益也就将减少并消失。只要始终认识到这种普遍的善的潜能是有益的并且是有价值的，即使上述论点被接受，并有充分的理由认为生物并非这般地有价值，那么，在它们的成长或者说是支持这种成长方式的能力继续保持的情况下，这种能力就是有价值的。

然而，能让这一论点走得更远吗？由于它的影响可能具有毁灭性，因此，无论如何也不会有这种类似的考虑。古德帕斯特说尊重所有生命，其含义是一个人不能靠这些条件*活着*，而帕斯莫尔实际上接受了反对史怀泽的所有生命都值得敬畏的观点。[41]这种观点暗示着那些生物的资格并不会因它们已过盛年而大大减弱，因为数百万的其他生命仍然需要被考虑。因此，反对者可能会说，如果植物（或细菌）具有不再可以忽视的道德意义，那么，在数量上，成千上万个个体的利益肯定有时会超过单个人或单个有感觉能力的动物的利益，但这就回避了我们面临的道德判断问题，因此，只要缺乏有说服力的理由就应该予以拒斥。

不过，对于这一点有一个答案。我们已经看到，道德地位不应与道德意义相混淆。不是植物和细菌拥有道德地位的观点隐含着无法接受的结论，而仅仅只是植物和细菌具有道德意义的观点隐含着无法接受的结论。因为它们可以拥有道德地位，但道德意义却无穷小，以至于即使在冲突的情况下，它们的大量的集合群体也不能比有感觉能力的生物重要。只有当所有的主张和考虑不相上下（或者这些主张和考虑不存在）的时候，它们的道德意义才会有所不同。然而，如古德帕斯特所说的，只要植物拥有道德地位，就应该把这种地位作为“需要考虑的事情”记住，至少从理论上讲应该考虑（在现实世界中，人们对植物和无感觉能力生物的固有价值和工具价值的关注常常胜过对其他物种的道德关怀，并且会成为制定法律诸如物种丧失的主要原因，但生存良好的植物的内在价值在这些关怀中仍然增加得很少）。

这种论证使反对意见得以保留，但它一点也不比类似的观点更有力，在这一点上，有感觉能力的生物与无感觉能力的生物之间的不可类比性是很重要的。后者利益的有限性已经受到人们的关注。此外，它们不能感受疼痛、喜悦、满足或挫折，除了最简单的特征外，它们甚至没 155
能进化出显示这种特征的可能。再者，它们不是有意识观点的主体，把价值基础建立在一个生命与另一个生命之间的选择和偏好上，这样的理论很容易变得毫无价值。[42]除了这一点外，即使从因果关系上讲，他们的活动对其他生物也是至关重要的，但他们不是任何道德利益的代理者。

然而，这种不可类比性有多大的价值呢？在第七章中，有关偏好的其他价值理论已经被表示过了怀疑。不可类比性不是取消植物（或其他生物）拥有内在价值的权利。不可类比性的重要性不如说是在关注道德意义方面。因此，如果疼痛、挫折构成了负面价值的核心，而植物和细菌又没有这种疼痛和挫折，那么，相关的负面价值就不会降临到它们头上。这就意味着正面价值同样不会降临到它们头上。如果确是这样，那么，它们的道德意义的确就是极其微弱的，但这并没有表明它们缺乏道德地位。

即使植物只有微弱的道德意义，它们的道德地位也会在本的评论中得到说明。本说："如果人的健康状况在任何情况都不能得到保护的话，留下一个有生命的世界当然要比一个死气沉沉的世界好。"这也是史蒂芬·克拉克所说的"我们为一棵活生生的树被毁灭而感到悲伤"。[43]克拉克认为，这种悲伤"不只是我们失去了因它的美而产生的愉悦"。为了验证是否如此，我们需要设想一个不存在有感觉能力生物的场景，这样就没有生物会因树木遭破坏而陷入生存困境。因此，我们可以想象，所有有感知能力的生物，人类和非人类的生物，都注定会受到即将来临的核辐射的危害，而这一点是最后一个人类幸存者所知道的。在《树木的善》（*The Good of Trees*）中，我要问的是，如果这位幸存者用斧头砍倒"这种榆树中的最后一棵，而这棵榆树迄今为止一直健康生长，它在核爆炸中幸存了下来，如果没有遭到破坏，它还能繁殖后代”，他这样做是否错了？大多数人都会认为他的行为是错误的。尽管在我讨论过的方法中有反对的意见，但我仍然认为这是一个有效的测试。我同意迷失了方向的直觉需要逻辑一致的道德理论来引导，但在这种情况下，直觉更加强了一种具有某些独立证据支持的理论。不过应该认识到，榆树的毁灭是一
156 件非常糟糕的事情，它涉及一个物种的丧失，因为再也不会有榆树了。没有好的理由去破坏林中的一棵树可能是无关紧要的，但毫无疑问是错误的。

虽然如此，毁灭其后代处在濒危中的最后一棵榆树的例子，仍然是测试榆树是否具有内在价值的一个相当好的案例，对它的判断有助于解释我们反对物种灭绝和痛惜对个体的斩尽杀绝，就像克拉克所表达的那样。再进一步说，虽然一个物种没有成为道德共同体的成员，但最后一个榆树的例子表明，一个物种的灭绝要比杀戮大量的个体更坏（我并不认为物种的消失总是坏事，但无论这些被杀戮的成员具有哪种固有价值或工具价值，它总是一种极大的内在的恶，从这种恶中获得好处是需要认真考虑的。这*并不表明*我会认为从树上摘一片叶子也是错误的，不过，在我看来，弗兰克纳暗示的无论怎么做都不存在伤害的看法确实是错误的）。[44]

整体主义

那么，按照上面提出的理论，道德地位的划分不会扩展到有其自身利益的个体种类之外。因此，当物种被认为有价值时，主要是因为其个体成员，无论是当代成员还是未来成员，只要他们的祖先现在没有失去，这些未来成员就能够生存并繁衍。然而，这种理论容易受到一些人的批评，他们把这种立场看成是不适当的原子论，即一种纯粹的道德地位的扩展，从道德代理人通过其他人扩展到非人类动物及个体植物，而

不是扩展到生物共同体，或扩展到整体的自然。正如弗兰克纳所说的，
“每种事物”和“所有生命”这类短语既可被视为个别词也可被视为集合
词。他还指出，霍尔姆斯·罗尔斯顿[45]既为“每种生态生物成分”（every
ecobiotic component）的内在价值辩护，又极力拓展道德关注的范围，即
“不仅从人扩展到其他生态系统成员，而且从任何一种个体扩展到整个系
统……（一种）拥有价值的共同体”。古德帕斯特本人在其论文《论道德
关怀》中，严肃地讨论了生物圈具有道德地位的可能性。[46]在其后的文
章《从自我主义到环境主义》中，他坚决主张扩大存在物道德关怀的范 157
围不能武断地只限于个体，而必须扩大到系统[47]；他认为，只有这样，
我们才能避开一种“个体”的思维模式，才能避开扩展了的人类主义的
“同中心论证”（concentric reasoning）。克拉克也表示了对这一观点大体上
的认同。[48]一家科学杂志提出的应该视生物圈为一个有机体的主张也促
进了对这种观点的认同。[49]

在不断聚集的整体主义观点中存在着两条线索：一是认为生物圈是一个共同体；二是认为生物圈是一个有机的整体。这两种看法都可以追溯到利奥波德的著作。利奥波德倡导“大地伦理”，在这种伦理中，伦理的范围扩大了；有时他又将这种伦理解释为道德共同体的扩大。“迄今所发展起来的各种伦理都不会超越这样一种前提：个人是一个由各个相互影响的部分所组成的共同体的成员……大地伦理只是扩大了这个共同体的界限，它包括土壤、水、植物和动物，或者把它们概括起来——大地。”[50]这里所暗示的是只要两种或更多的自然物种是相互依存的，那么，他们就必须承担共同的义务，而且，在利奥波德所称的“大地”的共同体中也是如此。

尽管帕斯莫尔接受了利奥波德所列举的所有要素构成了一个生态“生命循环”（life-cycle）的一部分的观点，但利奥波德的观点仍然遭到了他的严厉批评。[51]他认为“共同体”这种意识无法产生伦理义务。要产生义务，就必须有两个条件，而这两个条件——成员的共同利益和对共

同义务的认可——在生态学的情形中是得不到满足的。尽管第二个条件有意回避了与利奥波德的对立，但不管怎样还是过于强烈；因此，处在共同体内部的人即使不认同所有方面的义务，他也会有义务。的确，这些义务的存在是不需要以人的认可为前提的。至于第一个条件，要求分享共同的利益，比如人类和细菌来分享共同的利益，这种建议不能立即被否定，而且在某些方面还是相当令人信服的。

克利考特对利奥波德的建议做了进一步的解释。他强调，若把利奥波德的建议视为是在暗示对树木、岩石和雨水都有义务并应受到道德制约的话，这一建议就很可笑了。这些限制只能用于道德代理人，而这些道德代理人——他们意识到人类共同体中的相互义务——应该承认他们也是相互依存的生物共同体中的成员，并承担起对其他成员的相应义务。[52]同样，克拉克也极力敦促我们承认“地球大家庭”——大地共同体中其他生物的权利。[53]

158 但是，本森（Benson）在答复中写道：“并非所有相互依存的关系都自动地带有一种道德关系。”[54]这一点在我们所依赖的那些无生命且又无自身利益的情形中是完全正确的。我们之所以必须保护清新的空气，是因为生物的缘故，而不是因为空气本身的缘故。如我们所见到的，只有涉及具有自身的善的生物时，才有可能存在一种（人与生物伙伴的）道德关系。然而，即使这样，也不一定等于是对某种特定的植物或动物的义务。我必须承认，我们有义务考虑他们的利益，但这只适用于那些与我们相互依存的生物。相反，相互依存并非成比例地增强我们在这方面的义务，而是强化了这样一种观点：人类的利益也需要保护，因为人类也是系统中的一部分。因此，将生物圈描述成一个道德共同体是用来比喻自我利益与道德的一致性，但不附带尊重“生态生物成分”的理由。

利奥波德还写道：“当一个事物有助于保护生物共同体的和谐、稳定和美丽的时候，它就是正确的，当它走向反面时，就是错误的。”[55]这段话可以被解释为表达了一种对生物圈内各个成员的关怀，它与共同体内部的义务是一致的。不过，这段话似乎更进了一层，将保护一个完整的生物圈作为评判正确行为的标准。这不太可能意味着使生物共同体的内在价值增加到最大极限，因为他在谈论生物共同体的“和谐、稳定和美丽”时并未做这样的暗示。这里所关注的更可能是赞同生物共同体的系统性和多样性。托马斯·奥克斯特（Thomas Auxter）持类似的观点。[56]他是依据个体及物种对生物圈的丰富性、系统更大的发展，以及成员间相互适应所做的贡献来评判其权利的。

当然，维持所有生命和生态系统的稳定显然是极其重要的，这一点无须再用新的伦理证据加以证实。此外，还需要各成员间的相互适应。如我们所知道的，多样性有其固有价值，这就是我们为何偏爱丰富多样的自然系统的缘故。然而，无论是生态系统的维持，还是生态系统的多样性，都没有内在价值。即使两者结合在一起，也不足以保证能使它们具有内在价值，甚至也无法保证与内在价值一致。因此，1/4 的人口死亡将不会损害生态系统和物种的多样性。尽管个体多样性的丧失是不可估量的（奥克斯特或许会为此感到遗憾），我还是怀疑这是否违背了利奥波德的标准。换句话说，如果把整个生物圈视为具有道德地位的话，那 159
么，在最大限度地保持生物圈最佳状态和最大限度地维护其成分的内在价值之间就会存在冲突。

但是，生物圈只有在它具有像弗兰克纳所说的——生物圈具有“一种价值，这种价值不能被还原为构成生物圈的各个实体中的生命和存在物拥有的或所属的价值”时才会有内在价值或道德地位。[57]与弗兰克纳一样，我没有发现有任何的理由可以接受这个观点。诚然，所有有价值的（以及位于我们地球附近的）存在都处在生物圈内；而且，对于保护所有这些生物来说，生物圈系统是必需的。但这不足以赋予生物圈及其系统内在价值，确切地说，它表明生物圈及其系统具有工具价值，因为凭自身能力拥有价值的事物都必须依赖生物圈及其系统。至于生物圈作为一个整体有其丰富性和美，它所拥有的而它的成员却不具备的这些特性表明它的价值是固有的。不可否认的是，即使生物圈中所有有意识的成员都死亡了，生物圈依然还会保持它的美丽。不过，只有当它被具有更强意识的存在或我们人类作为注视的对象时，或当我们面对它的孤寂的壮观时，这种美才具有价值。

因此，我无法接受“深层、长远的”环境运动极力主张的内在价值[58]；尤其是我没有发现无生命存在（或每一种有生命存在）具有内在价值；同样，生态系统、生物共同体，以及整个生物圈也不具有内在价值。我也无法接受神秘主义的形而上学。有时，这种形而上学会出现上述价值判断。根据这种形而上学，各个有机体间的区别在完整的整体面前就会黯然失色。在整个统一体中，道德代理人和其他个体都只是显示而已。这种说法源于“生态生物成分”实在性的信念，并且当思维达到了这样一种水平——把生物圈作为一个整体，或保持生物圈的完好时，他们的存在以及他们的价值才是不容漠视的。

同样，似乎也没有理由接受亨利·贝尔利（Henry Byerly）提出的“整体主义设计原则”。这一原则“告诫我们不要去打扰自然系统，因为这样做就违背了自然的总体设计”。[59]鉴于有关结果的最好证据，真诚地认为“自然界最了解自己”（康芒纳的生态学第三定律[60]）实际上就是放弃了要做最好的努力，因为没有理由假定自然有不同的意图（或真的有意图），也没有理由假定上帝希望他所创造的非理性的地带应不受到理性
160 生物的影响而继续保持下去。这是根本不可能的事，因为理性的生物是自然的一部分，并且他们是靠运用他们的天赋能力来生存的。这种能力使他们能够对他们生活的自然环境进行有目的的改造。我们*更不赞成*利奥波德将生物圈的稳定、完整和美丽作为道德的唯一标准。至于贝尔利，我觉得有必要用另一个原则来代替他的原则。这个替代原则是在极力告诫人们对重要的自然系统做随意改变要小心谨慎的同时，不禁止使世界变得更好或是尚好的行动。

价值与价值主体

然而，就承认一些无意识实体的内在价值而言，我明确反对大多数那些形式上貌似合理的观点。这类观点认为，有价值的东西就必定要受到某种有意识的主体的评价（并非要拒斥所有这类观点，不是所有的这类观点都不能接受，因为这一学说只与那些认为应重视那些有充分理由重视的东西的主体有关。但是，我有必要拒绝所有这样的观点：只要是有意识的主体喜欢的，它就是有价值的，而不是*反之亦然*）。这一学说被理查德·劳特利和瓦尔·劳特利称为“不可分离的价值设定”。[61]他们有效地批判了只有价值主体的利益以及只有促进了价值主体利益的东西才具有价值的论点。就像他们指出的那样，即使这样一种工具主义的价值理论本身也承载着什么是有内在价值的东西这样一种假定。如果这一假定所关心的只是某一特权阶层的利益，从而忽略了其他存在的利益，那么，这一假定也是很难站得住脚的。虽然也许大家会一致认为，必须得有一个界限来区分某物为有价值的还是无价值的，而且并非所有界定都会是“沙文主义的”；但是，实际划定的界限却仍然只是可辩护的。劳特利对“不可分离的价值”假定的批评同样可以用来表明，任何价值理论，不管它在形式上是多么得工具主义的，都必须承认内在价值的存在，否则就没有什么能够赋予有价值的东西任何意义了。因此，谈论内在价值或试图定位内在价值，既不存在着神秘也不存在着不合理。如我们所知道的，这种努力必须从普遍认同的情形着手，然后，再像上面所做的努力那样，用类推和逆向类推向外拓展。

用这种方法，我得到了一种观念。这种观点比浅层环境运动要深 161
刻，又比以奈斯为代表的深层环境运动的神秘主义要浅显。总之，我的立场是：凡有自身利益者皆有道德地位；凡是其自身利益得到实现者便具有内在价值。同样，这种观点既会被整体主义者指责为是沙文主义的，又会被正在成为多数人的观点的支持者指责为不合理，这种多数人的观点认为，所有有感觉能力的存在都拥有道德地位，也只有有感觉能力的存在拥有道德地位。它还会遭到那些认为价值与价值主体完全分离的人的反对。不过，对这些观点我已做出了我的回应。

我最终采取的立场应该与犹太教和基督教共有的有神论的传统有关。这一立场的主张与《新约》《旧约》完全一致，而只是与像阿奎那、笛卡儿、康德这样一些有神论传统信奉者的主张相冲突。实际上，弗兰克纳列出了有神论者对道德地位的几种看法，其中有的与上文所陈述的不一致。[62]第一种看法是：从道德角度看，重要的只是我们在做有益于上帝的事情还是在做损害上帝的事情。严格解析这一观点的话，只有上帝才具有内在价值，而生物却只具有衍生价值，价值的大小取决于他们对上帝的作用。如弗兰克纳所料，这种观点很可能会遭到那些认为上帝既不可能会受到伤害也不可能获得利益的人的反对。他列出的第二种观点认为，重要的是要遵循上帝的旨意和爱上帝所爱，这肯定还会遭到这些人的反对，因为又是只有上帝的意愿才具有内在价值，而生物却只有侍奉了上帝才具有价值。他列出的第三种观点认为，在道德上重要的是要促进“上帝的荣耀”。然而，弗兰克纳并没有说明第三种观点与前两种意义不同和在何处不同。他列出的最后一种观点可以分为两部分：一是对上帝全部的爱是道德最基本的要求，对邻居的爱则是第二位的；二是对上帝的爱和对邻居的爱是同样重要的，各自都有成为道德基本要求的道理。

那么，根据弗兰克纳的观点，除非最后一种观点的第二部分被采纳，否则，除了上帝的存在和上帝的意愿以外，其他的东西就都没有了内在价值。然而，正如他所描述的，不需要把第三种观点解释为把这一点排除在外。因此，上帝的荣耀可以存在于它所造的生物的繁茂中，而且这可以算是道德上最重要的。不管怎么样，有神论者是可以采纳这种与本章立场一致的观点的。当然，有人会问，为什么生物利益的实现能增添上帝的荣耀；不过，只要*假定*这碰巧正是它的创造意图，那么，就容易找到答案了。爱上帝还能进一步激发对同胞的爱，然而，这却不是 162
达到这种爱的唯一途径。还有一个问题是，生物是否会因造物主从其中得到快乐而又具有一种固有价值。只要上帝的快乐不被当作一种插曲，这就是有可能的，但这不会影响人类行为的基础。所有生物之所以拥有固有价值仍因为它能感受快乐。尽管所有有意识的生物都已灭亡，它依旧存在。没有理由提出要保护什么东西让上帝享用，因为它的快乐是永恒的，是不受变化、衰败和死亡影响的。我认为，上述内容与《圣经》所说的上帝对它的生物的爱以及实现它的愿望的指令是完全一致的。

注　释

[1] 'On Being Morally Considerable', *Journal of Philosophy*, 75, 1978, 308-325.

[2] Joel Feinberg, 'The Rights of Animals and Unborn Generations', in William T. Blackstone (ed.), *Philosophy and Environmental Crisis*, 43-68.

[3] 'On Being Morally Considerable', p.312.

[4] Senses distinguished by Lawrence Haworth in 'Rights, Wrongs and Animals', *Ethics*, 88, 1977—1978, 95-105, p.95.

[5] Ibid. p.102.

[6] Thus Tom Regan, 'Animal Rights, Human Wrongs', *Environmental Ethics*, 2, 1980, 99-120, p.113.

[7] Thus Robert Nozick, *Anarchy, State and Utopia*, Oxford: Blackwell, 1974. Nozick applies the notion to animals at pp.28-42.

[8] 'Is There a Need for a New, an Environmental Ethic?', *Proceedings of the XVth World Congress of Philosophy*. Varna, 1973, Vol.1, 205-210, p.210.

[9] *The Object of Morality*, New York: Methuen, 1971, pp.150f. Much the same

applies to the egoistic position, with which Narveson has recently found himself in sympathy; for on that position, as Regan has observed, there are no grounds whatever to give consideration to those infants and imbeciles who have no friends or family to care about their fate. See Jan Narveson, 'Animal Rights', *Canadian Journal of Philosophy*, 7, 1977, 161-178, and Tom Regan, 'Narveson on Egoismand the Rights of Animals', ibid. 179-186.

[10] 'An Examination and Defense of One Argument Concerning Animal Rights', *Inquiry*, 22, 1979, 189-219, section IV, 204-212.

[11] In 'Killing Humans and Killing Animals', *Inquiry*, 22, 1979, 145-156, and in 'Not for Humans Only: The Place of Nonhumans in Environmental Issues', in K. E.
163 Goodpaster and K. M. Sayre (eds), *Ethics and Problems of the 21st Century*, Notre Dame and London: University of Notre Dame Press, 1979, 191-206.

[12] Ibid. p.205.

[13] Regan contends, against Feinberg, that in one ordinary sense of 'interests' it is not impossible for nonconscious beings to have interests, in 'The Nature and Possibility of an Environmental Ethic', *Environmental Ethics*, 3, 1981, 16-31, p.19, and also in 'Feinberg on What Sorts of Beings Can Have Rights', in *Southern Journal of Philosophy*, 14, 1976, 485-498, pp.494-497.

[14] 'The Rights of Animals and Unborn Generations', pp.51-57.

[15] Ibid. p.49.

[16] Robin Attfield, 'The Good of Trees', *Journal of Value Inquiry*, 15, 1981, 35-54. (This paper was in fact accepted for publication sometime before Goodpaster's paper was drawn to my attention.)

[17] W. Murray Hunt, 'Are *Mere Things* Morally Considerable?', *Environmental Ethics*, 2, 1980, 59-65: Kenneth Goodpaster, 'On Stopping at Everything: A Reply to W. M. Hunt', *Environmental Ethics*. 2, 1980, 281-284.

[18] In 'From Egoism to Environmentalism', in Goodpaster and Sayre (eds),

Ethics and Problems of the 21st Century*, 21-35, pp.28-33; also in 'On Being Morally Considerable', p.323.

[19] 'The Nature and Possibility of an Environmental Ethic', p.21.

[20] The phrase 'moral standing' is modelled on the title of Christopher Stone's book *Should Trees Have Standing*?, (Los Altos, Cal.: William Kaufman, 1974), in which Stone argues that some natural objects should be accorded legal rights.

[21] Regan, 'The Nature and Possibility of an Environmental Ethic', p.27.

[22] *MRN*, p.124 and p.217 (in 2nd edn, 1980).

[23] 'The Good of Trees', section Ⅱ.

[24] Regan, 'The Nature and Possibility of an Environmental Ethic', pp.22f.

[25] *MRN*, pp.101-110.

[26] R. and V. Routley, *The Fight for the Forests*, Canberra: Australian National University Press, 1974; Singer, 'Not for Humans Only', p.198.

[27] Laurence H. Tribe, 'Ways not to Think about Plastic Trees', *Yale Law Journal*, 83, 1974, 1315-1348.

[28] 'On Preserving the Natural Environment', *Yale Law Journal*, 84, 1974, 205-267.

[29] 'Why Preserve Landmarks? A Preliminary Inquiry', in Goodpaster and Sayre, *Ethics and Problems of the 21st Century*, 175-190.

[30] *The Great Chain of Being*, Harvard, Mass., Harvard University Press, 1936.

[31] In 'The Good of Trees', section Ⅱ.

[32] *MRN*, 119-121.

[33] 'Not for Humans Only', p.203.

[34] For another view see Stephen Clark, *The Moral Status of Animals*, Oxford: Clarendon Press, 1977, p.171.

[35] See W. K. Frankena, 'Ethics and the Environment', in Goodpaster and Sayre (eds), *Ethics and Problems Of the 21st Century*, 3-20, p.13. C. I. Lewis position is cited 164

at p.20，n. 23.

[36]‘Not for Humans Only’，p.203. Cf. Val Routley，Critical Notice of John Passmore，*Man's Resposibilities for Nature，Australasian Journal of Philosophy*，53，1975，171-185，p.175.

[37] Richard Routley，‘Is There a Need for a New，an Environmental Ethic’，p.107；Robin Attfield，‘The Good of Trees’，sections Ⅱ and Ⅲ.

[38]‘Personal Freedom and Environmental Ethics：the Moral Inequality of Species’，in Gray Dorsey（ed.），*Equality and Freedom*. New York：Oceana Publications，1977，Vol. Ⅱ，401-424，p.415.

[39] Mary Midgley，*Beast and Man*，pp.357-359.

[40] Singer，‘Not for Humans Only’，p.195.

[41] Goodpaster，‘On Being Morally Considerable’，p.322；Passmore，*MRN*，pp.121-124. Cf. Albert Schweitzer，*Civilisation and Ethics*，1923；trans. C. T. Campion，3rd edn，London：Adam and Charles Black，1946，p.244.

[42] Cf. the theory of Singer，‘Not for Humans Only’，p.199f；also that of Roupas，discussed in chapter 7（above）.

[43] Benn，‘Personal Freedom and Environmental Ethics’，p.421；Clark，*The Moral Status of Animals*，p.172.

[44] Frankena，‘Ethics and the Environment’，p.11.

[45] Ibid. pp.llf；and p.20，nn. 19，20；Holmes Rolston Ⅲ，‘Is There an Ecological Ethic?’，*Ethics*，85，1975，93-109，pp.101，106. My own criticisms of holistic ethics are further developed in‘Methods of Ecological Ethics’.

[46]‘On Being Morally Considerable’，p.323.

[47]‘From Egoism to Environmentalism’，Goodpaster and Sayre（eds），*Ethics and Problems of the 21st Century*，21-35，pp.29f.

[48] *The Moral Status of Animals*，p.170.

[49] J. Lovelock and S. Epton，‘The Quest for Gaia’，*The New Scientist*，65，

1975, 304-309, cited by Goodpaster (see above), p.35, n.25. See aiso J. E. Lovelock, *Gaia: A New Look at Life on Earth*, Oxford: Oxford University Press, 1979.

[50] *A Sand County Almanac*, New York: Oxford University Press, 1949, pp.203f, cited by Clark (see above), p.164.

[51] *MRN*, p.116.

[52] J. Baird Callicott, 'Elements of an Environmental Ethic: Moral Considerability and the Biotic Community', *Environmental Ethics*, I, 1979, 71-81, p.76. Callicott takes matters further in 'Animal Liberation: A Triangular Affair', (see chapter 4, n. 56, above), to which I have replied in 'Methods of Ecological Ethics'.

[53] *The Moral Status of Animals*, p.164.

[54] John Benson, 'Duty and the Beast', *Philosophy*, 53, 1978, 529-549, p.542.

[55] *A Sand County Almanac*, pp.224f; cited by Frankena, 'Ethics and the Environ- 165
ment', p.12 and p.20, n.21; and by Goodpaster, 'From Egoism to Environmentalism', p.21.

[56] 'The Right not to be Eaten', *Inquiry*, 22, 1979, 221-230, pp.222f, and p.228f, n. 2.

[57] 'Ethics and the Environment', p.17.

[58] Arne Naess, 'The Shallow and the Deep, Long-Range Ecology Movement', *Inqury*, I6, 1973, 95-100.

[59] Henry Byerly, 'Principles of Noninterference with Nature in Ecological Ethics', in *Ethics, Foundations, Problems and Applications, Proceedings of the Fifth International Wittgenstein Symposium*, Vienna: Verlag Hölder-Pichler-Tempsky, 1981, 318-320.

[60] *The Closing Circle*, London: Jonathan Cape, 1972, p.41.

[61] 'Against the Inevitability of Human Chauvinism', in Goodpaster and Sayre (eds), *Ethics and Problems of the 21st Century*, 36-59; see p.42, and the discussion at pp.42-52, and p.58f, n. 13. For a contrary view, see Robert Elliot, 'Why Preserve

Species?'，in *Environmental Philosophy*，(see chapter 4，n. 47，above)，8-29，pp.18-21. I favour a more objectivist view than the Routleys or Elliot.

[62] Frankena，'Ethics and the Environment'，p.8. See also my criticism in chapter 4 (above) of the Routleys' understanding of theistic ethics.

第九章　种际道德：原则与优先性 166

假定非人类动物和大多数植物具有道德地位，那么，我们应该承认什么样的种际道德原则？众多物种及其成员的相关道德意义又是什么？这些道德意义与我们的实际做法有什么关系？这些都是本章要讨论的问题。

我已经论证了每个生物都有道德地位，但却不能因此就其相关的道德意义得出具体的结论。有些人，如阿伦·奈斯，赞成在可能的范围内一切物种皆平等[1]，而另一些人，如菲利普·迪瓦恩（Philip Devine），则认为人类单凭人的身份就可以获得优先于非人类物种的权利。[2]后者的观点被彼得·辛格［在理查德·赖德（Richard Ryder）之后］描绘成物种主义[3]。为取代这种物种主义，辛格提出这样一种原则："所有受到行为影响的动物，它们的利益都应该被予以考虑，都应得到与所有利益相同的其他存在一样的重视。"[4]我将从考察利益平等原则入手，但同时会考虑到有些人的观点，不管是因为他们基于不恰当的个体论或原子论或人类中心论立场[5]，还是因为他们认为非人类存在物完全缺乏利益和权利，这些人都会因各种理由而拒绝讨论利益和权利问题，并且认为利益和权利与生态问题无关。[6]

平等的考虑

167 辛格的原则显然没有奈斯的原则那么激进；因为有些生物缺乏其他生物所具有的利益，如果这一原则被接受的话，这些生物就因此得不到同样多的考虑。其实这个原则只是试图作为一种形式原则，通过确定哪些生物的痛苦和快乐可以得到考虑以及得到多少考虑，以便使我们可以计算损失和利益。这样一种原则或许被认为一点都不武断，因为缺少利益的实体受到了漠视，仅仅只是因为它们无法得到利益。作为一位功利主义者，辛格支持最大限度地使内在的善超过恶，并在此基础上达到一种平衡，而要做到这一点，就必须给予各种相同的利益以同等的重视。因此，我们可以建立这样一个原则，以排除无感觉能力的生物受到与有感觉能力的生物一样的待遇（像深层生态学的激进人士有时极力主张的），并防止非人类动物在遭受到与人类所遭受的同样痛苦时没有得到同等的考虑（像物种歧视那样）。

如果第七章的论点对有关可能出生的人存在义务（这一论点在第八章中得到了扩展，被运用到一些可能存在的非人类物种那里）被接受了的话，那么，这个利益平等原则就无法成为决定一种行为的那种后果应该被予以考虑的唯一依据。但是，就已有的条款而言，只要恰当地理解这个原则，它必定就是合理的；因为已经推断出有利益的存在物就拥有道德地位，这一原则确保了所有拥有道德地位的存在物都不会受到漠视。此外，只要在利益得到满足的同时，内在的善也得到了满足，那么，这个原则就正好抓住了一些价值论的主要宗旨，并恰当地把它们运用到了行动中。当然，这就要求对“相同利益”有一个恰当的说明，而对这种说明的运用取决于对什么是利益做出恰当的说明。除非有某种与之抗衡的对内在善的说明（也许，整体主义的解释）更为可取，否则，辛格的原则无疑反映了大部分的实情。

当然，许多作者试图解决哪些条款应该被给予考虑，以及哪些存在拥有权利的问题（整体主义者坚决反对这种做法，正像他们坚决反对将利益放在首要地位一样）。因此，伦纳德·奈尔森（Leonard Nelson）认为，拥有利益是一个存在物拥有权利的充分必要条件。[7]麦克洛斯基（H. J. McCloskey）曾一度也持这种观点并一直反对动物拥有权利。以前他也曾断言，非人类的动物没有利益[8]；但是，最近他放弃了这种观点，转而对动物拥有权利提出了要求。他的要求不仅比奈尔森的要强得多，而且比乔尔·范伯格在采取较为谨慎的立场时所提出的要求也要强得多。[9]尽 168
管弗雷（R. G. Frey）对天赋权利持普遍的怀疑态度，但他还是竭力争辩说，无论在哪种相关意义上，动物都是没有利益的，这就可以避免人们考虑给予动物权利[10]；汤姆·雷根坚决主张，除非我们赋予大多数人类和某些动物权利，这种权利只有在有某种非常充分的理由时才能被践踏，否则，我们思考的道德判断是站不住脚的[11]（雷根试图避免对各种后果论善和恶的集合及结果的交替使用，但是，他把有潜在冲突的权利赋予各种生物所导致的问题，如果不是更糟的话，也相差无几，尤其是当这些权利全都不会轻易被践踏时）。由于我不赞成整体论的立场，所以我认为，在解决优先考虑的问题前，没有必要去探讨权利的归属问题，因为假定利益的价值和与之相对的邪恶的负面价值都可以找到受益者，只有我们的行为可以被证明在道德上是正当的，我们才能进一步要求考虑好与坏的结果。

现在，如果接受了某一方的利益，那么，在相互冲突的利益之间决定种际优先权的问题就可以大大简化了，或是像弗雷那样，认同非人类动物没有信念和愿望，因而也就没有利益；或是像鲁斯·西戈曼（Ruth Cigman）那样，认同对于非人类动物来说，死亡并不是什么不幸的事[12]；或是像辛格那样，认为没有感觉快乐和痛苦能力或潜能的那些存在物没有利益[13]，因为在上述每一种情况中，产生冲突的可能性都会大大减少。但是，约瑟夫·马戈利斯（Joseph Margolis）的论点让我感到满意。[14]他认为，许多非人类动物不仅有信念而且有欲望，因而拥有与之相伴的那些利益；死亡剥夺了许多动物实现其各自潜能的可能性，这一事实让我确信，死亡即使在没有死亡概念的情形中，也会是一种邪恶；我已经在前面，尤其是第八章中，拥护了反对享乐主义的观点，拥护了许多无感觉有机物具有自身的善的观点，因此，我无法认同没有感觉就没有利益的观点。

这样，利益平等原则所应用的生物范围比要辛格认为的更宽，对同类生物而言，它可以应用的利益类型会更加多样。因此，人类能够在自主选择、交友、维护自尊和免受痛苦方面拥有利益；而非人类的生物，无论有感觉能力的还是无感觉能力的，通过发展自身特有的能力，在以
169 自身方式繁衍生息方面也同样拥有利益。一旦承认了有这么多的利益，那么，决定在何种情况下分辨和比较不同物种间成员的利益就很重要了。

利益的分类

针对依据生物对快乐和痛苦的感受程度进行的分类，迪瓦恩提出一种可替代的分类方法。[15]迪瓦恩反对用生物对快乐和痛苦的感受程度来解释辛格的原则，因为它忽略了诸如睡眠者的利益，这类利益根本就无须运用感觉。但是，这种反对意见并非不恰当，原因在于，在生物没有受到严重伤害的情形下，辛格原则的拥护者会考虑它们的利益。而反对这样划分利益的真正理由则是，在相关的生物生活中的利益作用被忽视了。免受剧烈疼痛的利益对某些生物来说是应该得到的，而对另一些生物来说，利益还包括摆脱伴随着痛苦的恐惧和困惑；而对某些人来说，利益则包括了能够拥有纯洁记忆、充满信心地制订并实施未来计划的利益，以及使其避免遭受羞辱和被排斥的利益。虽然有这种反对意见，但免受严重伤害仍然是一种利益，不过，只有在其他利益没有受到威胁

时，两种生物才能将其作为“共同利益”来分享。

迪瓦恩考虑的另一种分类依据的是利益的“共性”：他举的例子是植物与人都有对水的需求。在这里，迪瓦恩要说的是，如果同等地考虑植物和人的这种利益，那么，（分摊水的）结果从道德上讲是荒唐的。当然，辛格不会认为这个例子有问题，因为他认为感觉能力是拥有利益所必需的；但是，正如第八章中所争辩的，在这一点上他似乎是错误的。因此，利益不应该被以如此强烈的反直觉判断的方式来加以分类。但问题并不在于根据他们的普遍性（如行使自主选择的利益）来划分利益，而在于在下面的描述中分离出利益：比如，只说“需求 x”，而不提由满足“需求 x”来决定的其他需求，因为如果把所有受到威胁的利益都加以考虑的话，利益平等原则就不像迪瓦恩所认为的那样是明显错误的。

然而，刚才说到的困难表明，应该依据利益的复杂程度来对它进行
分类。因此，在对克拉克和辛格的著作里有关正确对待动物的评论中， 170
奥布里·汤森（Aubrey Twonsend）[16]坚决主张道德与各种利益相关，如福利方面的利益（他认为这涉及没有痛苦的幸福生活）、自主性方面的利益，他认为，自主通常要胜过福利。我在其他地方反驳过这种说法[17]，但是，在不接受汤森的优先权观点的前提下，我可以承认，只有自主的代理人才会有某些道德反应，从他所说的“自主权”的意义上看——这是他从斯坦利·本[18]那里得到的，我也承认，只有人（而且仅仅是*其中*一些人）才有自主权。这种情形包括了这样一种能力：多少是按照理性的信念和偏好来制定、实施决定及计划的。现在，在有机会认识并促进自主权的时候，相关的利益很可能优先于其他相冲突的利益；而我要说的是，这种优先权不应该是想当然的，尤其在动物的根本利益与人的边际利益——自主行为范围的扩大——相冲突的时候。

我在第八章已经指出，斯坦利·本自己是认同“大自然作品”的道德立场的，甚至包括生态系统：它们是*有价值的*（*axiotima*）事物，应该受到重视和尊重。不过，他认为，人类的需求，或至少是个人的需求，

常常会因其具有的独特能力而优先于其他存在的需求。他还认为，如果只有保护生物圈才能使人类免遭生物学上的灭绝，而这样做就意味着要对“人类物种所构成的对生物圈的威胁的能力——人类的创造性智慧——进行制度上的遏制”，那么，这些措施就是不合理的。[19]在这里，本竭力反对道德上的极权主义；他决心保护创造性的智慧，使其不受防止人类灭绝以及多数存在物不受威胁所需要的高压政策和手段的制约。然而，他的决心看起来是不合时宜的，而且可能会使自己受挫。首先，创造性的智慧不需要在所有方面或所有与政治相关的方面受到制度上的约束，以防止其对环境的灾难性的操作；其次，保存创造性智慧的唯一希望也许就是，自愿地或以其他形式减少对它的运用。因此，本让读者
171 在人与生物圈中做选择是在误导读者。本认为，基于重要的人类中心主义议程（或行动的理由），人类中心主义的需求通常应该优先于迫切的非人类的需求，但不管怎么说，本没有对他给出的案例做出说明。即使人们承认我们有理由珍视人类的独特能力，但这并不意味着我们有权将实现独特能力的利益通常置于人类的普通利益和非人类利益之上。利益种类的这种两级理论（two-level theory）过于死板，而且掩盖了诸如人吃肉、做动物实验、发展农业导致野生物种丧失等方面真正的道德冲突。

自我意识

然而，另一种利益的两级理论是由辛格自己提出来的。在其名为“杀戮人类和杀戮动物”的文章中，他争辩说，尽管应该同等地考虑非人类动物和人类的痛苦，但就杀戮而言，知道自己是拥有未来的独特实体的这种能力，将大多数人类（加上那些拥有这种能力的动物）与所有其他动物——包括某些不具有这种能力的人——区别开来。[20]对于那些拥有这种能力的人和动物来说，死亡意味着自主计划和方案的受挫，而对于没有这种能力的那些人或动物来说，在最坏的情况下，无痛苦的死亡

意味着快乐的丧失，而这一点可以通过生产另一个过着快乐生活的动物取代被杀动物加以弥补。因此，缺乏自我意识的实体是可以被取代的。在涉及这些动物时，我们应该做的就是，像古典功利主义的总量理论所主张的那样，最大限度地让快乐超过痛苦；但是，从某种重要的意义上说，拥有这种能力的实体是不可取代的；而在这些实体中，我们应该优先考虑现在活着的人，或不依赖于我们的决定而在未来会存在的人，这倒像是影响人的原则所要求的那样。

我已经对影响人的原则的不公正做法提出了批评（见第六章），这种做法要求对那些由我们来决定其存在的可能的人的利益打折扣。在这里，我要指出另外一个有关能力的问题。辛格对自我意识能力的认可强化了他的享乐主义，但是，他对这种能力的考虑却不够全面。这一点在婴儿和非人类动物方面会显露出来。因此，杀死婴儿不仅仅只是剥夺了他的快乐（和辛格在《不仅仅是为人类》一文中所说的未来的享受快乐 172
的能力[21]）。除非这个婴儿智力极低，否则，以后他就会有发展出人类所有的特种能力（包括实用的和理论的推理能力、自主能力、交友能力、做有意义工作的能力、自尊能力）的潜在能力，而他的死亡使他丧失了存在于发展这些潜能中的善的一切可能性。至于非人类动物，迈克尔·洛克伍德（Michael Lockwood）修改了克里斯蒂娜·霍夫（Christina Hoff）的例子，以便读者思考可取代的论题。[22]为了方便无法携带宠物去度假并且回来后想要一只新宠物的主人，“处理动物股份有限公司”（the company ‘Disposapup Ltd’）饲养和供应小动物，在主人度假期间把它们收回来并杀掉，然后，按要求提供新的小动物。尽管这家动物处理公司的行为远不如工厂化的农场那么可怕，但是，我们完全可以谴责他们这样做是不道德的，即使我们将自身与把宠物视为人的倾向区分开来，亦是如此。如果是这样的话，我认为，我们有必要呼吁的就不仅仅只是小狗们失去的快乐，而应该指向这家公司剥夺了所有小狗作为犬的潜能的自然实现（也许有人会把这种抗议说成是对自然的一种操纵，他们会认为，除非自然潜能的发展至关重要，否则，这种抗议就会是没有理由的）。

因此，辛格的利益两级理论（基于感觉能力的利益和基于自我意识的利益）与汤森和本的利益理论一样，似乎过分地忽略了人与非人类动物的各种潜能，忽略了发展这种潜能并使其以自身方式勃兴所体现出来的相关的善。如约翰·本森所说，即使给工厂化农场中的动物实施了麻醉，使其感受不到痛苦，但仍有理由对剥夺它们潜能的自然实现提出抗议。[23]但这种抗议在辛格的观点中似乎找不到。

双因素平等主义

唐纳德·范·德维尔（Donald van DeVeer）提出了一种更为细致的、所考虑的种类更为广泛的利益分类理论。[24]在被称为双因素平等主义的理论中，他提到了上面的两种变量：利益在生物生活中的作用和该生物的心理能力。在所有生物的生活中，有些利益是基本的，有些利益是边际的，而还有一些利益是非常重要的，因为这些利益被忽
173 略或是受到挫折都会大大影响该生物的幸福，但却不会危及其生存。因此，由于利益的重要程度各不相同，基本利益一般来说应该优先于重要利益和边际利益，而重要利益，尽管不能优先于基本利益，但却优先于边际利益。但是，这个原则要求我们同等对待心理能力差异很大的生物的基本利益（就像迪瓦恩反对辛格那样）。为了避免这种结果的出现，范·德维尔采用了“加权原则”[25]，依据该原则及其附带的一些限定条件，“心理能力较为复杂的生物的利益应优先于心理能力不太复杂的生物的利益”。由于前者优先于后者是基于它们的能力而非物种类型的，因而就避免受到只依据物种成员而导致歧视的指控（或者说范·德维尔就希望这样）。

双因素平等主义完整的说法是：

当两种生物 A 和 B 之间，存在着种际的利益冲突时，而*其他情况又相同*时，下列做法在道德上是被许可的：

（1）如果 A 没有 B 所拥有的重要的心理能力，那么，可以牺牲 A 的利益以促进 B 的这种利益；

（2）如果 A 在本质上不具备 B 所拥有的重要的心理能力，那么，可以牺牲 A 的基本利益以促进 B 的重要利益；

（3）如果二者心理能力不相上下（不管谁拥有利益），那么，可以牺牲一方的边际利益以促进另一方的更基本的利益。[26]

显然，这种立场主要依据加权原则，要求重视重要的心理能力。因此，它也就依据了这种假定：某些能力（或其发展或运用）要比其他能力更有价值。这些原则会得到支持吗？

范・德维尔为加权原则做了三点辩护。首先，人类一般易于遭受其他动物不易受到的某些痛苦，因此，同样的对待也许会伤害到人而不会伤害到人以外的其他生物，因为人类具有更强的预见未来的能力。我们可以说，在这种情形下，人类优先是与利益平等原则的多数解释一致的，因为受到威胁的利益是不平等的。其次，在遭受同等痛苦的情况下，有些生物比其他生物经历痛苦的时间更长，区别就在于它们的心理能力。这又是辛格支持的功利主义的考虑因素。最后，就人类的死亡而言，他丧失机会的代价要比其他非人类生物的死亡所丧失机会的代价要 174
大一些，原因还是人类具有更强的能力。当这些能力不只是限于感受痛苦和快乐的时候，享乐主义者不会承认这一点所具有的重要意义；而利益平等原则的拥护者则显然会承认它。从某方面来说，邦妮・斯坦伯格（Bonnie Steinbock）也会承认这一点[27]，她这样写道：免受痛苦是运用某些能力的最低条件，这类能力人类具有而动物不具有，它包括责任、利他的行为动机（altruistic reasons for action）和自尊的能力；由于我们看重这些能力，因而就会认为人类遭受痛苦比动物遭受痛苦更悲惨一些。然而，事实上并非所有的人类都具有这些能力，也可能并非所有的除人以外的动物都不具有这些能力，所以，斯坦伯格只能在偏向具有这些能力的人类基础上坚持她自己的立场，即在所有人类生命和所有动物生命之间应更多地重视人类生命。

那些接受范·德维尔推论的人需要接受他的加权原则和双因素平等主义吗？我认为，只有附带一些限定条件时才需要这么做。因此，只有在它们的生长发育或完成这一过程受到威胁时，更为复杂的行动才会有重要意义；尽管在利益冲突的情况下常常是这样，但一旦更为复杂的生物的生存需求变得成问题时，情况就不完全是这样了。因此，一个人，当他食用畜禽肉的权利被剥夺，而这肉来自工厂化的农场时，在这种情况下，虽然他的重要利益（行使自主和享受美食的象征意义）可能会受到威胁，但是从长远来看，有价值生活的前景并不会受到威胁，而相关动物的基本利益（在免遭痛苦和免于过早死亡方面）无疑是受到威胁的。然而，范·德维尔的第二个原则或许会允许（这也许正好与它的本意相背）目前的多数工厂化农场继续存在；在这一点上，他会受到物种歧视的指控。因此，他的原则需要修正，以确保他认为接受加权原则的那些理由可以真正地运用于每种“牺牲”基本利益或重要利益的情况。然而，这样一来，利益平等原则就得到了满足（他的原则仍然令人费解，因为除了暗示那些与心理能力相关的利益优先于与心理能力不相关的利益这个可能会受到质疑的原则外，它们没有告诉我们要重视那些与心理能力毫不相干的利益，比如说，植物的利益）。

然而，与斯坦伯格的观点一样，范·德维尔的第三个辩护理由（有
175 价值的机会丧失的代价）依赖于这样一种观点：某些能力的运用要比其他一些能力的运用更有价值。当迪瓦恩说到动物的疼痛缺乏“概念上的丰富性”（conceptual richness）时，他表达的观点有点与此类似[28]。而辛格会反对运用迪瓦恩的观点，但他本人却认为：“一个有自我意识并具有

抽象思维、能计划未来，以及从事复杂的交际活动等能力的存在物的生命比没有这些能力的存在物的生命更有价值，这种观点并不武断。”[29]

然而，本森拒斥任何与内在价值有关的主张，他认为：“把那些对于人来说使人类生活有价值的特征作为判断生命价值的标准，看来是物种歧视的一个很好的例子。”[30]这种等级观点也遭到了克拉克[31]和罗德曼[32]的反对。这些作者强调下述方面肯定是对的：不同的非人类物种适应于不同的生活方式，它们的利益取决于它们实现自己生活方式的能力。

在拒绝相信不同能力的生命都具有内在价值之后，本森*就需要考虑的生物的*价值问题提出了一种对生命价值的不同说明。如果生物有自我意识且能够计划未来，那么，其生命对于它来说就是有价值的；基于这种原因，杀死它就是错误的。然而，缺乏这些能力的生物也仍然可能会有它们的看法，仍然会有对它们来说是有价值的生活，只要它们能够享受并一直享受着适宜于它们的生活；这至少可以说，杀死这类生物也是错误的。很显然，在这里，本森认为，在涉及行为的时候，有些生物延续生命本身就获得了独立的道德关怀资格（那些有自我意识和能够计划未来的生物延续生命）；而其他生物延续生命可能就拥有了这种关怀的基础，但却不像前者那样明显。

我认为，这种立场与那种认为对它们这一种类来说适宜的生命具有内在价值的观点没有差别，只是程度不同而已。因为如果有非派生性的道德理由去促进、完善或珍视某物的话，那么，某物就具有内在价值，这正是本森认可的、非人类动物延续生命的观点。实际上，他还承认，这一点也不同程度地适用于能力不同的生命。这不是*针对*本森*个人的*回答，因为对于那些认为与道德相关的人来说，延续生物所适应的生命形式对其具有价值，并且/或由于不同生物死亡而丧失了各自的自我实现的机会，这就承认了当生命中的不同能力得到实现时，生命也就具有了不同程度的*内在*价值。这种立场也就等于承认，在其他情况相同的情况 176
下，人类应该允许非人类动物充分发展其天赋的能力，野生（和驯养的）动物的天赋并不低于人类，也不是只有在体现了一点点人类特性时才具有价值，它们有权利实现不同于我们的特性。

具有某些能力并能使这种能力得以实现的生命比其能力得不到实现的生命更有价值，这样的主张还会受到其他方面的批评。因此，科拉·戴蒙德（Cora Diamond）认为，感受痛苦之类的能力在道德上不是根本性的，而根本性的应该是各种各样的关系以及这些关系所组成的（社会）生活方式。[33]但是，如果这些关系碰巧把一种生物排除在外，结果该生物的能力就被忽略了，那么，由此而产生的结果就会受到道德上的批评。如果关系所产生的结果是，把能力完全不同的生物当作价值同等的生物来对待，这种做法也同样会受到道德上的批评。同样的回答可以用于所有超越了本森，并拒绝这样认为的人：比方说，有自我意识、能计划未来的生物的死亡与不具备这些能力的生物的死亡具有不同道德意义。即使他们——包括蚂蚁——全都有道德地位，正常人也不应受到像蚂蚁一样的待遇，聪明的猩猩也不应该受到此种待遇。[34]

也许有人会批评说，在道德上认可不同的能力会使我们认同精英阶层，偏袒人类社会中的聪明人；然而，范·德维尔和斯坦伯格对此做了有力的反驳[35]，他们指出，完全可以有一个界限，在这个界限内，能力的差异是不值得考虑的；在多数（尽管并非所有）情况下，只要具备某种最低的智力要求，所有人就都有资格享受同等待遇。所以，我断言，由于生物肯定会得到或者肯定会失去它的善，因而，某些能力得到实现的生命就比那些能力没有得到实现或者能力无法得到实现的生命更有价值；利益平等原则必须得这样来解释。因此，当这些能力的实现受到威胁时，具有这类能力的生物的基本利益和重大利益要胜过那些不具备这些能力的生物的此类利益。在这个（有限的）范围内，范·德维尔的加
177 权原则可以被接受，但在它被提出之初且又没有足够的限定条件的情况下，它是不应该得到认同的。

接受利益平等原则以及这种附带限定条件的加权原则，使我认同了

范・德维尔的双因素平等主义理论。但是，应该明白的是，只有在更有价值的生命的能力真正受到威胁的情况下，具有上述那些能力的生物才优先于其他生物；这样，就有必要在范・德维尔系统阐述的原则中，就第（1）和（2）条之后增加一个条款，使得 B 的利益只有在一种情况下才可以优先得到照顾：B 的利益能够得到满足，仅当 B 有能力行使重要的心理能力，而 A 缺乏这种能力时；如果 B 的利益得不到优先照顾的话，它运用重要心理能力的能力就会因此丧失或受到威胁。由于没有意识的生物缺少这种能力，在受到杀戮的时候意识不到有什么损失，所以，有意识的生物的利益通常优先于它们的利益；但是，还需要补充的是，由于它们具有道德地位（见第八章），当大批生物受到威胁（如森林遭受威胁）时，或当大量的生物后代的生存权利被剥夺（由于物种的灭绝）时，它们作为个体在其他方面几乎被忽略了的内在价值就是一个重要的道德理由，这与其天赋价值和工具性价值无关。有时，损坏或毁灭一棵树或植物也是错误的，因为毁坏树或植物这一行为带来的快乐所具有的道德意义没有植物健康地延续生命重要。所有这些就是总量理论扩展了的观点的基础；不过，这里还不是进一步阐述这一理论的时候，因为还有一些反对意见有待回答。

歧视

具有同样利益的生物都应该得到同样的关怀，所有持有这种观点的理论都不得不面对这样的反驳：与非人类的生物具有同样的能力，因而利益也相同的人类可以正当地被赋予优先权，或者说可以要求这种优先权。这种要求有时是基于后果论的立场的，而这些要求又是支持利益平等原则的后果论者可以接受的。因此，针对辛格的论点——一个人只有在乐于给予非人类的动物智力相似的人造成痛苦的情况下，才会乐于使非人类动物遭受痛苦，有人可能会说，这会使关心智力严重低下的人感

到痛苦[36]，而且，拿这些人所做的任何实验都会产生制约弱者的不良后
178 果，在正常情形下也会造成对人类的伤害。给具有相同利益、相同待遇的第三方造成的这些后果不管怎么说在道德上都是有关联的，而且不用推翻（认为同样的利益应得到同样的*考虑*）这个原则，就完全可以证明做一些区别对待是正当的。的确，保持对行为的限制的重要性看来是迪瓦恩提出的溢出原理（the overflow principle）中的最突出的一点：

> 应该以与尊重人的态度一致的方式去对待一个本身不是人但却与人类有着密切联系的存在。[37]

对这一原则或类似的原则的普遍认同，实际上可以很好地解释我们为什么要尊重死者；但是，除了禁忌方面的论证之外，我们很难明白怎样才能证明这个原则的合理性（除了非人类利益本身具有道德意义）；而想弄清为何要因此而放弃利益平等原则，就会难上加难了。

另一种反对意见是由那些认为人类可以受到优待的人提出的。他们认为，由于人类总是处于一定的关系中，因此，人类可以受到优待。本森[38]和戴蒙德就采用了这种观点，莱斯利·弗朗西斯（Leslie P. Francis）和理查德·诺曼（Richard Norman）则详细阐述了这种观点。[39]不过，我已经指出过，这一原则歧视那些缺少这些关系或是根本就没有这些关系的人。弗朗西斯和诺曼自己的一份重要观察报告使得这一原则更加站不住脚。一些所谓的智力障碍儿童，包括一些唐氏综合征（Down syndrome）患者，比所有非人类动物都要聪明得多，交际能力也要强得多；在这种情形中，他们生命的价值一般都会得到承认；但是，在智力严重低下如无脑症的情况下，实施被动或者甚至是主动的安乐死是否合理，仍然存在着激烈的争论。他们认为，只有那些生命价值值得怀疑的人才可以和某些动物进行能力比较。但是，如果即使他们处于一定的社会关系中，其生命价值依然值得怀疑的话，那么，这种关系的存在似乎在他们所应受的待遇中也起不到关键作用，或者说，就关系本身而言，

它们也确实不是关键的道德因素。

总之，处于特定关系中的这个标准本身是武断的。然而，弗朗西斯和诺曼提出的一种观点却是有意义的。这种观点认为，对于大多数非人类的动物来说，拥有（语言的、经济的、政治的）各种形式的关系是不
可能的，理由是这种关系是由各种相关生物的能力决定的。当然，能力 179
方面的善就在于它们的发展和运用，然而，动物仅拥有这种能力就能使其他动物剥夺或促进这种发展成为可能，因而，它们有资格享受不同的待遇。不过，利益平等原则的支持者们会接受有关能力的这类观点。在此应该强调的是，这里说的能力还包括潜能，这就可以解释为什么正常的新生婴儿应被合理地赋予优先于具有类似婴儿能力的非人类动物的权利。

当非人类的动物拥有与人类似的利益时，有利于人类的歧视有时是要捍卫的，建立在此基础上的另一个依据则要求划定一条清晰的界限。虽然有人争辩说，智力严重迟钝的人本身不应该受到优待，但为了在人类和其他非人类存在之间划定一条简单适用的界线，最好还是把他们当作应该受到优待的人来对待。迪瓦恩就是这样建议的，他还认为，一旦划定了界限，就个体而言，对于没有资格享受优待却又碰巧属于应该享受优待的一类人，给予他们优先权就没有什么不公正了。[40]毋庸置疑，在有些情形中，这样划定界线可以防止具有重要意义的道德禁忌被逐渐打破，而且，在某种程度上，它可以证明这种做法是正当的：尽管智力严重迟钝的人恰巧没有朋友、监护人或亲戚会因实验遭受痛苦或是反对实验，我们仍不愿拿智力严重迟钝的人来做实验。另外，要是还有更好的界线可以划定，我们却没有这么做，而是选择了用人来作为标准，那么，我们就要为由此所造成的不必要的痛苦负全部责任。因此，范·德维尔拒绝接受这种观点：我们应该把一只具有更大能力的健康的黑猩猩的肾移植给一个患泰-萨克斯病（Tay-Sachs）的婴儿以挽救该婴儿的生命。[41]范·德维尔拒斥这种观点是完全正确的。如果我们努力去保护所

有人类的生命，我们就有可能也会让一个生不如死的人再多遭受几年的痛苦。因此，我们不应该偏向于给人类以优先权的原则而舍弃那些适当考虑、权衡和最大限度地满足了所有相关利益的原则（当非人类的利益比人类利益受到更大威胁时，如在工厂化农场为人类提供肉食的问题上，以及为了检验奢侈品的安全而让实验室里的动物接受痛苦实验的问题上，我们就更不应该偏向人类利益）。

整体主义的优先权

在结束这一章之前，我要说一下整体主义在伦理方面所强调的完全
180 不同的东西，尤其是罗德曼和克利考特所强调的东西。[42]这些作者发现，辛格的人道主义伦理只不过是扩大了有道德地位的特权阶层，使他们可以剥削所有其他存在。他们关注的更多的是物种和生物圈，而不是个体存在，他们认为家养动物是一种退化的生命形式，从象征意义上说是有害的，（与野生动物的利益相比）这将会导致轻视它们的利益，因此，他们赞成逐步停止饲养家养动物。也许，他们会很高兴地接受我认同几乎所有生物都具有道德地位的观念，但仍会反对他们所认为的以人为中心的价值等级观点（我已经讨论过这个反对意见），仍会反对进一步使用“从人类的类比和反常方面去论证的方法”。[43]

当然，如果保护生物共同体的完整、稳定及美是唯一的道德标准的话，那么，我们就可以从上述观点以及辛格的观点中得出完全不同的原则。因此，只有在痛苦造成了不良生态影响的情况下，它才会被认为是邪恶的；但是，在痛苦所造成的影响（当白尾鹿数量多得影响到了周围生态系统的可持续性时，猎杀它们）被认为是积极的情况下，痛苦根本就不会被视为是负面的道德因素。再者，个体生物（人类或其他存在物）及其状态都没有内在价值，他们的相对价值只存在于他们为稳定生态所起的相对作用之中。又因为目前的全球人口对于生物共同体来说被认为

是一个全球性的灾难，所以，全球人口应该降低到（克利考特是这么暗示的）大约是熊的数量的两倍。[44]

有理由感谢罗德曼和克利考特，他们指出了更为人道地对待动物的运动——这个运动强调素食主义，辛格为之辩护，雷根（从完全不同的角度）也为之辩护，[45]以及利奥波德提出的整体主义的大地伦理之间的根本分歧。他们还从辛格近期著作中的观点出发，对这种分歧做了评价。[46]因此，辛格谴责环境主义者，因为他们支持某些形式的狩猎；尽管他发现环境主义者保护珍稀动物的运动——比如说在阻止捕鲸方面——往往比反对虐待动物的运动更有效，但他还是主张，只有在有感觉能力的动物的短期或者长期利益受到威胁（并非总是）的情况下，无感觉能力的珍稀物种才应该受到保护；他还主张，即使捕鲸业是以一种可持续的方式在发展，它仍然是令人讨厌的，因为个体的鲸——“拥有自己生活的有感觉能力的生物”仍然会受到威胁。[47]

在道德地位的扩展和内在价值方面，我不同意辛格的观点，这是显 181
而易见的。我也不完全赞同他的素食主义观点，尽管我非常赞同他反对消费工厂化农场的产品，以及反对消费没有充足的理由而使动物遭受极大痛苦所生产的产品。我也不能确信他是否充分考虑到了需要限制一些动物数量，但他确实有充分的理由来强调痛苦的邪恶，强调需要采取强硬措施减少痛苦。假定生物圈的破坏会危害所有有感觉能力生物的生命，我们既没有必要因为这一理由（或其他理由）把生物圈的保护视为是唯一的道德标准，也没有必要不再把痛苦视为本身是邪恶的，不再认为旨在减轻痛苦的措施和态度（诸如同情、怜悯和尊重有感受痛苦能力的个体的态度）在道德上是至关重要的。此外，如果个体的感觉能力和其他能力具有道德意义（如前文所主张的），那么，在道德上，就必须把道德关怀扩展到具有这些能力的非人类动物——这正是罗德曼反对的推理方法。如果相比之下生物圈具有道德地位，而它的个体成员就自身的权利而言都不具有这种道德地位，那么，情况就完全不同了；不过，我还没有发现有什么论据可以证实这一点。

克利考特指责辛格和其他人所采用的是一种厌恶生命的哲学，因为他们反对可以避免的痛苦，一心要把这样一种天生的、从生态上来说有益的感觉最小化。辛格或许轻视了快乐之外的价值，诸如创造力；但是，正如斯坦伯格说的，运用这些能力的能力在所受到的痛苦面前很容易显得微不足道。[48]克利考特同时也担心，他的立场看起来会是不必要地厌恶人类。[49]假定他有自己的利奥波德式的前提，他的立场就不是没有理由的。但是，由于这个前提暗示了人类生命，无论多么有价值，都不具有内在价值，而只有当它维护了生物圈的利益时才具有价值，所以，说他厌恶人类也没什么不恰当。在现在、未来生物的需求及价值基础上去保护物种和荒野是有充分理由的，同样，抵制“生物圈的最优化”或完全为了人类的利益使用地球也有充分的理由。[50]但是，尽管由于人类对环境的消耗和损害使得一些物种丧失令人遗憾，但是，仅凭这一点是绝对无法证明那些消耗和损害环境的人的生命是邪恶的观点是正当的。人类也有自己的生活，因而可以对自己生活在其中的地带进行有
182 价值的和有害的改造；允许过多人口存在的标准只有在引入别的与之抗衡的价值条件的情况下才显得有道理。对于一定数量的人口来说，这或许是可以做得到的（见第十章），但是，不管人口数量多少，整体主义者都没有能够做到这一点。

罗德曼认为：

> 同样的原则可以以全然不同的形式出现——比如以在河上筑坝和抑制动物本能（无论是人类还是非人类）的形式出现，以伐没森林和轰炸城市的形式出现，以达豪①（Dachau）和大学研究实验室的形式出现，以审查思想、取消宗教或种族团体以及灭绝动植物物种的形式出现。[51]

① 译者注：达豪，德国东南部的一个城市，曾是纳粹集中营的所在地。

压制原则或许被包括在内，如罗德曼极力主张的，所有解放运动或许也都是自然的同盟军（尽管弗朗西斯和诺曼声称他们在女性主义及反对动物实验之间存在着冲突）。[52]但是，罗德曼的例子不能被看成是与压制相同的事例。在利益中存在着优先权；在前面提出的双因素平等主义的修正理论中，我已经试图描述了一些可以合理得到辩护的优先权。

注 释

[l] Arne Naess writes at p.96 of 'The Shallow and the Deep, Long-Range Ecology Movement', *Inquiry*, 16, 1973, 95-100, of '*the equal right to live and blossom*' (his italics), and of biospherical egalitarianism.

[2] 'The Moral Basis of Vegetarianism', *Philosophy*, 53, 1978, 481-505, e.g. at p.497.

[3] Peter Singer, *Animal Liberation, A New Ethics for our Treatment of Animals*, London: Jonathan Cape, 1976, p.9. The relevant chapter, entitled 'All Animals are Equal', is reprinted in Tom Regan and Peter Singer, *Animal Rights and Human Obligations*, Englewood Cliffs, NJ: Prentice-Hall, 1976.

[4] Peter Singer, 'Utilitarianism and Vegetarianism', *Philosophy and Public Affairs*, 1980, 325-337, pp.328f.

[5] Thus John Rodman, 'The Liberation of Nature', *Inquiry*, 20, 1977, 83-145: similar views are present in Holmes Rolston Ⅲ, 'Is There an Ecological Ethic?', *Ethics*, 85, 1974—1975, 93-109; Kenneth Goodpaster, 'From Egoism to Environmentalism', in Goodpaster and Sayre (eds), *Ethics and Problems of the 21st Century*, 21-35, and in J. Baird Callicott, 'Animal Liberation: A Triangular Affair', *Environmental Ethics*, 2, 1980, 311-338.

[6] Thus R. G. Frey, *Interests and Rights: The Case Against Animals*, Oxford: Clarendon Press, 1980.

183 [7] *A System of Ethics*, trans. Norbert Gutermann, New Haven: Yale University Press, 1956, Part Ⅰ, Section 2, chapter 7, 136-144; reprinted in Stanley and Roslind Godlovitch and John Harris (eds), *Animals, Men and Morals, An Enquiry into the Maltreatment of Non-humans*, New York: Taplinger Publishing Co., 1972, 149-155.

[8] 'Rights', *The Philosophical Quarterly*, 15, 1965, 115-127.

[9] A transition is apparent in McCloskey's 'The Right to Life', *Mind*, 84, 1975, 403-425, where autonomy is required for the possession of rights. The newer position is more explicit in 'Moral Rights and Animals', *Inquiry*, 22, 1979, 23-54. For Feinberg's position see 'The Rights of Animals and Unborn Generations', in *Philosophy and Environmental Crisis*, 43-68, especially pp.50f.

[10] *Interests and Rights*, chapters Ⅱ, Ⅴ, Ⅵ and Ⅷ. Frey's scepticism about natural rights is expressed in his Postscript, pp.168-170.

[11] 'Animal Rights, Human Wrongs', *Environmental Ethics*, 2, 1980, 99-120; 'Utilitarianism, Vegetarianism and Animal Rights', *Philosophy and Public Affairs*, 9, 1979—1980, 305-324. These papers develop the argument of his earlier paper, 'The Moral Basis of Vegetarianism', *Canadian Journal of Philosophy*, 5, 1975, 181-214.

[12] 'Death, Misfortune and Species Inequality', *Philosophy and Public Affairs*, 10, 1980—1981, 47-64. (Cigman rejects belief in any non-human animals' right to life, but accepts that they have moral standing.)

[13] 'Not for Humans Only: The Place of Nonhumans in Environmental Issues', in Goodpaster and Sayre (eds), *Ethics and Problems of the 21st Century*, 191-206, at pp.194f.

[14] *Persons and Minds: The Prospects for Nonreductive Materialism*, Dordrecht, Boston and London: Reidel, 1977, chapters 8 and 9.

[15] 'The Moral Basis of Vegetarianism', p.490.

[16] Aubrey Townsend, 'Radical Vegetarians', *Australasian Journal of Philosophy*, 57, 1979, 85-93, p.91.

[17] 'Supererogation and Double Standards', *Mind*, 88, 1979, 481-499, pp.493f.

[18] 'Freedom, Autonomy and the Concept of a Person', *Proceedings of the Aristotelian Society*, 76, 1975—1976, 109-130.

[19] 'Personal Freedom and Environmental Ethics: The Moral Inequality of Species', in Gray Dorsey (ed.), *Equality and Freedom*, Vol. Ⅱ, New York: Oceana Publications and Leiden: A. W. Sijthoff, 1977, 401-424, especially at pp.416-420.

[20] 'Killing Humans and Killing Animals', *Inquiry*, 22, 1979, 145-156.

[21] 'Not for Humans Only', p.199.

[22] Michael Lockwood, 'Killing and the Preference for Life', *Inquiry*, 22, 1979, 157-170, p.168.

[23] 'Duty and the Beast', *Philosophy*, 53, 1978, 529-549, pp.63ff.

[24] 'Interspecific Justice', *Inquiry*, 22, 1979, 55-79, pp.63ff.

[25] Ibid. p.70. A similar point is made by L. W. Sumner, 'A Matter of Life and Death', *Noûs*, 10, 1976, 145-171, pp.164f.

[26] 'Interspecific Justice', p.64. 184

[27] 'Speciesism and the Idea of Equality', *Philosophy*, 53, 1978, 247-263, p.254.

[28] 'The Moral Basis of Vegetarianism', p.486.

[29] *Animal Liberation*, p.22. A similar view, couched in more speciesist terms, is expressed by Joel Feinberg at pp.66f of 'Human Duties and Animal Rights', in Richard Knowles Morris and Michael W. Fox (eds), *On The Fifth Day, Animal Rights and Human Ethics*, Washington: Acropolis Books, 1978, 45-69.

[30] 'Duty and the Beast', p.533.

[31] *The Moral Status of Animals*, pp.169-171.

[32] 'The Liberation of Nature', p.94f.

[33] 'Eating Meat and Eating People', *Philosophy*, 53, 1978, 465-479, pp.470f.

[34] Cf. A. M. McIver, 'Ethics and the Beetle', *Analysis*, 8, 1948, 65-70.

[35] VanDeVeer，'Interspecific Justice'，pp.74f；Steinbock，'Speciesim and the Idea of Equality'，pp.254f.

[36] Leslie Pickering Francis and Richard Norman，'Some Animals are More Equal than Others'，*Philosophy*，53，1978，507-527，p.510.

[37] 'The Moral Basis of Vegetarianism'，p.503.

[38] 'Duty and the Beast'，pp.536f.

[39] 'Some Animals are More Equal than Others'，pp.518-527.

[40] 'The Moral Basis of Vegetarianism'，p.497.

[41] 'Interspecific Justice'，p.65 and p.77，n.15.

[42] See n.5（above）.

[43] Rodman，'The Liberation of Nature'，p.87. I defend this method in 'Methods of Ecological Ethics'.

[44] Callicott，'Animal Liberation'，pp.320，332-333，324-326.

[45] Singer's and Regan's different bases for vegetarianism are explored in Regan's 'Utilitarianism，Vegetarianism and Animal Rights'（see n.11 above），and Singer's 'Utilitarianism and Vegetarianism'（see n. 4 above）.

[46] In 'Not for Humans Only'，especially at pp.201-205.

[47] Ibid. pp.204f.

[48] See n. 27（above）.

[49] 'Animal Liberation'，p.326.

[50] See further Robin Attfield，'Western Traditions and Environmental Ethics'.

[51] 'The Liberation of Nature'，pp.89f.

[52] 'Some Animals are More Equal than Others'，p.516.

第十章　问题与原则：需要一种新的伦理吗？

在这一章中，我将简单回顾一下在前四章中所得出的原则是如何影响污染、资源、人口以及自然保护问题的，并探讨它们是否合理以及对我们的道德传统要做多大程度的修改。

污染

尽管我不赞同利皮特和哈梅达提出的“污染者住手”原则，但是，我还是认为有理由控制污染并阻止其扩大。有必要缩减废热的排放便是一例；然而，还有很多其他案例，在这些案例中，污染正短期或长期威胁着人类与非人类的生命，使他们的生活环境恶化或受到毒害。总的来说，我赞同卡夫卡的洛克式标准。依据这一标准，每一代人都要留给下一代同等的机会；的确，卡夫卡强烈要求由于资源的消耗而用以补偿后代的技术引入也应尽可能地不受污染。我同意卡夫卡本人关于现代人有必要投资第三世界国家的发展以便保持人口稳定的观点，这样，洛克式的标准对于后代而言就能够得以实现。由于随后的行为会导致某些污

染，因此，强调在发达国家不受欢迎的造成污染的加工方法不应出口到
186 第三世界国家，就显得尤其重要了。

我也赞成哈伯德的建议。他对非再生资源的使用提出了消费最大化以防止污染呈指数增长的建议。这里还得用到上面提到的条件：贫穷国家要发展的理由使当代人比他们应当消耗的资源要多这一状况变得合情合理。消费最大化被未来人的需要证明是正当的，无论他们是我们的下一代还是下下代。尽管所提出的原则已经超越了“浅层生态运动”的原则，但是，这些原则却仅仅只是在有时不重视未来的情况下扩展了传统道德。然而，关心后代一直是（《圣经》）《旧约》和启蒙哲学家们的基调（参见第五章）。因此，即使要求核能生产只有在找到安全储存废料的方法之后才能继续，也没有明显违反这一原则。

帕斯莫尔发现，西方传统中需要补充的是有关过度污染的问题，因为污染破坏了自然的美、损害了非人类物种。[1]在这一点上，我赞成辛格的观点，辛格认为，有感觉能力的非人类动物具有道德地位和道德意义；但与辛格相反，我认为没有感觉能力的生物也具有道德地位。人类的利益或许足以说明，像非洲森林这样的生态系统不应该受到喷洒杀虫剂的威胁[2]；但是，人类利益也会与野生（及家养）生物的利益发生冲突，即使当人类根除野生动物栖息地对人是有利的，也仍然有道德理由（有时是压倒一切的理由）反对这样做。认识到这一点确实可以拓宽既定的做法，但是，它还是与《圣经》的教导是一致的，也与管家传统中所表达的关心地球是一致的（参见第二、第三章）。需要修改的是这样一个流传很广却可有可无的预设：人类以外的其他存在物仅仅具有工具价值。在近期的许多思考中，我们拒绝这一机械论的观点，因为我们承认了与非人类生物有亲属关系，而拒绝机械论有时会影响我们的行动；因此，所需做的修改是我们已非常熟悉的而且能够接受的。

资源

现存的非再生资源严重地枯竭、再生资源处于极大的危机之中、（任何一种）资源可用性和需求期望值之间巨大的缺口，这些问题确实存在。在对这些问题进行描述时都没有预先想出解决的办法。因此，如肯尼思·塞尔（Kenneth Sayre）指出的那样[3]，能源问题，要么通过提高生产率，要么通过降低消费水平，才可以得到解决。前文所认同的那些原则实际上居于两者之间。 187

因此，非再生资源的使用必须在各代人之间公平分配；用发明新技术来弥补资源耗尽，后代就能够享有与先辈同样的机会。这就要求制定一个消费的最大限额以使各代之间的资源大致相同；若预期的消费水平超过最大限度就必须进行缩减，代之采用一种较为简朴的、较低能源消耗的生活方式，尽管再生能源也会起到主要作用。同时，要尽量保证每一代人可以得到最低限度的资源，包括食物（还包括生产这些食物的农用地和渔场）、能源（部分通过前代人的节省）、清新的空气以及洁净的水。一旦人口增长趋于稳定，每一代人就应该享有同等的资源，并且不超量使用自己份额以外的非再生资源，以使后代能享有同等的资源。要是每一代人都能够保护脆弱的再生资源（森林和自然循环），那么，要求每一代人为其后代留下足够且同等资源的洛克式的标准就得到了遵守。

森林同样也是资源，因为它们可以被人使用；但是，森林及其他一些荒野并不仅仅只是资源。有一种道德理由，或者我是这样认为的，反对砍伐树木，既是因为树木的内在价值又是因为树木对非人类动物的价值。这种理由限制了原来完全作为资源的树木的滥用，并对诸如彻底砍伐这类做法非常不利。在采用像力求达到可持续的最高产量这类原本从生态学角度来看是合理的原则，尤其是这类产量或收获包括了有感觉能力的生物时，感受性是必需的。[4]其实，如前文所解释的，双因素平等主义拒绝某些把动物或植物仅仅只当作资源的做法。这样一些做法包括捕鲸，实际上也包括所有捕猎，除非有正当的理由需要这么做。

然而，资源方面所要求的道德传统扩展主要涉及承认对距我们较远
188 的未来人的义务。我认为帕斯莫尔的看法是错误的，帕斯莫尔断言，功利主义（和同类的后果论）[5]用他们已有所准备的对不确定利益打折扣的办法就可以避免承认这种义务。我们通常也不能认为正义只是针对那些与未来人不同的具有谈判能力的人。我们的传统，包括管家传统，都要求我们把地球完好无损地交给后代，因此，这些传统对义务承认的程度要比帕斯莫尔所认为的高得多。我们需要做的就是扩大同情心，以便使它与我们的道德信念保持匹配，依据我们的道德信念，与地点因素一样，同情心的扩展与时间无关。现在的行为和疏忽会对未来人产生什么影响，进行这方面的教育应该会对我们有所帮助，这就如同我们的行为和疏忽会对地理位置遥远的人产生影响一样：就我们的行为而言，生态学上的发现真实地反映了我们对疏忽的初步认识——是好是坏在很大程度上取决于我们，这些发现的扩展可以大大地有助于我们态度的改变，就像在世界贫困问题上正在开始的教育那样。

人口

虽然每个值得生存的生命都具有价值，且人口增长本身无可厚非，但是，在成千上万人已经过上了绝对贫困的悲惨生活时，人口增长就是大错特错的。尽管增长率在下降，但世界人口总量在增长；因此，增长必须在某种可持续的水平上停止。我们不可能也不应该陡然地实行零增长，但却应该逐步地实现这一目标。只有当人口增长稳定下来时，我们才能以恒定的消费而非持续增长的消费方式为后代提供生计；因此，除非人口增长得到控制，否则，污染和资源枯竭问题*最终*会变得难以处理。

在同样的考虑中，有一些观点认为，人口稳定的水平越低越好。不

过，我也反对这样的观点：即使现在的人口都能过上温饱的生活，而且每个值得生存下来的生命自身都具有内在价值，世界人口还是应该比现在低一些。另外，如果人口只是在它引起过多污染和急剧耗尽剩余资源的时候才最终停止增长的话，那么，就有理由出台一项政策，使人口逐渐下降到无限可持续的水平。在这一水平上，那些活着的人既不会因污染而中毒，也不会因缺乏资源而贫困。这个水平，尽管不会少于现在的 189
人口数量，但却大有可能少于人口最终停止增长的水平。

在人口问题上，还必须考虑非人类物种的利益。当人口增长到非常高的水平时，对于人类和所有其他生命形式而言，地球生命支持系统就有可能遭到根本性的破坏。如果这种情况真的有可能出现，那么，不管斯担利·本想要暗示什么[6]，都有绝对的道德理由要求人口停止增长（其实，人口增长造成的这种破坏程度的威胁不及核战争和核事故带来的威胁大）。但是，同样也存在这样一种危险，即人口水平比非常高的人口水平略微低一点，但这一水平肯定会危及大量野生物种及其栖息地，却不足以破坏整个生物圈（此类威胁——如亚马孙河热带雨林的情形——已经出现在我们的生活中了，但它并不是我们目前人口水平的必然结果）。比如说，若是人口增长了三倍，那么，需要开垦土地量的增加就会迫使大多数大型的非人类动物离开自己的栖息地；此外，土地会很容易失去肥力，结果必定是不顾一切地开垦越来越贫瘠的土地，生态将变得越加恶劣。因此，就有可能出现这种情况：为了使新增的人口过上温饱生活，这就势必会加大生态压力，不仅表现为许多现存的非人类生物物种的丧失，还包括因某些物种灭绝而造成的其所有后代成员的丧失。依据前面陈述的理论，非人类物种的利益非常重要，以至于它要求在人口达到危及其物种利益的水平之前就进行缩减。

当然，依据激进的生物平等主义[7]的任何理论都会得出一个更加极端的结论。这些理论认为，所有动物都具有同等的重要性，不是因为它的能力，而是因为它们是动物，不管他们是哪个物种，是人类或非人类。

依据这样的理论，在一般意义上，人类的价值也与非人类生命的价值是一样的；因此，就算多样性具有固有价值，就算人类和非人类物种的数量密度类似，我们也应该在任何动物物种灭绝之前使人口增长停止下来（在生命具有同等价值的情形中，多样性可以作为决定性因素）。再说，在很久以前，当人口数量比现在要少得多的时候，就有一些非人类物种灭绝了，而且随着人口数量的增长，物种灭绝就变得更加频繁了，所以，我们或许真的应该减少人口数量，以防止更多物种的灭绝。然而，
190 我却拒绝接受这些理论，理由在于，依据第九章中所接受的经过修正的双因素平等主义得不出这样的结论；不过，非人类物种不应该为了人类的次要利益而遭到杀戮和灭绝。但是，由这一原则所增加的对人口增长的约束并没有超过在上一段中所提到的那些原则。

然而，我所接受的经过修正的双因素平等主义原则的确暗示：通过消费其产品使工厂化农场永久存在的行为是错误的。尽管我并不信奉素食主义，在这一点上有人可能会提出批评，但这种批评有时是针对素食主义者的。[8]因为要是这里所推崇的这个原则被普遍采纳的话，那么，不仅饲养的动物会减少许多，而且素食主义者的食谱也会变得更加广泛，食物链就会变得更短同时却更有效。由此会导致以下的批评：这样做的结果将会导致人口额外增加，随之而来又会造成生态破坏。我对此做如下的回答：第一，这一原则会被广泛采纳的可能性微乎其微，因而能产生的影响也就微乎其微；第二，虽然食物链容许人口增加，但生态破坏的前景仍然是要求限制人口增长的理由；第三，若是人口增长得不到控制，它给人类造成的痛苦也是要求限制人口增长的理由；第四，更短、更有效的食物链使得充分满足比现在的人口要多得多的人的食物需求得以成为可能，而且只要人口增长会因上述理由而得到控制的话，更多的善就会因此得到体现，而不会随之出现批评中所预测的恶。的确，满足目前人口食物需求的可能性是广泛采用更为素食化饮食方式的一个主要原因。

因此，我们所采用的原则既不要求世界人口下降，也不容许世界人口呈指数增长；而是建议稳定在无限持续但又不会导致生态逐渐恶化的范围。这就进一步证实了卡夫卡的观点：当代人有理由投入比最大消费量更多的资源份额，否则就无法缓解第三世界国家的贫困，如果没有这种努力，人口增长率就不可能会有足够的下降。这种资源的超限额利用在短期内会造成某种生态压力，但是，如果要将人口增长问题减小到可控制的比例，我们就必须得承受这种生态压力（其他生态恶化问题也是 191
一样）。[9]

在人口问题上，帕斯莫尔现在接受的道德上的创新观点有两种。一种观点要求大量的非基督教国家的人如印度人改变“早婚和强制性地多生”[10]的传统。这一点我不反对，虽然这种认可还不够广泛，但是，这种要求改变婚育传统的观点显然已经得到印度人的认可。因此，这种修正显然是与某些道德内容一致的，因为印度人已经明白了这种修正，正如印度报纸和我的印度亲戚所证实的那样。另一种观点是克服这样一种反对意见，即通常是由西方国家提出的反对宣传避孕法和反对取消男性生育孩子的禁令。但是，在现存的道德传统中，包括在罗马天主教的道德传统中，这些变化是可以适应的。尽管帕斯莫尔认为，并非所有男性（或女性）都有义务生孩子的看法肯定是正确的，但与西科拉和安格林一样，我已经指出，许多人确实还是有这样一种义务；因此，我无法支持帕斯莫尔赞同在这种情况下所做的这么大程度的修改；相反，应该鼓励人们生孩子，只是数量不要超过他们自身，因为额外的人口会给资源增加负担，尤其是因西方发达国家的总人口每增加一个都会给买不起食物的贫穷国家的资源造成额外的冲击（总之，由于严重的营养不良，对额外新增人口的义务有其上限）。

关于人口问题，与资源问题一样，尽管都与现在活着的人和非人类物种有着重要的关系，但实际上，我们的道德传统需要扩展的，主要还是要考虑距今几个世纪以后的人的利益问题。[11]在人口问题上，人们已经开始普遍接受这种更为长远的观点，并且，不仅仅是在西方国家还包括在贫困地区，只有要求经济改变以后才能将注意力放在长远的未来。因此，缓解贫困仍然是解决人口问题的先决条件。

自然保护

自然保护不仅包括节约使用非再生资源和保护再生资源，还拓展到
192 包括对野生物种及其栖息地的保护，以及对地球上所有生命维持系统的保护。正如帕斯莫尔所认为的，长期以来的肆意破坏行为一直是受到谴责的；而且所有破坏自然界的生物、物种或其栖息地的行为都应像破坏艺术品那样受到谴责。[12]尽管这种认识还没有达到对其内在含义的真正理解，如对那些应免遭破坏的生物和栖息地的价值的认识，但它却使野生生物和荒野岌岌可危的处境被视为一个问题。[13]对动物福利的关注强化了这种认识：当人们认识到地球上所有生命的栖息地，包括人类生活的栖息地都处于潜在的危险中，并认识到所有生命支持系统都需要受到保护时，这一问题的范畴便扩大了。

人类的长期利益在生命支持系统方面，包括那些与农业相关的生命支持系统以及那些保持空气的清新和水的清洁的生命支持系统，显然都处在危机之中。现代人类及未来人类对医学和农业研究的兴趣、对科学调查的兴趣、对娱乐的兴趣，以及对自然的审美鉴赏兴趣也极力要求保护大多数物种及与其相关的环境和生态系统。我们也不能忽视荒野自然对我们的心智健康以及我们俯瞰全貌的感受所具有的象征意义。辛格理所当然地将非人类动物的利益添加到了这些考虑之中。与古德帕斯特一样，我认为没有感觉能力的生物也同样具有道德地位，因为在大多数情况下它们也有利益。我还指出过，我们应该考虑那些未来生物，它们本来可以实现其自身的能力，却因人类的阻挠而受到损害或死亡；如果考虑到了这些，我们就有非常充分的理由去保护那些甚至是丑陋的、对我

们没有好处的物种。

刚才提到的各种利益当然会相互冲突。正如人必须吃东西才能生存一样，如果只考虑肉食动物的利益，那么，它捕食部分野生动物的行为就是被许可的。一般来说，自然秩序的干预往往能够保护自然，甚至促进自然，但是，如巴尔利（Byerly）指出的[14]，还必须充分考虑到干预可能产生的后果（包括长期的后果）。然而，积极的行动或许是保护生命支持系统所必需的：如上面提到的，不应让人口增长到破坏生命支持系统的程度；同样，也不应让非人类物种的数量增加到会破坏其栖息地的地步。但是，除了这种情况或是没有食物的情况之外，任何捕猎和剔除较弱动物的行为对野生动物来说都是无端的残忍，都应该受到谴责。从双 193
因素平等主义的角度来看，这意味着在人类（或其他比被捕猎或剔除较弱的动物具有更强心理能力的物种）的重要利益或根本利益并没有受到威胁的情况下，动物的基本利益被牺牲掉了。

有人认为，重要的是将生物圈视为一个整体，并认为只有当其成员有助于生物圈的稳定时才是重要的。对于这种观点，我不能接受。这种观点完全背离了公认的道德标准，我不知道怎样用这些道德标准来为其辩护。保护生态系统主要是为了保护生态系统所支持的生物的缘故。因此，不需要在人类和生物圈之间做出决定：保护生物圈的理由就在于人类和其他生物的利益——几乎不会再有比这个更充分的理由了。[15]诚然，无感觉能力的生物个体的道德意义是微不足道的，但我们完全能意识到这种道德意义，尤其是在大量的现存或未来生物都存在问题的情况下（如在某片森林可能被整个毁掉或某个物种可能被灭绝的情况下）。

在自然保护方面考虑未来人以及非人类生物的利益是对被普遍认可的传统义务范畴的拓展。因此，为未来人提供生计的义务（与第七章中斯特巴的建议相联系，这种义务在较弱的意义上得到了认可）或许就需要保护尽可能多的物种；未来的人类和非人类物种的利益同样增强了保护的力度——需要为每一代人制定一个他们必须遵守的最高消费限额。

此外，现存的非人类动物正在过着它们所适应的那种生活，它们的这种利益也强烈要求限制为了食物或为了实验室试验而可能饲养或宰杀它们，或者是作为现代农业或工业技术的副产品而被灭绝等这样一些情形的出现。更加明显的是，所有这些利益揭示出，我们有绝对的义务不使大气过热或受到污染，也有绝对的义务不让核放射性尘埃危害所有未来的生命。

道德传统

不过，可以看出，所有这些最近提到的义务都是那些公认义务的扩展，这种扩展要么是扩大认识后果的范围，要么是通过考虑与已经认可的利益相似的利益而获得的。它们也与管家传统和它的《旧约》起源是
194 一致的，因为它们认为野生生物本身就是有价值的，有权得到上帝的照顾。这种传统要求人类看护他们生活在其上的地球，并且与此处所描述的义务的扩展是完全一样的。

帕斯莫尔现在认为，在自然保护问题上，我们对待自然的态度迫切需要修正。[16]这一点是不容否定的。和他一样，我不拒绝成本/效益分析，但是，在大多数未来人的成本和效益受到漠视，以及非人类物种的成本和效益被忽略的情况下，这种做法就完全值得怀疑了。更糟糕的是追求短期回报，这是东西方世界共同追求的；无论公司、政治家，还是行政管理人员常常带着这种追求去做决定。还有就是对进步的信心，似乎进步可以保证所有其他方面的考虑都可以得到很好的照顾。再者，所有不能胜任的机械论自然观和工具论自然观都需要被加以克服，那种认为自然只有在被我们驯服和人化以后才有价值的观点也需要被加以克服。然而，这些形而上学的观点用现有的许多已被接受的信念就可以反驳；因此，这两种观点都不太容易接受（依据进化论）我们与非人类动物有亲缘关系的观点，也不太容易接受管家传统对犹太-基督教信仰人管

辖（dominion）自然的解释。类似的是，在挑战和谴责导致掠夺自然的不端行为方面我们已经拥有了道德资源。

与在其他问题方面一样，在这一点上，教育和思想的拓展两方面都起着关键的作用。压力集团（pressure groups）和政治党派也起着很关键的作用。但是，要让这些角色发挥作用，就需要一个合理的伦理理论。本章及本书前四章为提出这样一个伦理理论和揭示它与生态问题的关系起了积极作用；如我在上篇中所证明的，这个理论已经隐含在我们某些较为长期存在的传统中，尤其是管家传统中。

注　释

[1] ‘Ecological Problems and Persuasion’ in Gray Dorsey (ed.), *Equality and Freedom*, Vol. Ⅱ, New York: Oceana Publications and Leiden: A. W. Sijthoff, 1977, 431-442, p.438.

[2] Several relevant articles appear in *Vole*, 4, (3), March 1981.

[3] ‘Morality, Energy and the Environment’, Environmental Ethics, 3, 1981, 5-18, p.7.

[4] Cf. Singer, ‘Nor for Humans Only’, in K. E. Goodpaster and K. M. Sayre (eds), *Ethics and Problems of the 21st Century*, pp.201f.

[5] ‘Ecological Problems and Persuasion’, p.439; *MRN*, pp.84f. Passmore has been 195
criticized on this score in R. and V. Routley, ‘Nuclear Energy and Obligations to the Future’, *Inquiry*, 21, 1978, 133-179, and in chapter 6 above.

[6] ‘Personal Freedom and Environmental Ethics: The Moral Inequality of Species’, in Gray Dorsey (ed.), *Equality and Freedom*.

[7] William T. Blackstone, ‘The Search for an Environmental Ethic’, in Tom Regan (ed.), *Matters of Life and Death*, Philadelphia: Temple University Press, 1980, 299-335, p.303.

[8] Callicott criticizes Singer on related grounds at ‘Animal Liberation: A Triangular Affair’, *Environmental Ethics*, 2, 1980, 311-338, p.331.

[9] It is notable that Dennis C. Pirages and Paul R. Ehrlich, despite Ehrlich’s earlier views, now favour efforts directed at Third World development even at the expense of the West holding back over resource consumption, partly from the belief that it could assist the introduction of a steady-state world economy of the kind proposed by Herman Daly. See their *Ark II Social Response to Environmental Imperatives*, San Francisco: W. H. Freeman, 1974, p.243.

[10] ‘Ecological Problems and Persuasion’, p.440.

[11] Here at any rate I am in agreement with Robert Young, ‘Population Policies, Coercion and Morality’, in *Environmental Philosophy*, 356-375.

[12] ‘Ecological Problems and Persuasion’, p.441; *MRN*, p.124.

[13] Thus the *World Conservation Strategy* (published in 1980 jointly by the International Union for Conservation of Nature and Natural Resources, the United Nations Environmental Programme and the World Wildlife Fund), though admirable in relating conservation to development, confines its arguments to ones based solely on human interests.

[14] In ‘Principles of Noninterference with Nature in Ecological Ethics’, in *Ethics: Foundations, Problems and Applications, Proceedings of the Fifth International Wittgenstein Symposium*, Vienna: Verlag Hölder-Pichler-Tempsky, 1981, 318-320.

[15] Cf. the case for conservation presented in W. H. Murdy, ‘Anthropocentrism: A Modern Version’, *Science*, 187, March 1975, 1168-1172.

[16] ‘Ecological Problems and Persuasion’, p.441.

近期文献评述

生态问题和社会态度（第一至五章）

随着每天对温室效应、臭氧层的空洞、放射物的释放、酸雨以及受到污染的江河湖海的报道，全球性生态问题的存在现在是毋庸置疑的了。

自该书第一版出版以来，揭露出来的一些最惊人的事实主要有关东欧地区，特别是波兰、捷克斯洛伐克和东德普遍的污染。这些事实越发加剧了人们对把生态问题归咎为人口增长、富裕或是资本主义的那些理论的怀疑。人们通常为此责备高技术，这也是没有道理的（大部分的污染释放是由陈旧的技术引起的）。也许，将其归咎为高速工业化加上政府当局以往的态度，才更加切中要害。就本书而言，这些态度与基督教和犹太教没有什么关系，却与相信物质进步必然性的信仰有很大关系。然而，正如在书中自第 83 页开始所要争辩的，没有理由摒弃所有关于进步的信念，或是摒弃有可能找到合理解决我们所面临的问题的方法的信念（第一版中所做的一些调查分析很快就能在苏维埃社会主义共和国联盟看到，因为进步出版社要出版前面的第二章、第五章，以及第十章的译文）。

就集体行动、民主管理的国家行动和国际行动而言，这种行动会选择性地使用科学技术来解决或缓解问题，我们可以从麦克洛斯基的《生态伦理和政治》（*Ecological Ethics and Politics*）中了解许多相关内容[1]，至少可以说，对市场经济应当加以严格限制。然而，有关问题本身的性质，麦克洛斯基的最大贡献是他倡导在使用诸如“资源”和“人口过
197 剩”这样的概念时，概念要明确；正如罗伯特·艾略特在《澳大利亚哲学杂志》上发表的评论文章中指出的[2]，他倾向于支持技术乐观主义者，因而往往会低估问题的严重性，所以，在风险评估问题上，需要用罗伯特·古丁在《环境保护的伦理原则》文章中倡导的谨慎态度来加以平衡。[3]在前面第六章中我已经探讨了古丁在更早些时候发表的一篇文章中的一些主题［古丁的观点在一本有关伦理理论的著作中得到了进一步展开，这本书中的思想与现在的《保护脆弱者》（*Protecting the Vulnerable*）这部著作中的思想大体上是一致的[4]］。大卫·佩珀（David Pepper）在《现代环境主义的根源》（*The Roots of Modern Environmentalism*）中重申了麦克洛斯基要求澄清“资源”和“人口过剩”的概念[5]；佩珀还补充了一个有关环境主义和生态乌托邦（ecotopias）的精辟的马克思主义评论，这或许在论述价值时太相对主义了，但是，他对生态共产主义和生态法西斯主义以及自由主义的评论本身却是有价值的。

正如第一章中所表明的那样，不同的伦理观点无疑会导致对问题性质的不同认识。因此，深层生态运动的创建人奈斯在其近期的作品中还是明确表示（尽管前面第 3 页有关于他的段落），他认为，目前全球的人口水平对其他物种是一种威胁，因而也是问题的原因之一（参见，如《深层生态运动：一些哲学方面》的第 14 页所列出的“深层生态学纲领的第 4 条基本原则”[6]）。在前面第七章中，我已经介绍了不同观点的一些理由。正如第七章中所表明的那样，如果人口过剩问题是即将出现的

而不是真正存在的话，那么，无疑应该考虑采用一些人口控制的措施，但并不是特别要把人口数量降到比现在更低的水平。在《生态学、共同体和生活方式》（*Ecology，Community and Lifestyle*）中可以更充分地了解到奈斯的思想。[7]

有些评论家认为，第一章中关于因果关系理论的讨论是没有结论的，因为没有一个理论的接受是不带有限定条件的（不过有些人，如艾略特，却认为这是个优点）。例如，经济增长只被看成解释的一部分（第 17 页）；我坚持认为，这些解释需要加以补充，这又涉及态度问题。但是，犹太教和基督教的态度表明，态度并不能解决这些问题（参见第二至四章）；这些让人棘手的态度（如较为警觉的评论家所注意到的）倒是存在于长期持续的物质进步（第 83 页）及其正当性和必然性中。对于这一点，我想补充的是：经济关系和权力关系的世界体系起着决定性作用，正如（比如说）佩珀，还有布伦特兰的报告《我们共同的未来》所 198
描绘的那样。[8]这类报告强调了一些评论家们（也包括麦克洛斯基）所主张的：绝对需要民主国家和民主国际的政治解决方案。

犹太–基督教遗产和管家传统（第二至四章）

著名的新教神学家吉尔根·莫尔特曼（Jurgen Moltmann）最近在《上帝与创造》（*God and Creation*）中处理了这些问题。[9]莫尔特曼认为，导致近代科技文明兴起的原因，与其说是《圣经》中的观点，或是近代早期的经济、社会，以及政治状况，倒不如说是文艺复兴时期人们对全能上帝的信仰和（通过培根和笛卡儿）寻求与之相称的人性。犹太–基督教传统的批评者们误解了《圣经》中支配的意思，《圣经》中的这些段落主要与“一个园丁的保护工作”有关，而与掠夺式的利用无关；它们不是以人类为中心的，而是以上帝为中心的。即便人类是以上帝的形象而造的，在整个创造中有特殊的地位，他依然还是“创造的共同体中的一个成员”（第 31 页）；重要的是，在上帝的印象中，人是被造之物，上帝才是世界的创造者和保护者（第 29 页）。正如生活在 17 世纪的亨利·沃恩（Henry Vaughan，在一首有关《圣经·罗马书 8》的诗中）所承认的，上帝创造的其他万物也都跟人类一样在等待着上帝的后裔的到来（第 40 页）。显然，我不反对这些解释，尽管有可能把培根和笛卡儿的作用夸大了些。

鲍勒斯·格雷戈里奥斯（Paulos Gregorios）在《人类在场》（*The Human Presence*）中从犹太教正统派的立场表达了类似的观点。[10]格雷戈里奥斯指出，对于拜占庭传统中的“坚决果断的杰出人物”马克米留斯神父（Maximus the Confessor）来说（第 73 页），人（原文如此）是上帝和宇宙之间的调停者。格雷戈里奥斯强调，人类受大自然神秘性的影响，需要对其采取“虔诚-善于接受”的态度，而不是支配的态度；他在所有崇尚“地域与文化”（climes and cultures）的思想家（第 86 页）中，尤其是在天主教诗人杰勒德·曼利·霍普金斯（Gerard Manley Hopkins）那里找到了这种态度的例子。如果没有这种态度，“用管家概念来取代支配概念也不会使我们有多大改变”（第 84 页）；然而，倡导“回归自然”的神秘主义也应该被加以拒绝，应该采取的态度是把支配和神秘结合起来（第 87 页）。虽然人们对所有这些思想的一致性可能还有质疑，但是，赞同格雷戈里奥斯的大部分立场并不难。

天主教堂以前在日益加深的生态危机问题上所保持的沉默近来受到
199 了肖恩·麦克多纳（Sean McDonagh）在《关心地球》（*To Care for the Earth*）中的挑战。[11]麦克多纳极力主张有必要从只关注人类救赎的神学转向创造神学，因为创造神学是要回到并发展“保罗、本尼狄克（Benedict）、方济各、宾根的希尔德加德（Hildegarde of Bingen）、迈斯特·埃克哈特（Meister Eckhart）和托马斯·阿奎那的整体论创造神学”（第 108 页），它极力推行采用德日进（Pierre Teihard de Chardin）的进化论观点。除了全面考察“基督教应唱圣歌的光明面和黑暗面”之外（随之还令人称赞地把希尔德加德对自然界的称颂引入了文学中），麦克多纳在基督教的圣礼中，同时也在基督教以外的宗教中推导出了对自然的称颂，并且推荐从提议的新神学中寻求解决的方法，包括核裁军、联合国自然保护世界宪章 [12]，以及以在不剥夺人权情况下的计划生育。在这里，生态伦理的宗教种子已经按照一定的思路得到了发展（尽管是以口头上和半通俗的形式），许多天主教徒也越来越愿意认真思考这些问题了。

阿瑟・皮科克（Arthur Peacocke）和彼得・霍奇森（Peter Hodgson）在《价值、冲突与环境》的第七章中全面考察了犹太-基督教传统中对待自然的态度。[13]皮科克和霍奇森声称，基督教符合一些促进生态决策的宗教模式的标准，这些标准是唐・玛丽埃塔（Don Marietta）在《宗教模式与生态决策》的第 154 页中提出来的。[14]我则在后几章描述了现世人文主义和环境保护主义的态度，而安德鲁・贝尔西（Andrew Belsey）则描述了马克思主义的态度。古丁在《保护脆弱者》的第 183 页及其后的几页中提出了管家伦理的非宗教观点。[15]与此同时，安德鲁・林西（Andrew Linzey）在《基督教与动物权利》中提出了对基督教历史的看法，这种看法没有我的看法得到的支持多[16]；林西还极力要求以《圣经》为依据承认动物权利。自那时起，苏珊・鲍尔・布拉顿（Susan Power Bratton）在《环境伦理》杂志上发表文章《原始沙漠隐士：早期基督教的隐修规章与荒野》，对把荒野和野生生物的恶劣态度常常归咎于早期的隐修规章的看法提出了巧妙的质疑。[17]

自从《环境关怀的伦理学》问世以来，历史学家基斯・托马斯（Keith Thomas）在其著作中对基督教的人道主义和管家传统（第三章）做了实质性的辩护。托马斯的《人与自然界：现代感受性的历史》（*Man and the Natural World：A History of the Modern Sensibility*）[18]，以及 16 世纪英国人做法中强调以人为中心的特点，驳斥了帕斯莫尔和辛格，因为他们否认在蒙田以前的时代基督教认为虐待动物本身是错误的，并认为 200

人道主义的态度主要是由怀疑论者倡导的，只是后来才被基督教所采纳。托马斯给出的让人印象深刻的大量证据（除了别的以外）还表明，此类判断在整个基督教世纪中都可以找到，而且从《财主和乞丐》（大约 1400 年）一直到近期的反对虐待动物的布道以及（后来）编写的小册子的依据也都是始终如一的。类似的观点也可以用来回答迈克尔·兹默曼在《深层生态主义者》杂志中的文章《自然主义的悖论》[19]；相比之下，兹默曼较近期的论文（《环境伦理学》中的《量子理论、内在价值，以及万有在神论》）[20]则反映出对基督教超泛神论的一种认同感。有关基督教对自然的态度以及基督教神学用以解决环境问题的合理性的辩论在尤金·哈格洛夫的文集《宗教与环境危机》中仍在继续。[21]

但是，詹姆斯·雷切尔斯（James Rachels）明确拒绝（比如说，莫尔特曼所强调的）人类是上帝的化身的信念，他无疑也拒绝相信（格雷戈里奥斯所强调的）人类具有特殊的中介作用。在《从动物创造而来》（*Created from Animals*，副标题为“达尔文学说的道德含义”）[22]中，雷切尔斯争辩说，达尔文主义既削弱了上帝设计论点的基础又削弱了相信人类特殊性的有神论的信仰；他认为，传统道德的物种主义缺乏合理的基础，应该由一个更为倡导平等的伦理来取代（实际上就像麦克多纳赞同的那样：参见第 203 页）。雷切尔斯的伦理态度应该受到赞许。但是，达尔文主义是否推翻了上帝设计的论点，这一点还不太清楚；在我早期的著作《上帝与世俗论者》的第六章中可以看到一个相反的论点。[23]鉴于人类的道德能力和责任，是否应该摒弃“上帝化身”的学说，这一点也不清楚（超世俗的能力和责任也应被视为属于同样的学说）。

与此同时，深层生态运动的支持者们，如沃里克·福克斯（在《走近深层生态学：答理查德·西尔万对深层生态学的评论》中）[24]，一直极力主张人们需要做的就是与自然和生物圈的认同。尽管这个主张还是无法解决优先权的问题，但认同仅仅只是发生在关注自然（等等）时，这个主张是不会引起争议的。但是，如果“认同”是一种通常意义上的表达的话，那么，如彼得·里德（Peter Reed）所指出的[25]，对自然他者的敬畏感也同样完全可以促进适当的行为和政策。奈斯的答复[26]表明，敬畏和认同是可以结合的，但是，敬畏并不是千篇一律地总是包括认同，而不能有它自己的作用。福克斯从赞成伦理范式转换的新物理学 201
角度提出了这种观点，而埃里克·马修斯（Eric Matthews）在《环境主义的形而上学》[27]中对福克斯的这种观点提出了尖锐的批评，尽管马修斯所持的是人类中心主义立场，但是，他的批评还是值得关注的。我在尚未发表的论文《西尔万、福克斯，以及深层生态学：从大陆架的观点看》[28]中对福克斯的形而上学及他对价值论的贬低给予了更为明确的回答；在有些方面，我觉得应该支持西尔万的文章《深层生态学评论》[29]，尽管其中有些误解（有些评论者认为我在第八、第九章对深层生态学的评论太简短，这篇“大陆架”文章可以被看作是我对深层生态学看法的进一步阐释）。

未来世代（第六章）

史蒂芬·克拉克把我的规范理论说成是以幸福最大化为中心的理想的功利主义[30]，与他不同，韦恩·萨姆勒（Wayne Sumner）的评论指出，对上面提到的内在价值中心地位的基本能力的运用能力，实际上已被传统的功利主义者如穆勒，还有可能被我，纳入“幸福”中了。[31]然而，如果大家一致认为基本能力的发挥具有内在价值，那么，看来最好是在价值理论中说明，而不要指望它隐含在幸福之中——一种至少可以说是尚有争议的隐含之中。当然，萨姆勒是后果论整体观的支持者；他在《权利的道德基础》（*The Moral Foundation of Rights*）[32]中很好地论述了这一立场与道德权利的关系。

罗伯特·艾略特的短评[33]包括了对罗尔斯式的契约论进行的辩护，这种契约论对罗尔斯的原初状态进行了修正。在《价值与义务理论》的第 10 页我已经陈述了在修改了的原初状态和由此产生的原则方面所遇到的难题。有兴趣的读者可以参阅这本书。另外，卡梅伦（J. R. Cameron）在《未出生的后代重要吗？》[34]中对罗尔斯原初状态的修改也遇到了前面第 105 页同样的困难。尽管似乎所有针对罗尔斯的修改方案都不大可能确切地产生正义原则和产生对未出生的后代的义务原则，但罗尔斯的模式在不断地促进环境哲学的发展，诸如罗伯特 • 西蒙（Robert L. Simon）的《受困的水：全球公正和海洋资源》，该文收录在雷根编辑的《植根地球》（*Earthbound*）论文集中。[35]这本文集也收录了安妮特 • 贝尔（Annette Baier）的文章《为了未出生的后代》，该文全面评述了有关重视未出生后代义务的问题。[36]然而，我赞成罗伯特 • 古丁（参见《保
202 护弱者》第 173～178 页）把后果论作为这些责任的依据，而不太赞成贝尔的跨代的契约论。[37]

汉斯 • 乔纳斯（Hans Jones）在他的著作《责任原则》（英译本）中进一步阐述了人类对未出生后代责任的性质和范围。[38]正如该书的副标题“寻求技术时代的伦理”所示，乔纳斯认为，现代技术生动地向人们展示了前所未有的道德问题。尽管他意识到技术开发的各种可能性，即使对未出生的后代履行义务的机会永远不会关闭，但他要强调的却是技术所造成的可怕威胁，以及由此产生的预示世界末日的各种可能性。乔纳斯把自己的著作《责任原则》（*Das Prinzip Verantwortung*）和《主体的强与弱》（*Macht oder Ohnmacht der Subjectivitat*）翻译成英语，并因此用一种独立的传统丰富了安格鲁•撒克逊哲学。必要的话，读者可以提供修改意见，不过这可能需要一种更高层的分析方法。然而，遗憾的是，他要求改善现行做法的理由大多是立足于人类利益和对人类的责任的；乔纳斯极力主张开创非人类中心主义的价值论，尽管如此，他最终还是没能摆脱人类中心主义的倾向［我很感谢卡尔 • 塔伯特（Carl Talbot），是他的一篇文章引起了我对乔纳斯著作的注意］。

在《价值、冲突与环境》[39]中，我探讨了有关未出生后代的环境以

及其他一些问题的决策方法论，在该书中，我提出了综合考量方法，并对其进行了辩护。这种方法运用的是合理地降低未来的成本-收益比率，但在这方面也仅仅只提出了诸如机会成本这样一些相关因素和不确定因素。因此，《价值、冲突与环境》与本书在这个方面没有什么根本的不同。综合考量方法的运用要求做较大的变革，这些变革包括（在许多国家中）政府部门的改组，以及法律、教育方面。

从某些方面说，在《我们共同的未来》这一报告中可以找到对未出生后代责任的实用理论。该书倡导可持续发展，倡导一种从社会和环境两方面讲都可持续的世界体系——要想可持续，这个世界体系就必须是公正的。本书第六章中讨论了可持续性的原则、第七章中讨论了人口的稳定，但对可持续性做详细的讨论则超出了本书的范围。不过，我非常 203
赞同世界环境与发展委员会所做的分析和提出的建议[40]，我很希望读者能做一些推动这些建议实施的事。

生命的繁衍及其价值（第七章）

就这一章而言，哲学评论家们没有发现很多的新内容。迪特尔·伯恩巴赫［Dieter Birnbacher，在《哲学杂志》（*Allgemeine Zeitschriftjirr Philosophie*）中］完全相信这里所提到的后果论整体观的看法，并相信这种整体观倡导的是可持续的人口水平。[41]韦恩·萨姆勒既认可这一理论又支持它的结论，他提到了“失策”却没有给予说明，但他发现结果“给人留下了相当深刻的印象”。[42]艾略特觉得这个讨论很敏感，但是，他认为我太急于“寻求避难所，因而断言在现实生活中不会出现据说是无法接受的纯功利主义的结果”，他指出，规范理论也应该在适当的社会中被加以运用（第 506 页）。[43]然而，书中第 128 页及后几页还详细论述了较为丰富的可能世界的理论，只有这样的世界才能容纳众多的人口，并认为这是一个不会有异议的结论。在现实社会中，缓解绝对贫穷显然是需要优先解决的。

另外，约翰·莱蒙斯（John Lemons）在《环境专家》[44]中抱怨没有恰当地处理人口增长和环境破坏的关系；但是，诸如此类的因素的确修正了本书第 128 页所赞成的可持续人口的水平。他还对人口控制计划缺乏必要的覆盖面表示遗憾，我在本书第 136 页已明确说明这个话题已经超出了本书范围。我在《价值与义务理论》（第 172 页）和论文《人口政策和人的价值》[45]中已经讨论过这两个问题。

麦克洛斯基[46]也认为目前不存在人口过剩问题，同时他还认为，正义要求进行一次重新分配，以使所有人都过上温饱的日子；而《我们共同的未来》（布伦特兰报告）[47]很清楚地说明了目前人口的利与弊，以及达到可持续水平的理由，其中包含了许多有价值的人口政策思想。本章的第一部分对奈斯所倡导的减少人口做了评论。劳特利（现在叫西尔万）在《人与土地：人口问题的伦理》[48]中更为详细地提出了类似的问题，同时也批评了人口水平的功利主义结论。

204 在 1984 年出版的著作《理性与人》（*Reasons and Persons*）中[49]，德里克·帕菲特对规范理论和相关的人口问题做了期待已久的权威解答。正如人们从他的早期著作所做的预料那样，帕菲特为那个似乎使整体观后果论无效的非常矛盾的结论（用帕菲特的话来说）做了辩护（在第四部分）；帕菲特的独具匠心使我在《价值和义务理论》的第九章中又反过来为整体观辩护，在第九章中，人口是对这一理论的一个判例性案例，而这一理论（借助于对有价值生命的一两点修正）很好地经受住了检验。

非人类物种的道德地位（第八章）

第八章的结论是，没有感觉能力的生物也具有道德地位，而且它们的繁荣具有内在价值。这些结论遭到了来自不同角度的批评。这里主要关注其中两种。

在《生物学上的功能与生物学上的利益》[50]一文中，加里·瓦勒在支持我反对范伯格的只有具有感觉能力才拥有利益的观点时，提出了显然属于生物而不是人工制品所需要的进化论解释。这种解释有助于消除人们怀疑没有感觉能力的生物具有道德地位的观念。接着，瓦勒为没有感觉能力的生物的道德地位辩护。然而，他认为我的思想实验有误。这个实验是有关人们对最后一个有感觉能力的幸存者砍倒一棵树的反应。他最初的批评只是针对我在《树木的善》[51]一文中所提出的这种思想实验的早期看法。文中提及的这棵树是其种类中的最后一棵。他似乎没有注意到，在第二版中的第 155 页说到这最后一个人的行为也会被视为错误的，即使这棵树*不是*该种类的最后一棵。瓦勒提出的第二点批评是有关赋予树木以道德意义的可能性是因为它的美而不是它的利益。但是，他认为美（而不是对它的欣赏）具有内在价值的观点在前面第 152 页已经遭到了反驳；当然，如果这种观点被接受的话，那么，树木的价值，如果与它的美有关，就取决于它成为以后用于欣赏的对象，而这正是思想实验所要排除的。因此，如我所主张的那样，如果大多数人仍然认为对待最后一棵有感受能力的树木的行为是错误的话，原因就不可能是这棵树的美。因此，如果第八章中对其他解释提出异议的论点成立的话，那么，涉及这一错误行为的有说服力的看法就必须得用树木自身的善所具有的内在价值来加以解释。

然而，瓦勒主要反对的是方法。尽管“普遍的直觉……可以作为检 205
验我们道德理论的确定指标”，但这只适用于 “对‘一般情形’的直觉”，而在少数情形中（包括上述的思想实验），“理论家会不自觉地去遵循理论而不是直觉”。[52]这里有一些概念上的错误。瓦勒把“一般情形”解释为“有关人的情形”；要是真能依据这样的解释的话，那么，一遇上反对的理论，就会有许多有说服力的判断受到怀疑或忽视（我在《生态伦理的方法》一文中进一步探讨了经过深思熟虑的可靠的判断与理论之间的关系[53]）。此外，在《树木的善》中和前面第八章中提到思想实验时，我都已经给出了理论依据来说明植物的善具有内在价值和道德地位；尽管（最终通过类比得到的）这些依据不是决定性的，但它们却对唯感觉能力的观点（the sentience-only position）提出了重大的质疑。我认为，思想实验本身并不构成一个决定性的论据；我要说的是，“在这种情形中，直觉起到了进一步证实已经有其他依据他持的理论的作用”（第155 页，关于艾略特对这种思想实验的讨论，请参见他的述评第 506 页及其后的几页）。

然而，在很大的程度上，非人类物种具有道德地位的信念必须基于有关需求的论据，这些需求从道德角度来看是极其重要的，但却绝对不取决于实际的（或甚至是假定的）偏好或感觉能力。由于这些论据从公认的具有道德地位的物种健康或伤害情形转移到了那些有争议的存在物，因而这些论据肯定是类比的。瓦勒本人就提出了这种论据，并承认它们不具有说服力；依我看，这与他过多地将利益视为与偏好相关有关。在《树木的善》[54]中和前面第 153 页中还提到了类似的论据（对此，瓦勒没有加以评论）。利用了这些论据的另一位作者是艾伦·霍兰德（Alan Holland）。我们可以在他的《生物革命》（*The Bio-revolution*）[55]中发现他那独特的方法（他提出了遭受痛苦的问题，同时也提出了伤害和自由问题）。

在《价值、冲突与环境》[56]的第 26 页，我不仅提出了思想实验的论据，还提出了类比的论据。在那里，尽管我提供了被唯感觉能力推论所采用的各种论据，但有点遗憾的是，在讨论这一问题的那一章并没有完全回答这一问题。我在一篇待发的文章中对这篇报告（以及从各种偏好角度来对“利益”所做的分析）的这个方面提出了批评，并对其许多其他方面进行了辩护。[57]

最近，对无感觉能力的生物具有道德地位提出另一种批评的是琼
206 娜·汤普森（Janna Thompson）。她同时又把“环境伦理学”理解为提供

“自然中的一些实体或处于自然状态中的一些实体具有内在价值”的知识系统。她认为，“环境伦理”通常没有达到前后一致的、有意义的和可判定的要求（也就是说，没能提供明确的结论）。[58]针对环境伦理学家提出的内在价值的标准以及这些标准的运用，汤普森提出了一系列的质疑，如“为什么停在这里”，她要极力表明赋予缺乏主动性的生物以道德地位的所有观点都是站不住脚的。尽管在赋予无感觉能力的实体以价值和道德整体论方面，汤普森的有些批评与我是一致的，但她的批评矛头也指向了我在前面第八章中所拥护的观点，而她主张只具有自身善或自身利益（即非派生的利益）的存在物才具有道德地位。

汤普森在引用了泰勒对这一观点所做的辩护之后［摘自泰勒《尊重自然：一种环境伦理理论》（*Respect for Nature，A Theory Of Environmental Ethics*）第 66 页[59]］，她接着指出，具有自身善的这类事物包括器官和机器。[60]但是，器官的善取决于其所属的生物，而机器的善则要么取决于其发明者、制造者、使用者的利益，要么取决于其修理者的利益。从某种程度上讲，若个体的生物没有对等物，便可以说这种善就是它的善。

汤普森的确发现，有必要对她的有疑问的论据进行弥补。她问道：为什么一个拥有自身的善的事物与道德地位相关？假定（严格来说）缺乏自身善的水晶和岩石与诸如有感觉能力的动物这些公认的具有道德地位的持有者之间有类似之处的话，那么，她认为赋予后者而不赋予前者以道德地位就是矛盾的。但是，姑且不论水晶和岩石所体现出的自我维持的程度及质量的问题，古德帕斯特的论据依然有效：如果一个事物缺乏自身的善，那么，道德代理人不可能对其表示慈善。[61]其实，这一点也适用于其他有关道德地位拥有者的观点。

尽管汤普森对环境伦理学的许多独特的批评值得同情，但是，我认为，若是考虑将内在价值归因于拥有感觉能力或主体性，那么，对自然实体的内在价值、状态及其条件的（近乎不留情的）严格审查就不是这样。再者，汤普森本人的观点是，无感觉能力的生物的价值可以从它们对我们生存的价值方面去寻找，假定“个体的我们是什么和一种好的生活是什么”[62]的概念得到了适当的强化，而这种好的生活的概念又涉及对自然价值的认识，那么，这种说法就不那么可信：若是缺乏这种概念，除了工具性的理由外，那就再也没有别的理由可以让道德代理人去尊重或保护无感觉能力的生物了。不过，就至关重要的内在价值概念而言，汤普森的批评比这类观点进了一步：如果始终如一地追寻下去，就会削弱所有道德代理人的动机（在《深层生态学和内在价值：答安德鲁·多布森》[63]一文中，我对其中的这样一种批评做了回答）。

要回应诺顿在《资源保护论和自然保护论：概念的复位》[64]论文中对人类中心主义的坚定捍卫，只需在此提及前面第八章所给出的论据就足够了。不过，这并不是说要贬损捍卫人类利益的观点，人类利益恰恰是诺顿在他的论文《论低估物种的固有危险》[65]中要捍卫的观点。

种际道德：原则与优先性（第九章）

罗纳德·普雷斯顿（Ronald Preston）在《神学》[66]中的评论极力主张给人以优先权，而不应该像前面所建议的平等地关注所有相同的利益，因为人比其他生物要高级。在实践中，如我在第 177 页及后几页所断言的，在人类社会中，即使对于严重的智力障碍儿童而言，只要提及人类第三群体的利益，这样一种政策便是理所当然的了。然而，在非人类物种更大利益遭受威胁的情形中，完全建立在人格基础上的歧视就类似于物种歧视。罗尔斯顿[67]承认人类的这种优越性，他的观点显然也存在这样一个问题（参见我在《环境伦理》中的评论[68]）。

与此相关的是，有些作者从一种固定的模式出发（像麦克洛斯基）[69]，继续将权利只赋予那些拥有道德自主权的动物（然而，其他动物健康的利益却可以胜过这些权利）；如雷根就有选择地把权利定位于生命主体（subjects-of-a-life），本书第 146 页对雷根早期就道德地位更充分的论述已经做了描述，雷根对生命主体的论述似乎已经做了修改以便涵盖那些主体性观点的持有者。[70]对雷根来说，很少有什么东西能够胜过这些权利，如我在第 168 页所指出的，这是问题的重大根源。艾略特[71]也做过有关反对麦克洛斯基的评论，他指出，只要其他价值能够超越动物权 208
利，那么，动物福利论者与环境主义者之间就不一定存在着不可调和的对立（因此，对那些同时赞成这两种运动的人来说，与麦克洛斯基决裂并承认动物权利就不会有什么原则性的问题了）。然而，尽管弗雷（在《权利、杀戮和痛苦》中）[72]依然对动物利益不够敏感，但他的观点却是值得称赞的，他认为，无论是否使用权利语言，都无法实现动物的权利。

其他哲学家认为，除了确定道德地位的拥有者之外，哲学无法再进一步给其中的一些拥有者以优先权，也无法提出给其中的一些拥有者以优先权的充分理由。劳伦斯·约翰逊（Lawrence E. Johnson）在《道德的深层世界》[73]中提出过这种观点。我在给本森（第 175 页及后几页）的就“内在价值等级”（degrees-of intrinsic-value）问题的答复中对此做了回答；的确，如果没有一个答案，环境伦理学甚至就会通不过汤普森的判决性实验，它要求能够为各种情形提供可以决定的东西。

优先权也是泰勒关注的一个问题。在《尊重自然》一书中，泰勒提出了公平解决冲突的五项原则。[74]但是，纵然他是从生物中心的平等主义立场出发的，人们也仍然不清楚这些原则是如何各自自圆其说的，也不清楚这些原则之间的矛盾是如何通过理性手段得到解决的。我在《生物中心主义、道德地位和道德意义》[75]一文中提出了这样一些问题。奈斯的深层生态学纲领中也出现了类似的问题。问题已经到了这样的程度，也就是说，需要认真对待他在《浅层生态运动与深层、长远的生态运动》中提出的“生物圈平等主义”[76]［沃里克·福克斯采纳了放弃价值理论的做法，他认为价值理论是由奈斯和乔治·塞辛斯（George Sessions）[77]提出来的，放弃了价值理论的深层生态学似乎也就全然放弃了为行动提供理由的可能性，随之也就放弃了解决冲突的可能性］。如果没有一个要求同等利益给予同等考虑（不同等的利益就应该给予不同的考虑）的原则，那么，很难理解冲突会解决得多么合理。

为了解释这个原则（来自辛格的著作），前面介绍了范·德维尔的双因素平等主义的一种受限制的说法。与一些评论家不同，在对基本的价值理论怀疑的情况下，艾略特认识到了这些限制，看到了它们的力量，并似乎赞成出现的原则。[78]然而，要是系统的利益以某种方式被赋予内
209 在价值的话，运用“同等利益”原则的可能性就会很小（遵从汤普森的可决定性要求的希望也就会很渺茫）。不过，至少能让我确信，承认系统内在价值的论据还有待于证实。

除了不承认无感觉能力的生物拥有道德上的相关利益和从多种偏好的角度去解释利益之外，《价值、冲突和环境》[79]一书提出了解决冲突的类似原则。在一篇至今尚未发表的题为“关于环境的思考”的文章[80]中，我回应了这些不同的看法。然而，基于许多实际的考虑，我支持报告（见上述）中提出的综合考量方法，不是因为它比成本-收益分析［包括大卫·皮尔斯（David Pearce）等在《绿色经济的蓝图》（*Blue Print for a Green Economy*）[81]中所支持的那种］要高一筹，也不是因为它比罗尔斯顿在《环境伦理学》[82]中的判定程序要好一些，而是因为就其理论内容而言，它论证充分，不会受到诸如萨戈夫在专著《地球的经济学》[83]中对成本-收益分析所做的批评，而且它经得起实践的检验。

旧原则，新政策（第十章）

帕斯莫尔在《人对自然的责任》第二版（1980 年）中收录了他的文章《对自然的态度》[84]，这篇文章的结论是要认识到我们需要“一种更现实的自然哲学”和“对自然的新态度”。[85]这至少与他的第一版（1974 年）的基调相比有明显的转变，有鉴于此，我写本书最后一章的目的之一，就是要依据书中其他章节所捍卫的理论来判断在污染、资源、人口

及自然保护领域需要新的道德观点或新的道德原则的程度。我仍然怀疑需要全新的道德原则的说法，因为我认为，长期运用着的那些原则已经在要求做一些根本性的社会重组。

这一点可以在近期的著作得到说明。研究核能产生的丹尼尔·肖（Daniel Shaw）给奈杰尔·道尔（Nigel Dower）的文集投了一篇抨击猛烈的文章，名为“追随切尔诺贝利：冒险的伦理”（*After Chernobyl：the Ethics of Risk-Taking*）。[86]该文的讨论与上述原则和结论基本一致。对于上面讨论的其他大多数实际问题，世界环境与发展委员会的报告《我们共同的未来》[87]中告诉了我们许多有价值的东西，然而，这些东西却要求对国际关系和国际经济秩序进行重新改组。

人们会拥护麦克洛斯基[88]，他反对极权主义，赞成用民主的方式来解决这些问题；没有理由相信暴君，不管从生态角度看其用意是多么善 210
良。但是，他所赞成的调节能力更强的自由市场体系能否解决这些问题本身就是个问题。布克钦[89]对忽视社会问题和权力关系的生态哲学家提出了严厉的批评，这是对的；可是，他自己的原则（及其相应的解决办法）还需要依据上面所讨论的原则加以修改。

或许一种恰当的绿色解决方式要求（如艾伦·卡特所主张的那样）[90]在世界范围生产一种非集权的民主管理。然而，由于这种解决方式可能还需要等待很长时间，在这段时间里，许多有价值的东西就可能会丧失掉，这样，基层的反省和行动不仅必不可少而且常常是可以做到的。使生命变得更有价值的行动不会没有用处，即便它们所产生的影响不那么大；还有人［像卡特和李基可（Keekok Lee）］[91]认为所有这些努力或许都只是有助于全球性的和可持续的变化。

注 释

[1] H. J. McCloskey，*Ecological Ethics and Politics*，Totowa，NJ：Rowman and

Littlefield, 1983.

[2] Robert Elliot, Critical notice of *The Ethics of Environmental Concern*, *Australasian Journal of Philosophy*, 63, 1985, 499-505.

[3] Robert Goodin, ‘Ethical Principles for Environmental Protection’, in Robert Elliot and Arran Gare (eds), *Environmental Philosophy*, St. Lucia: University of Queensland Press; Milton Keynes: Open University Press; University Park: Pennsylvania State University Press, 1983, 3-20.

[4] Robert E. Goodin, *Protecting the Vulnerable*, Chicago: University of Chicago Press, 1985.

[5] David Pepper, *The Roots of Modern Environmentalism*, London, Sydney, and Dover, NH: Croom Helm, 1984.

[6] Arne Naess, ‘The Deep Ecology Movement: Some Philosophical Aspects’, *Philosophical Inquiry*, 8, 1986, 10-31.

[7] Arne Naess, *Ecology, Community and Lifestyle*, trans. David Rothenberg, Cambridge: Cambridge University Press, 1989.

[8] World Commission on Environment and Development, *Our Common Future*, Oxford: Oxford University Press, 1987.

[9] Jurgen Moltmann, *God and Creation*, London: SCM Press, 1985.

[10] Paulos Gregorios, *The Human Presence*, Geneva: World Council of Churches, 1978.

[11] Sean McDonagh, *To Care for the Earth: A Call for a New Theology*, London: Geoffrey Chapman, 1986.

211 [12] Worid Charter for Nature (annex to Resolution 37/7 of UN General Assembly, 1982), in United Nations, *Resolutions and Decisions Adopted by the General Assembly During Its 37th Session*, New York: United Nations, 1983.

[13] Robin Attfield and Katharine Dell (eds), *Values, Conflict and the Environment*, Oxford: Ian Ramsey Centre, Oxford, and Centre for Applied Ethics,

Cardiff, 1989.

[14] Don Marietta, 'Religious Models and Decision-Making', *Zygon*, 12, 1977, 151-166.

[15] Goodin, *Protecting the Vulnerable.*

[16] Andrew Linzey, *Christianity and the Rights of Animals*, London: SPCK, 1987.

[17] Susan Power Bratton, 'The Original Desert Solitaire: Early Christian Monasticism and Wilderness', *Environmental Ethics*, 10.1, 1988, 31-53.

[18] Keith Thomas, *Man and the Natural World: A History of the Modern Sensibility*, New York: Pantheon, 1983.

[19] Michael Zimmerman, 'The Paradox of Naturalism', *The Deep Ecologist*, 9, January 1984, pp.9f.

[20] Michael Zimmerman, 'Quantum Theory, Intrinsic Value and Panentheism', *Environmental Ethics*, 10.1, 1988, 3-30.

[21] Eugene C. Hargrove (ed.), *Religion and Environmental Crisis*, Athens: University of Georgia Press, 1986.

[22] James Rachels, *Created from Animals: The Moral Implications of Darwinism*, Oxford and New York: Oxford University Press, 1990.

[23] Robin Attfield, *God and the Secular*, Cardiff: University College Cardiff Press, 1978, chapter 6.

[24] Warwick Fox, *Approaching Deep Ecology: A Response to Richard Sylvan's Critique of Deep Ecology*, Hobart; University of Tasmania, 1986 (University of Tasmania Environmental Studies Occasional Paper 20).

[25] Peter Reed, 'Man Apart: An Alternative to the Self Realization Approach', *Environmental Ethics*, 11.1, 1989, 53-69.

[26] Arne Naess, '*Man Apart* and Deep Ecology: A Reply to Reed', *Environmental Ethics*, 12.2, 1990, 185-192.

[27] Eric Matthews, ‘The Metaphysics of Environmentalism’, in Nigel Dower (ed.), *Ethics and Environmental Responsibility*, Aldershot: Avebury, 1989, 38-56.

[28] Robin Attfield, ‘Sylvan, Fox and Deep Ecology: A View from the Continental Shelf’ (unpublished paper) .

[29] Richard Sylvan, ‘A Critique of Deep Ecology’, Parts Ⅰ, Ⅱ, *Radical Philosophy*, 40, Summer 1985, 2-12; 41, Autumn 1985, 10-22.

[30] Stephen Clark, Review of *The Ethics of Environmental Concern*, *Philosophical Books*, 26.3, 1985, 184-186.

[31] L. W Sumner, Review of *The Ethics of Environmental Concern*, *Environmental Ethics*, 8.1, 1986, 77-82, at p.80.

[32] L. W Sumner, *The Moral Foundation of Rights*, Oxford: Oxford University Press, 1987.

212 [33] Elliot, Critical notice of *The Ethics of Environmental Concern.*

[34] J. R. Cameron, ‘Do Future Generations Matter?’, in Dower (ed.), *Ethics and Environmental Responsibility*, 57-78.

[35] Robert L. Simon, ‘Troubled Waters: Global Justice and Ocean Resources’, in Tom Regan (ed.), *Earthbound: New Introductory Essays in Environmental Ethics*, Philadelphia: Temple University Press, 1984, 179-213.

[36] Annette Baier, ‘For the Sake of Future Generations’, in *Earthbound: New Introductory Essays in Environmental Ethics*, 214-246.

[37] Robert Goodin, *Protecting the Vulnerable*, pp.173-178.

[38] Hans Jonas, *The Imperative of Responsibility*, Chicago and London: University of Chicago Press, 1984.

[39] See chapter 3 of Robin Attfield and Katharine Dell (eds), *Values, Conflict and the Environment*, Oxford: Ian Ramsey Centre, Oxford, and Centre for Applied Ethics, Cardiff, 1989.

[40] For the details of *Our Common Future*, see note 8 above.

[41] Dieter Birnbacher, Review of *The Ethics of Environmental Concern*, *Allgemeine Zeitschrift für Philosophie*, 11, 1986, 63f.

[42] Sumner, Review of *The Ethics of Environmental Concern*, p.81.

[43] Elliot, Critical notice of *The Ethics of Environmental Concern*, p.506.

[44] John Lemons, Review of *The Ethics of Environmental Concern*, *The Environmental Professional*, 6, 1984, 163-165.

[45] 'Population Policies and the Value of People', *Journal of Social Philosophy*, 14.4, 1983, 84-93; also in Yeager Hudson and Creighton Peden (eds), *Philosophical Essays on the Ideals of a Good Society*, Lewiston, NY: Edward Mellen Press, 1988, 191-201.

[46] McCloskey, *Ecological Ethics and Politics*.

[47] *Our Common Future*, chapter 4.

[48] Richard Routley (now Sylvan), 'People vs the Land: The Ethics of the Population Case', in R. Birrell et al. (eds), *Populate and Perish*, Sydney: Fontana, 1984.

[49] Derek Parfit, *Reasons and Persons*, Oxford; Oxford University Press, 1984.

[50] Gary E. Varner, 'Biological Functions and Biological Interests', *Southern Journal of Philosophy*, 28.2, 1990, 251-270.

[51] Robin Attfield, 'The Good of Trees', *Journal of Value Inquiry*, 15, 1981, 35-54.

[52] Varner, 'Biological Functions and Biological Interests', p.263.

[53] Robin Attfield, 'Methods of Ecological Ethics', *Metaphilosophy*, 14, 1983, 195-208; republished with an updating postscript in Terrell War Bynum and William Vitek (eds), *Applying Philosophy*, Oxford and New York: Metaphilosophy Foundation, 1988, 176-190.

[54] 'The Good of Trees', p.50.

[55] Alan Holland, 'The Biotic Community: A Philosophical Chitique of Genetic

Engineering', in Peter Wheale and Ruth McNally (eds), *The Biorevolution*, London and Winchester, Mass.: Pluto Press, 1990, pp.166-174.

[56] For *Values, Confiict and the Environment*, see note 13 above.

[57] Robin Attfield, 'Reasoning About the Environment' (unpublished essay).

213 [58] Janna Thompson, 'A Refutation of Environmental Ethics', *Environmental Ethics*, 12.2, 1990, 147-160.

[59] Paul Taylor, *Respect for Nature: A Theory of Environmental Ethics*, Princeton: Princeton University Press, 1986.

[60] Thompson, 'A Refutation of Environmental Ethics', p.153.

[61] Kenneth Goodpaster, 'On Being Morally Considerable', *Journal of Philosophy*, 75, 1978, 308-325.

[62] Thompson, 'A Refutation of Environmental Ethics', p.160.

[63] Robin Attfield, 'Deep Ecology and Intrinsic Value: A Reply to Andrew Dobson', *Cogito*, 4.1, 1990, 61-66.

[64] Bryan G. Norton, 'Conservation and Preservation: A Conceptual Rehabilitation', *Environmental Ethics*, 8.3, 1986, 195-220.

[65] Bryan G. Norton, 'On the Inherent Danger of Undervaluing Species', in Bryan G. Norton (ed.), *The Preservation of Species. The Value of Biological Diversity*, Princeton: Princeton University Press, 1986, 110-137.

[66] Ronald Preston, Review of *The Ethics of Environmental Concern*, Theology, July 1984, 314-316.

[67] Holmes Rolston, *Environmental Ethics: Duties to and Values in the Natural World*, Philadelphia: Temple University Press, 1988, chapter 2.

[68] Robin Attfield, Review of Holmes Rolston, *Environmental Ethics: Duties to and Values in the Natural World, Environmental Ethics*, 11.4, 1989, 363-368.

[69] McCloskey, *Ecological Ethics and Politics*, p.66.

[70] Tom Regan, *The Case for Animal Rights*, London: Routledge & Kegan Paul,

1983.

[71] Elliot, Critical notice of *The Ethics of Environmental Concern*, p.503.

[72] R. G. Frey, *Rights, Killing and Suffering*, Oxford Basil Blackwell, 1983.

[73] Lawrence E. Johnson, *A Morally Deep World*, Canberra: Departments of Philosophy, Australian National University, 1987 (Preprint series in Environmental Philosophy, 17) .

[74] Taylor, *Respect for Nature*, pp.263-307.

[75] Robin Attfield, 'Biocentrism, Moral Standing and Moral Significance', *Philosophica*, 39, 1987, 47-58.

[76] Arne Naess, 'The Shallow and the Deep, Long-range Ecology Movement', *Inquiry*, 16, 1973, 95-100.

[77] Fox, *Approaching Deep Ecology*.

[78] Elliot, Critical notice of *The Ethics of Environmental Concern*, p.508.

[79] For *Values, Conflict and the Environment*, see note 13 above.

[80] Robin Attfield, 'Reasoning About the Environment' (unpublished paper) .

[81] David Pearce et al., *BluePrint for a Green Economy*, London: Earthscan Publications, 1989.

[82] Rolston, *Environmental Ethics*, pp.253-262.

[83] Mark Sagoff, *The Economy of the Earth*, Cambridge: Cambridge University Press, 1988.

[84] John Passmore, 'Attitudes to Nature', is included in the second edition of *MRN*, London: Duckworth, 1980 (207-218), and is also available in Royal Institute of 214
Philosophy (ed.), Nature and Conduct, London and Basingstoke: Macmillan Press, 1975, 251-64.

[85] *MRN*, 2nd edn, p.218.

[86] Daniel Shaw, 'After Chernobyl: the Ethics of Risk-Taking', in Dower (ed.), *Ethics and Environmental Responsibility*, pp.110-131.

[87] For *Our Common Future*，see note 8 above.（About nuclear energy generation，this report sits uncharacteristically on the fence.）

[88] McCloskey，*Ecological Ethics and Politics*.

[89] Murray Bookchin，*Towards an Ecological Society*，Montreal：Black Rose Books，1980.

[90] Alan Carter，'Toward a Green Political Theory'（unpublished paper）.

[91] Keekok Lee，*Social Philosophy and Ecological Society*，London and New York：Routledge，1989.

参考文献

ARTICLES, ESSAYS AND REVIEWS

Anglin, William, 'The Repugnant Conclusion', *Canadian Journal of Philosophy*, 7, 1977, 745–54

Anglin, William, 'In Defense of the Potentiality Principle', in R. I. Sikora and Brian Barry (eds), *Obligations to Future Generations*, 31–7

Attfield, Robin, 'The Logical Status of Moral Utterances', *Journal of Critical Analysis*, 4 (2), 1972, 70–84

Attfield, Robin, 'On Being Human', *Inquiry*, 17, 1974, 175–92

Attfield, Robin, 'Toward a Defence of Teleology', *Ethics*, 85, 1975, 123–35

Attfield, Robin, 'Against Incomparabilism', *Philosophy*, 50, 1975, 230–4

Attfield, Robin, 'Racialism, Justice and Teleology', *Ethics*, 87, 1977, 186–8

Attfield, Robin, 'Supererogation and Double Standards', *Mind*, 88, 1979, 481–99

Attfield, Robin, 'How Not to be a Moral Relativist', *The Monist*, 62, 1979, 510–21

Attfield, Robin, Review of Renford Bambrough, *Moral Scepticism and Moral Knowledge*, *The Philosophical Quarterly*, 31, 1981, 177–8

Attfield, Robin, 'The Good of Trees', *Journal of Value Inquiry*, 15, 1981, 35–54

Attfield, Robin, 'Christian Attitudes to Nature', *Journal of the History of Ideas*, 44, 1983

Attfield, Robin, 'Western Traditions and Environmental Ethics', in Robert Elliot and Arran Gare (eds), *Environmental Philosophy: A Collection of Readings*

Attfield, Robin, 'Methods of Ecological Ethics', *Metaphilosophy*, 14, 1983, 195–208; republished with an updating postscript in Terrell Ward Bynum and William Vitek (eds), *Applying Philosophy*, 176–90

Attfield, Robin, 'Population Policies and the Value of People', *Journal of Social Philosophy*, 14.4, 1983, 84–93; also in Yeager Hudson and Creighton Peden (eds), *Philosophical Essays on the Ideals of a Good Society*, 191–201

Attfield, Robin, 'Biocentrism, Moral Standing and Moral Significance', *Philosophica*, 39, 1987, 47–58

Attfield, Robin, Review of Andrew Brennan, *Thinking About Nature: An Inves-*

tigation of Nature, Value and Ecology, Journal of Applied Philosophy, 6.2, 1989, 237–8
Attfield, Robin, Review of Holmes Rolston III, *Environmental Ethics: Duties to and Values in the Natural World, Environmental Ethics,* 11.4, 1989, 363–8
Attfield, Robin, 'Deep Ecology and Intrinsic Value: A Reply to Andrew Dobson', *Cogito,* 4.1, 1990, 61–6
Attfield, Robin, 'Sylvan, Fox and Deep Ecology: A View from the Continental Shelf' (unpublished paper)
Attfield, Robin, 'Reasoning About the Environment' (unpublished paper)
Attfield, Robin, 'The Comprehensive Ecology Movement', forthcoming in Edgar Morscher, Otto Neumaier and Peter Simons (eds), *Applied Ethics and Its Foundations,* 1992
Attfield, Robin, 'Preservation, Art and Natural Beauty' (unpublished paper)
Attfield, Robin, 'Has the History of Philosophy Ruined the Environment?', forthcoming in *Environmental Ethics,* 1991
Attfield, Robin, 'Attitudes to Wildlife in the History of Ideas', forthcoming in *Environmental History Review,* 1991
Auxter, Thomas, 'The Right not to be Eaten', *Inquiry,* 22, 1979, 221–30
Ayers, Michael, 'Mechanism, Superaddition and the Proof of God's Existence in Locke's *Essay*', *Philosophical Review,* 90, 1981, 210–51
Baier, Annette, 'The Rights of Past and Future Persons', in Ernest Partridge (ed.), *Responsibilities to Future Generations,* 171–83
Baier, Annette, 'For the Sake of Future Generations', in Tom Regan (ed.), *Earthbound: New Introductory Essays in Environmental Ethics,* 214–46
Baker, John Austin, 'Biblical Attitudes to Nature', in Hugh Montefiore (ed.), *Man and Nature,* 87–109
Barbour, Ian G., 'Attitudes Toward Nature and Technology', in Ian G. Barbour (ed.), *Earth Might Be Fair,* 146–68
Barr, James, 'Man and Nature: The Ecological Controversy in the Old Testament', *Bulletin of the John Rylands Library,* 55, 1972, 9–32
Barry, Brian, 'Justice Between Generations', in P. M. S. Hacker and J. Raz (eds), *Law, Morality and Society,* 268–84
Barry, Brian, 'Circumstances of Justice and Future Generations', in R. I. Sikora and Brian Barry (eds), *Obligations to Future Generations,* 204–48
Bayles, Michael, 'Harm to the Unconceived', *Philosophy and Public Affairs,* 5, 1975–76, 292–304
Bayles, Michael, 'Famine or Food: Sacrificing for Future or Present Generations', in Ernest Partridge (ed.), *Responsibilities to Future Generations,* 239–45
Benn, Stanley, 'Freedom, Autonomy and the Concept of a Person', *Proceedings of the Aristotelian Society,* 76, 1975–76, 109–30
Benn, Stanley, 'Personal Freedom and Environmental Ethics: the Moral Inequality of Species', in Gray Dorsey (ed.), *Equality and Freedom,* Vol. II, 401–24
Bennett, Jonathan, 'On Maximizing Happiness', in R. I. Sikora and Brian Barry (eds), *Obligations to Future Generations,* 61–73
Benson, John, 'Duty and the Beast', *Philosophy,* 53, 1978, 529–49

Bickham, Stephen, 'Future Generations and Contemporary Ethical Theory', *Journal of Value Inquiry,* 15, 1981, 169–77

Birnbacher, Dieter, Review of *The Ethics of Environmental Concern, Allgemeine Zeitschrift für Philosophie,* 11, 1986, 63f.

Blackstone, William T., 'The Search for an Environmental Ethic', in Tom Regan (ed.), *Matters of Life and Death,* 299–335

Boulding, Kenneth, 'The Economics of the Coming Spaceship Earth', in John Barr (ed.), *The Environmental Handbook,* 77–82

Bratton, Susan Power, 'The Original Desert Solitaire: Early Christian Monasticism and Wilderness', *Environmental Ethics,* 10.1, 1988, 31–53

Breslaw, John, 'Economics and Ecosystems', in John Barr (ed.), *The Environmental Handbook,* 83–93

Brumbaugh, Robert S., 'Of Man, Animals and Morals: A Brief History', in Richard Knowles Morris and Michael W. Fox (eds), *On the Fifth Day, Animal Rights and Human Ethics,* 6–25

Burton, Robert G., 'A Philosopher Looks at the Population Bomb', in William T. Blackstone (ed.), *Philosophy and Environmental Crisis,* 105–16

Byerly, Henry, 'Principles of Noninterference with Nature in Ecological Ethics', in Edgar Morscher and Rudolf Stranzinger (eds), *Ethics: Foundations, Problems and Applications, Proceedings of the Fifth International Wittgenstein Symposium,* 318–20

Callahan, Daniel, 'What Obligations do we have to Future Generations?', *American Ecclesiastical Review,* 164, 1971, 265–80; reprinted in Ernest Partridge (ed.), *Responsibilities to Future Generations,* 73–85

Callicott, J. Baird, 'Elements of an Environmental Ethic: Moral Considerability and the Biotic Community', *Environmental Ethics,* 1, 1979, 71–81

Callicott, J. Baird, 'Animal Liberation: A Triangular Affair', *Environmental Ethics,* 2.1, 1980, 311–38; reprinted in J. Baird Callicott, *In Defense of the Land Ethic: Essays in Environmental Philosophy,* 15–38

Callicott, J. Baird, 'Non-anthropocentric Value Theory and Environmental Ethics', *American Philosophical Quarterly,* 21, 1984, 299–309

Callicott, J. Baird, 'Intrinsic Value, Quantum Theory and Environmental Ethics', *Environmental Ethics,* 7, 1985, 257–75

Callicott, J. Baird, 'On the Intrinsic Value of Nonhuman Species', in Bryan Norton (ed.), *The Preservation of Species,* 138–72

Callicott, J. Baird, 'The Conceptual Foundations of the Land Ethic', in J. Baird Callicott, *In Defense of the Land Ethic,* 101–14, and in J. Baird Callicott (ed.), *Companion to A Sand County Almanac: Interpretive and Critical Essays,* 186–217

Callicott, J. Baird, 'The Case Against Moral Pluralism', *Environmental Ethics,* 12.2, 1990, 99–124

Cameron, J. R., 'Do Future Generations Matter?', in Nigel Dower (ed.), *Ethics and Environmental Responsibility,* 57–78

Carter, Alan, 'Toward a Green Political Theory' (unpublished paper)

Cigman, Ruth, 'Death, Misfortune and Species Inequality', *Philosophy and Public Affairs,* 10, 1980–81, 47–64

Clark, Stephen, Review of K. E. Goodpaster and K. M. Sayre (eds), *Ethics and Problems of the 21st Century, Philosophical Books*, 21, 1980, 237–40
Clark, Stephen, Review of Robin Attfield, *The Ethics of Environmental Concern, Philosophical Books*, 26.3, 1985, 184–6
Coleman, William, 'Providence, Capitalism and Environmental Degradation', *Journal of the History of Ideas*, 37, 1976, 27–44
Craig, Leon H., 'Contra Contract: A Brief Against Rawls' Theory of Justice', *Canadian Journal of Political Science*, 8, 1975, 63–81
de George, Richard T., 'The Environment, Rights and Future Generations', in Ernest Partridge (ed.), *Responsibilities to Future Generations*, 157–65
Delattre, Edwin, 'Rights, Responsibilities and Future Persons', *Ethics*, 82, 1972, 254–8
Devine, Philip, 'The Moral Basis of Vegetarianism', *Philosophy*, 53, 1978, 481–505
Diamond, Cora, 'Eating Meat and Eating People', *Philosophy*, 53, 1978, 465–79
Dubos, René, 'Franciscan Conservation and Benedictine Stewardship', in David and Eileen Spring (eds), *Ecology and Religion in History*, 114–36
Elliot, Robert, 'Why Preserve Species?', in Don Mannison, Michael McRobbie and Richard Routley (eds), *Environmental Philosophy*, 8–29
Elliot, Robert, Critical notice of Robin Attfield, *The Ethics of Environmental Concern, Australasian Journal of Philosophy*, 63, 1985, 499–509
Elliot, Robert, 'Meta-Ethics and Environmental Ethics', *Metaphilosophy*, 16, 1985, 103–17
Feinberg, Joel, 'The Rights of Animals and Unborn Generations', in William T. Blackstone (ed.), *Philosophy and Environmental Crisis*, 43–68; also in Richard A. Wasserstrom (ed.), *Today's Moral Problems*, 581–601; and in Ernest Partridge (ed.), *Responsibilities to Future Generations*, 139–50
Feinberg, Joel, 'Human Duties and Animal Rights', in Richard Knowles Morris and Michael W. Fox (eds), *On the Fifth Day, Animal Rights and Human Ethics*, 45–69
Fiering, Norman S., 'Irresistible Compassion: An Aspect of Eighteenth Century Humanitarianism', *Journal of the History of Ideas*, 37, 1976, 195–218
Francis, Leslie Pickering and Norman, Richard, 'Some Animals are More Equal than Others', *Philosophy*, 53, 1978, 507–27
Frankena, William K., 'Ethics and the Environment', in K. E. Goodpaster and K. M. Sayre (eds), *Ethics and Problems of the 21st Century*, 3–20
Fyodorov, Yevgeny and Novik, Ilya, 'Ecological Aspects of Social Progress', in *Society and the Environment: a Soviet View* (ed. anon.), 37–55
Gerasimov, Innokenty, 'Man, Society and the Geographical Environment', in *Society and the Environment: a Soviet View* (ed. anon.), 25–36
Golding, Martin, 'Obligations to Future Generations', *The Monist*, 56, 1972, 85–99; also in Ernest Partridge (ed.), *Responsibilities to Future Generations*, 61–72

Golding, M. P. and Golding, N. H., 'Why Preserve Landmarks? A Preliminary Inquiry', in K. E. Goodpaster and K. M. Sayre (eds), *Ethics and Problems of the 21st Century,* 175–90

Goodin, Robert E., 'Ethical Principles for Environmental Protection', in Robert Elliot and Arran Gare, *Environmental Philosophy: A Collection of Readings,* 3–20; an abbreviated version of 'No Moral Nukes', *Ethics,* 90, 1980, 417–49

Goodman, David C., 'The Enlightenment: Deists and "Rationalists"', in David C. Goodman *et al., Scientific Progress and Religious Dissent,* 33–68

Goodman, David C., 'God and Nature in the Philosophy of Descartes', in David C. Goodman *et al., Towards a Mechanistic Philosophy,* 5–43

Goodpaster, Kenneth, 'On Being Morally Considerable', *Journal of Philosophy,* 75, 1978, 308–25

Goodpaster, Kenneth, 'From Egoism to Environmentalism', in K. E. Goodpaster and K. M. Sayre (eds), *Ethics and Problems of the 21st Century,* 21–35

Goodpaster, Kenneth, 'On Stopping at Everything: A Reply to W. M. Hunt', *Environmental Ethics,* 2, 1980, 281–4

Govier, Trudy, 'What Should We Do About Future People?', *American Philosophical Quarterly,* 16, 1979, 105–13

Gunn, Alastair, S., 'Why Should We Care about Rare Species?', *Environmental Ethics,* 2, 1980, 17–37

Gunter, Pete A. Y., 'The Big Thicket: A Case Study in Attitudes toward Environment', in William T. Blackstone (ed.), *Philosophy and Environmental Crisis,* 117–37

Hare, R. M., 'Abortion and the Golden Rule', *Philosophy and Public Affairs,* 4, 1974–75, 201–22

Hare, R. M., 'Survival of the Weakest', in Samuel Gorovitz *et al.* (eds), *Moral Problems in Medicine,* 364–9

Hargrove, Eugene C., 'The Role of Rules in Ethical Decision Making', *Inquiry,* 28, 1985, 3–42

Haworth, Lawrence, 'Rights, Wrongs and Animals', *Ethics,* 88, 1977–78, 95–105

Helton, David, 'Tsetse Fly and Ecology', *Vole,* 4 (3), March 1981, 16

Hesse, Mary, 'On the Alleged Incompatibility between Christianity and Science', in Hugh Montefiore (ed.), *Man and Nature,* 121–31

Hilton, R. H. and Sawyer, P. H., Review of Lynn White Jnr, *Medieval Technology and Social Change, Past and Present,* 24, 1963, 90–100

Holland, Alan, 'The Biotic Community: A Philosophical Critique of Genetic Engineering', in Peter Wheale and Ruth McNally (eds), *The Biorevolution,* 166–74

Hubbard, F. Patrick, 'Justice, Limits to Growth, and an Equilibrium State', *Philosophy and Public Affairs,* 7, 1977–78, 326–45

Hubin, D. Clayton, 'Justice and Future Generations', *Philosophy and Public Affairs,* 6, 1976–77, 70–83

Hunt, W. Murray, 'Are *Mere Things* Morally Considerable?', *Environmental Ethics,* 2, 1980, 59–65

Kavka, Gregory, 'The Futurity Problem', in R. I. Sikora and Brian Barry (eds), *Obligations to Future Generations,* 186–203; also in Ernest Partridge (ed.), *Responsibilities to Future Generations,* 109–22

Laslett, Peter, 'The Conversation Between the Generations', in Royal Institute of Philosophy (ed.), *The Proper Study,* 172–89

Lemons, John, Review of Robin Attfield, *The Ethics of Environmental Concern, The Environmental Professional,* 6, 1984, 163–5

Linear, Marcus, 'Zapping Africa's Flies', *Vole,* 4 (3), March 1981, 14–15

Lippit, Victor D. and Hamada, Koichi, 'Efficiency and Equity in Intergenerational Distribution', in Dennis Clark Pirages (ed.), *The Sustainable Society,* 285–99

Lockwood, Michael, 'Killing Humans and Killing Animals', *Inquiry,* 22, 1979, 157–70

Lovelock, J. and Epton, S., 'The Quest for Gaia', *The New Scientist,* 65, 1975, 304–9

McCabe, Herbert, 'The Immortality of the Soul', in Anthony Kenny (ed.), *Aquinas: A Collection of Critical Essays,* 297–306

McCloskey, H. J., 'Rights', *The Philosophical Quarterly,* 15, 1965, 115–27

McCloskey, H. J., 'The Right to Life', *Mind,* 84, 1975, 403–25

McCloskey, H. J., 'Moral Rights and Animals', *Inquiry,* 22, 1979, 23–54

McIver, A. M., 'Ethics and the Beetle', *Analysis,* 8, 1948, 65–70

Macklin, Ruth, 'Can Future Generations Correctly Be Said to Have Rights?', in Ernest Partridge (ed.), *Responsibilities to Future Generations,* 151–5

McMahan, Jefferson, 'Problems of Population Theory', *Ethics,* 92, 1981–82, 96–127

McRobie, George, 'The Inappropriate Pesticide', *Vole,* 4 (3), March 1981, 1

Marietta, Don, 'Religious Models and Decision-Making', *Zygon,* 12, 1977, 151–66

Matthews, Eric, 'The Metaphysics of Environmentalism', in Nigel Dower (ed.), *Ethics and Environmental Responsibility,* 38–56

Midgley, Mary, 'Duties Concerning Islands' in Robert Elliot and Arran Gare (eds), *Environmental Philosophy: A Collection of Readings*

Midgley, Mary, 'The Limits of Individualism', in Donald Ortner (ed.), *How Humans Adapt: A Biocultural Odyssey',* 517–27. (This and the previous item also appear in Mary Midgley, *Evolution as a Religion,* as chapters 17 and 18 respectively.)

Moncrief, Lewis W., 'The Cultural Basis of our Environmental Crisis', *Science,* 170, 508–12; reprinted in David and Eileen Spring (eds), *Ecology and Religion in History,* 76–90

Murdy, W. H., 'Anthropocentrism: A Modern Version', *Science,* 187, March 1975, 1168–72

Naess, Arne, 'The Shallow and the Deep, Long-range Ecology Movement: A Summary', *Inquiry,* 16, 1973, 95–100

Naess, Arne, 'The Deep Ecology Movement: Some Philosophical Aspects', *Philosophical Inquiry,* 8, 1986, 10–31
Naess, Arne, 'Sustainable Development and the Deep Long-Range Ecology Movement', *The Trumpeter,* 5.4, 1988, 138–42
Naess, Arne, '*Man Apart* and Deep Ecology: A Reply to Reed', *Environmental Ethics,* 12.2, 1990, 185–92
Narveson, Jan, 'Utilitarianism and New Generations', *Mind,* 76, 1967, 62–72
Narveson, Jan, 'Moral Problems of Population', in Michael D. Bayles (ed.), *Ethics and Population,* 59–80
Narveson, Jan, 'Animal Rights', *Canadian Journal of Philosophy,* 7, 1977, 161–78
Narveson, Jan, 'Future People and Us', in R. I. Sikora and Brian Barry (eds), *Obligations to Future Generations,* 38–60
Nell, Onora, 'Lifeboat Earth', *Philosophy and Public Affairs,* 4, 1974–75, 273–92
New Internationalist, editorial, 79, September 1979
Norton, Bryan G., 'Conservation and Preservation: A Conceptual Rehabilitation', *Environmental Ethics,* 8.3, 1986, 195–220
Norton, Bryan G., 'On the Inherent Danger of Undervaluing Species', in Bryan G. Norton (ed.), *The Preservation of Species: The Value of Biological Diversity,* 110–37
O'Briant, Walter H., 'Man, Nature and the History of Philosophy', in William T. Blackstone (ed.), *Philosophy and Environmental Crisis,* 79–89
Oldak, Pavel, 'The Environment and Social Production', in *Society and the Environment: a Soviet View* (ed. anon.), 56–68
Parfit, Derek, 'Rights, Interests and Possible People', in Samuel Gorovitz *et al.* (eds), *Moral Problems in Medicine,* 369–75
Parfit, Derek, 'On Doing the Best for Our Children', in Michael D. Bayles (ed.), *Ethics and Population,* 100–15
Parfit, Derek, 'Innumerate Ethics', *Philosophy and Public Affairs,* 7, 1977–78, 285–301
Parfit, Derek, 'Energy Policy and the Further Future', in Douglas MacLean and Peter Brown (eds), *Energy and the Future*
Parfit, Derek, 'Overpopulation, Part One' (unpublished paper)
Parfit, Derek, 'Future Generations: Further Problems', *Philosophy and Public Affairs,* 11, 1981–2, 113–72
Passmore, John, 'Attitudes to Nature', in Royal Institute of Philosophy (ed.), *Nature and Conduct,* 251–64; also in the second edition of *Man's Responsibility for Nature,* [*MRN*], 207–18
Passmore, John, 'The Treatment of Animals', *Journal of the History of Ideas,* 36, 1975, 195–218
Passmore, John, 'Ecological Problems and Persuasion', in Gray Dorsey (ed.), *Equality and Freedom,* Vol. II, 431–42

Pletcher, Galen K., 'The Rights of Future Generations', in Ernest Partridge (ed.), *Responsibilities to Future Generations*, 167–70

Preston, Ronald, Review of Robin Attfield, *The Ethics of Environmental Concern, Theology*, July 1984, 314–16

Pritchard, Michael S. and Robison, Wade L., 'Justice and the Treatment of Animals: A Critique of Rawls', *Environmental Ethics*, 3, 1981, 55–61

Reed, Peter, 'Man Apart: An Alternative to the Self-Realization Approach', *Environmental Ethics*, 11.1, 1989, 53–69

Regan, Tom, 'The Moral Basis of Vegetarianism', *Canadian Journal of Philosophy*, 5, 1975, 181–214

Regan, Tom, 'Feinberg on What Sorts of Beings Can Have Rights', *Southern Journal of Philosophy*, 14, 1976, 485–98

Regan, Tom, 'Narveson on Egoism and the Rights of Animals', *Canadian Journal of Philosophy*, 7, 1977, 179–86

Regan, Tom, 'An Examination and Defense of One Argument Concerning Animal Rights', *Inquiry*, 22, 1979, 189–219

Regan, Tom, 'Animal Rights and Human Wrongs', *Environmental Ethics*, 2, 1980, 99–120

Regan, Tom, 'Utilitarianism, Vegetarianism and Animal Rights', *Philosophy and Public Affairs*, 9, 1979–80, 305–24

Regan, Tom, 'The Nature and Possibility of an Environmental Ethic', *Environmental Ethics*, 3, 1981, 16–31

Rodman, John, 'The Liberation of Nature', *Inquiry*, 20, 1977, 83–145

Rodman, John, 'Animal Justice: The Counter-revolution in Natural Right and Law', *Inquiry*, 22, 1979, 3–22

Rolston, Holmes, III, 'Is There an Ecological Ethic?', *Ethics*, 85, 1975, 93–109; also in Holmes Rolston III, *Philosophy Gone Wild: Essays in Environmental Ethics*, 11–29

Rolston, Holmes, III, 'Are Values in Nature Subjective or Objective?', in *Environmental Ethics*, 4, 1982, 125–51; also in Holmes Rolston III, *Philosophy Gone Wild: Essays in Environmental Ethics*, 91–117

Roupas, T. G., 'The Value of Life', *Philosophy and Public Affairs*, 7, 1977–78, 154–83

Routley, Richard, 'Is There a Need for a New, an Environmental Ethic?', *Proceedings of the XVth World Congress of Philosophy*, Varna, 1973, 205–10

Routley (now Sylvan), Richard, 'People vs the Land: The Ethics of the Population Case', in R. Birrell *et al.* (eds), *Populate and Perish*

Routley, Richard and Routley, Val, 'Nuclear Energy and Obligations to the Future', *Inquiry*, 21, 1978, 133–79

Routley, Richard and Routley, Val, 'Against the Inevitability of Human Chauvinism', in K. E. Goodpaster and K. M. Sayre (eds), *Ethics and Problems of the 21st Century*, 36–59

Routley, Val, Critical notice of John Passmore, *Man's Responsibility for Nature, Australasian Journal of Philosophy*, 53, 1975, 171–85

Routley, Val and Routley, Richard, 'Human Chauvinism and Environmental Ethics', in Don Mannison, Michael McRobbie and Richard Routley (eds), *Environmental Philosophy,* 96–189

Routley, Val and Routley, Richard, 'Social Theories, Self Management and Environmental Problems', in Don Mannison, Michael McRobbie and Richard Routley (eds), *Environmental Philosophy,* 217–332

Sagoff, Mark, 'On Preserving the Natural Environment', *Yale Law Journal,* 84, 1974, 205–67

Sayre, Kenneth, 'Morality, Energy and the Environment', *Environmental Ethics,* 3, 1981, 5–18

Schwartz, Thomas, 'Obligations to Posterity', in R. I. Sikora and Brian Barry (eds), *Obligations to Future Generations,* 3–13

Schwartz, Walter, 'Black Death from the East', *Weekend Guardian,* June 16–17 1990, pp. 4–6

Scott, Robert, Jnr, 'Environmental Ethics and Obligations to Future Generations', in R. I. Sikora and Brian Barry (eds), *Obligations to Future Generations,* 74–90

Semenov, Nicolai, 'Energetics for the Future', in *Society and the Environment: a Soviet View* (ed. anon.), 69–98

Shaw, Daniel, 'After Chernobyl: the Ethics of Risk-Taking', in Nigel Dower (ed.), *Ethics and Environmental Responsibility,* 110–31

Sher, George, 'Hare, Abortion and the Golden Rule', *Philosophy and Public Affairs,* 6, 1976–77, 185–90

Sikora, R. I., 'Utilitarianism: The Classical Principle and the Average Principle', *Canadian Journal of Philosophy,* 1975, 409–19

Sikora, R. I., 'Is it Wrong to Prevent the Existence of Future Generations?', in R. I. Sikora and Brian Barry (eds), *Obligations to Future Generations,* 112–66

Sikora, R. I., 'Utilitarianism and Future Generations', *Canadian Journal of Philosophy,* 9, 1979, 461–6

Sikora, R. I., 'Classical Utilitarianism and Parfit's Repugnant Conclusion: A Reply to McMahan', *Ethics,* 92, 1981–82, 128–33

Simon, Robert L., 'Troubled Waters: Global Justice and Ocean Resources', in Tom Regan (ed.), *Earthbound: New Introductory Essays in Environmental Ethics,* 179–213

Singer, Peter, 'Famine, Affluence and Morality', *Philosophy and Public Affairs,* 1, 1971–72, 229–43

Singer, Peter, 'A Utilitarian Population Principle', in Michael D. Bayles (ed.), *Ethics and Population,* 81–99

Singer, Peter, 'Reconsidering the Famine Relief Argument', in P. G. Brown and H. Shue (eds), *Food Policy,* 36–53

Singer, Peter, 'Killing Humans and Killing Animals', *Inquiry,* 22, 1979, 145–56

Singer, Peter, 'Not for Humans Only: The Place of Nonhumans in Environmental Issues', in K. E. Goodpaster and K. M. Sayre (eds), *Ethics and Problems of the 21st Century,* 191–206

Singer, Peter, 'Animals and the Value of Life', in Tom Regan (ed.), *Matters of Life and Death,* 218–59
Singer, Peter, 'Utilitarianism and Vegetarianism', *Philosophy and Public Affairs,* 9, 1979–80, 325–37
Sprigge, Timothy L. S., 'Professor Narveson's Utilitarianism', *Inquiry,* 11, 1968, 337–41
Stearns, J. Brenton, 'Ecology and the Indefinite Unborn', *The Monist,* 56, 1972, 612–25; reprinted in Richard A. Wasserstrom (ed.), *Today's Moral Problems,* 602–13
Steinbock, Bonnie, 'Speciesism and the Idea of Equality', *Philosophy,* 53, 1978, 247–63
Sterba, James P., 'Abortion, Distant Peoples and Future Generations', *Journal of Philosophy,* 77, 1980, 424–40
Sumner, L. W., 'A Matter of Life and Death', *Noûs,* 10, 1976, 145–71
Sumner, L. W., 'Classical Utilitarianism and the Population Optimum', in R. I. Sikora and Brian Barry (eds), *Obligations to Future Generations,* 91–111
Sumner, L. W., Review of Robin Attfield, *The Ethics of Environmental Concern, Environmental Ethics,* 8.1, 1986, 77–82
Surber, Jere Paul, 'Obligations to Future Generations: Explorations and Problemata', *Journal of Value Inquiry,* 11, 1977, 104–16
Sylvan (formerly Routley), Richard, 'A Critique of Deep Ecology', Parts I, II, *Radical Philosophy,* 40, Summer 1985, 2–12; 41, Autumn 1985, 10–22
Thompson, Janna, 'A Refutation of Environmental Ethics', *Environmental Ethics,* 12.2, 1990, 147–60
Townsend, Aubrey, 'Radical Vegetarians', *Australasian Journal of Philosophy,* 57, 1979, 85–93
Tribe, Laurence H., 'Ways not to Think about Plastic Trees', *Yale Law Journal,* 83, 1974, 1315–48
VanDeVeer, Donald, 'Interspecific Justice', *Inquiry,* 22, 1979, 55–79
Varner, Gary E., Review of Christopher D. Stone, *Earth and Other Ethics, Environmental Ethics,* 10, 1988, 259–65
Varner, Gary E., 'Biological Functions and Biological Interests', *Southern Journal of Philosophy,* 28.2, 1990, 251–70
Warren, Mary, 'Do Potential People Have Moral Rights?', in R. I. Sikora and Brian Barry (eds), *Obligations to Future Generations,* 14–30
Warren, Mary Anne, 'The Rights of the Non-human World', in Robert Elliot and Arran Gare (eds), *Environmental Philosophy: A Collection of Readings*
Welbourn, F. B., 'Man's Dominion', *Theology,* 78, 1975, 561–8
White, Lynn, Jnr, 'The Historical Roots of our Ecological Crisis', *Science,* 155 (37), 10 March 1967, 1203–7; reprinted in John Barr (ed.), *The Environmental Handbook,* 3–16
Williams, Mary B., 'Discounting Versus Maximum Sustainable Yield', in R. I. Sikora and Brian Barry (eds), *Obligations to Future Generations,* 169–85
'World Charter for Nature' (annex to Resolution 37/7 of UN General Assembly,

1982), in United Nations, *Resolutions and Decisions Adopted by the General Assembly During Its 37th Session*

Young, Robert, 'Population Policies, Coercion and Morality', in Don Mannison, Michael McRobbie and Richard Routley (eds), *Environmental Philosophy*, 356–75

Zimmerman, Michael E., 'The Paradox of Naturalism', *The Deep Ecologist*, 9, January 1984, 9–10

Zimmerman, Michael E. 'Quantum Theory, Intrinsic Value and Panentheism', *Environmental Ethics*, 10.1, 1988, 3–30

BOOKS

Aiken, William and La Follette, Hugh (eds), *World Hunger and Moral Obligation*, Englewood Cliffs, NJ: Prentice-Hall, 1977

Alexander, H. G. (ed.), *The Clarke—Leibniz Correspondence*, Manchester: Manchester University Press, 1956

Allchin, A. M., *Wholeness and Transfiguration Illustrated in the Lives of St Francis of Assisi and St Seraphim of Sarov*, Oxford: SLG Press, 1974

Aquinas, Thomas, *Summa Contra Gentiles*, trans. Anton Pegis *et al.* (5 Vols.), Garden City, NY: Image Books, 1955–57

Aquinas, Thomas, *Summa Theologiae* (60 Vols.), London: Eyre and Spottiswoode, and New York: McGraw-Hill, 1964

Aristotle, *De Anima*, trans. Kenelm Foster and Silvester Humphries, London: Routledge & Kegan Paul, 1951

Arseniev, Nicholas, *Mysticism and the Eastern Church* (1925), trans. Arthur Chambers, London and Oxford: Mowbray, 1979

Attfield, Robin, *God and The Secular: A Philosophical Assessment of Secular Reasoning from Bacon to Kant*, Cardiff: University College Cardiff Press, 1978

Attfield, Robin, *A Theory of Value and Obligation*, London, New York and Sydney: Croom Helm, 1987.

Attfield, Robin and Dell, Katharine (eds), *Values, Conflict and the Environment*, Oxford: Ian Ramsey Centre, Oxford, and Centre for Applied Ethics, Cardiff, 1989. (Copies of this report of the environmental ethics working party of the Ian Ramsey Centre are available from the Principal's Secretary, Westminster College, North Hinksey, Oxford, OX2 9AT.)

Bacon, Francis, *The New Organon*, ed. Fulton H. Anderson, Indianapolis and New York: Bobbs-Merrill, 1960

Bacon, Francis, *The Advancement of Learning and the New Atlantis*, ed. Arthur Johnston, Oxford: Clarendon Press, 1974

Baillie, John, *The Belief in Progress*, London, Glasgow and Toronto: Oxford University Press, 1950

Bambrough, Renford, *Moral Scepticism and Moral Knowledge*, London and Henley: Routledge & Kegan Paul, 1979

Baptist Hymn Book, The, London: Psalms and Hymns Trust, 1962
Barbour, Ian G., *Earth Might Be Fair,* Englewood Cliffs, NJ: Prentice-Hall, 1972
Barr, John (ed.), *The Environmental Handbook* (British Version), London: Ballantine and Friends of the Earth, 1971
Bayle, Pierre, *Historical and Critical Dictionary* (1697), trans. and ed. Richard H. Popkin, Indianapolis and New York: Bobbs-Merrill, 1965
Bayles, Michael D. (ed.), *Ethics and Population,* Cambridge, Mass.: Schenkman, 1976
Becker, Carl, *The Heavenly City of the Eighteenth-Century Philosophers,* New Haven and London: Yale University Press, 1932
Bieler, André, *La Pensée economique et sociale de Calvin,* Geneva: Georg, 1959
Birch, L. Charles, *Nature and God,* London: SCM Press, 1965
Birrell, R. *et al.* (eds), *Populate and Perish,* Sydney: Fontana, 1984
Black, John, *Man's Dominion,* Edinburgh: Edinburgh University Press, 1970
Blackstone, William T. (ed.), *Philosophy and Environmental Crisis,* Athens: University of Georgia Press, 1974
Bookchin, Murray, *Towards an Ecological Society,* Montreal: Black Rose Books, 1980
Boyle, Robert, *The Christian Virtuoso,* London, 1690
Brennan, Andrew, *Thinking About Nature: An Investigation of Nature, Value and Ecology,* Athens: University of Georgia Press, 1988
Brown, P. G. and Shue, H. (eds), *Food Policy,* New York: Free Press, 1977
Bury, J. B., *The Idea of Progress,* London: Macmillan Press, 1920
Bynum, Terrell Ward and Vitek, William (eds), *Applying Philosophy,* Oxford and New York: Metaphilosophy Foundation, 1988
Callicott, J. Baird (ed.), *Companion to A Sand County Almanac: Interpretive and Critical Essays,* Madison: University of Wisconsin Press, 1987
Callicott, J. Baird, *In Defense of the Land Ethic: Essays in Environmental Philosophy,* Albany: State University of New York Press, 1989
Calvin, Jean, *Commentaries on the First Book of Moses, called Genesis,* trans. John King (2 Vols.), London, 1847
Catherwood, Sir Frederick, *A Better Way, The Case for a Christian Social Order,* Leicester: Inter-Varsity Press, 1975
Christian Faith and Practice in the Experience of the Society of Friends, London: London Yearly Meeting of the Society of Friends, 1960
Clark, Stephen R. L., *The Moral Status of Animals,* Oxford: Clarendon Press, 1977
Clarke, Samuel, *Letter to Dodwell, Etc.* (1706) (6th edn) London, 1731
Cole, H. *et al., Thinking About the Future: A Critique of The Limits to Growth,* London: Chatto & Windus and Sussex University Press, 1973
Collins, F. Howard, *Epitome of the Synthetic Philosophy of Herbert Spencer,* London: Williams & Northgate, 1889
Commoner, Barry, *The Closing Circle,* London: Jonathan Cape, 1972
Cowper, William, *The Task,* Ilkley and London: Scolar Press, 1973

Cudworth, Ralph, *The True Intellectual System of the Universe* (2nd edn), London, 1743
Derr, Thomas Sieger, *Ecology and Human Liberation*, Geneva: WSCF Books, 1973
Descartes, René, *The Philosophical Works of Descartes*, trans. Elizabeth S. Haldane and G. R. T. Ross (2 Vols.), Cambridge: Cambridge University Press, 1967
Devall, Bill and Sessions, George, *Deep Ecology: Living As If Nature Mattered*, Salt Lake City: Gibbs M. Smith, 1985
Donaldson, Peter, *Worlds Apart*, London: BBC, 1971
Dorsey, Gray (ed.), *Equality and Freedom* (3 Vols.), New York: Oceana Publications, and Leiden: A. W. Sijthoff, 1977
Dower, Nigel (ed.), *Ethics and Environmental Responsibility*, Aldershot: Avebury, 1989
Ehrlich, Paul R., *The Population Bomb*, London: Pan Books/Ballantine, 1971
Ehrlich, Paul R. and Ehrlich, Anne H., *Population, Resources, Environment: Issues in Human Ecology*, San Francisco: W. H. Freeman, 2nd edn, 1972
Elliott, Robert and Gare, Arran (eds), *Environmental Philosophy*, St. Lucia: University of Queensland Press; Milton Keynes: Open University Press; University Park: Pennsylvania State University Press, 1983
Engels, F., *Dialectics of Nature*, New York: International Publishers, 1954
Engels, F., *Anti-Dühring*, Moscow, 1975
Fox, Warwick, *Approaching Deep Ecology: A Response to Richard Sylvan's Critique of Deep Ecology*, Hobart: University of Tasmania, 1986 (University of Tasmania Environmental Studies Occasional Paper 20)
Frey, R. G., *Interests and Rights: The Case Against Animals*, Oxford: Clarendon Press, 1980
Frey, R. G., *Rights, Killing and Suffering*, Oxford: Basil Blackwell, 1983
George, Susan, *How the Other Half Dies*, Harmondsworth: Penguin Books, 1976
Ginsberg, Morris, *The Idea of Progress: A Revaluation*, Westport, Conn.: Greenwood Press, 1953
Glacken, C. J., *Traces on the Rhodian Shore, Nature and Culture in Western Thought from Ancient Times to the End of the Eighteenth Century*, Berkeley, LA and London: University of California Press, 1967
Glover, Jonathan, *Causing Death and Saving Lives*, Harmondsworth: Penguin Books, 1977
Godlovitch, Stanley; Godlovitch, Roslind and Harris, John (eds), *Animals, Men and Morals, An Enquiry into the Maltreatment of Non-humans*, New York: Taplinger Publishing Co., 1972
Goodin, Robert, *Protecting the Vulnerable*, Chicago: University of Chicago Press, 1985
Goodman, David C. *et al.*, *Scientific Progress and Religious Dissent*, Milton Keynes: Open University Press, 1974

Goodman, David C. *et al.*, *Towards a Mechanistic Philosophy,* Milton Keynes: Open University Press, 1974
Goodpaster, K. E. and Sayre, K. M. (eds), *Ethics and Problems of the 21st Century,* Notre Dame and London: Notre Dame University Press, 1979
Gorovitz, Samuel *et al.* (eds), *Moral Problems in Medicine,* Englewood Cliffs, NJ: Prentice-Hall, 1976
Gregorios, Paulos, *The Human Presence,* Geneva: World Council of Churches, 1978
Hacker, P. M. S. and Raz, J. (eds), *Law, Morality and Society,* Oxford: Clarendon Press, 1977
Hale, Sir Matthew, *The Primitive Origination of Mankind,* London, 1677
Hardin, Garrett, *The Limits of Altruism,* Bloomington: Indiana University Press, 1977
Hardin, Garrett and Baden, John (eds), *Managing the Commons,* San Francisco: W. H. Freeman, 1977
Hargrove, Eugene C. (ed.), *Religion and Environmental Crisis,* Athens: University of Georgia Press, 1986
Hargrove, Eugene C., *Foundations of Environmental Ethics,* Englewood Cliffs: Prentice Hall, 1989
Hart, Judith, *Aid and Liberation,* London: Gollancz, 1973
Heilbroner, Robert L., *An Inquiry into the Human Prospect,* London: Calder & Boyars, 1975
Hudson, Yeager and Peden, Creighton (eds), *Philosophical Essays on the Ideals of a Good Society,* Lewiston, NY: Edward Mellen Press, 1988
Hughes, J. Donald, *Ecology in Ancient Civilizations,* Albuquerque: University of New Mexico Press, 1975
Hume, C. W., *The Status of Animals in the Christian Religion,* London: Universities Federation for Animal Welfare, 1957
Hume, David, *The Philosophical Works,* ed. T. H. Green and T. H. Grose, London: Longmans, Green, 1974–75
Jaki, Stanley L., *Science and Creation,* Edinburgh: Scottish Academic Press, 1974
Johnson, Lawrence, *A Morally Deep World,* Canberra: Departments of Philosophy, Australian National University, 1987 (Preprint series in Environmental Philosophy, number 17)
Jonas, Hans, *The Imperative of Responsibility,* Chicago and London: University of Chicago Press, 1984
Kant, Immanuel, *Lectures on Ethics,* trans. Louis Infield, New York: Harper & Row, 1963
Karrer, Otto (ed.), *St Francis of Assisi, The Legends and the Lauds,* trans. N. Wydenbruck, London: Sheed & Ward, 1977
Kelly, J. N. D., *Early Christian Doctrines,* London: Adam & Charles Black, 4th edn, 1968
Kenny, Anthony (ed.), *Aquinas: A Collection of Critical Essays,* London: Macmillan Press, 1969

King-Farlow, John, *Self-Knowledge and Social Relations*, New York: Science History Publications, 1978
La Mettrie, J. Offray de, *Les Animaux plus que machines*, La Haye, 1751
Lecky, W. E. H., *History of European Morals from Augustus to Charlemagne* (2 Vols.) (1869), London: Longmans, Green, 1913
Lee, Keekok, *Social Philosophy and Ecological Scarcity*, London and New York: Routledge, 1989
Leopold, Aldo, *A Sand County Almanac and Sketches Here and There*, New York: Oxford University Press, 1949
Leopold, Aldo, *A Sand County Almanac with Other Essays on Conservation*, New York: Oxford University Press (2nd edn of the above), 1966
Linzey, Andrew, *Animal Rights: A Christian Assessment of Man's Treatment of Animals*, London: SCM Press, 1976
Linzey, Andrew, *Christianity and the Rights of Animals*, London: SPCK, 1987
Locke, John, *Works*, ed. T. Tegg *et al.* (10 Vols.), London, 1823
Lovejoy, A. O., *The Great Chain of Being*, Harvard: Harvard University Press, 1936
Lovelock, J. E., *Gaia, A New Look at Life on Earth*, Oxford: Oxford University Press, 1979
McCloskey, H. J., *Ecological Ethics and Politics*, Totowa, NJ: Rowman and Littlefield, 1983
McDonagh, Sean, *To Care for the Earth: A Call for a New Theology*, London: Geoffrey Chapman, 1986
MacLean, Douglas and Brown, Peter (eds), *Energy and the Future*, Totowa, NJ: Rowman and Littlefield, 1983
Mannison, Don; McRobbie, Michael and Routley, Richard (eds), *Environmental Philosophy*, Canberra: Australian National University, 1980
Margolis, Joseph, *Persons and Minds: The Prospects for Nonreductive Materialism*, Dordrecht, Boston and London: Reidel, 1977
Marx, Karl, *Selected Works* (2 Vols.), Moscow, 1949, and London, 1950
Marx, Karl, *Capital* (3 Vols.), ed. F. Engels, New York: International Publishers, 1967
Marx, Leo, *The Machine in the Garden: Technology and the Pastoral Ideal*, New York: Oxford University Press, 1964
Meadows, Donella H. et al., *The Limits to Growth*, a report for the Club of Rome's Project on the Predicament of Mankind (1972), London and Sydney: Pan Books, 1974
Mesarovic, Mihajlo D. and Pestel, Eduard, *Mankind at the Turning Point*, the second report to the Club of Rome, London: Hutchinson, 1975
Midgley, Mary, *Beast and Man: The Roots of Human Nature*, Hassocks: Harvester Press, 1979
Midgley, Mary, *Animals and Why They Matter*, Harmondsworth: Penguin, and Athens: University of Georgia Press, 1983
Midgley, Mary, *Evolution as a Religion*, London: Methuen, 1985

Milman, H. H., *The History of Christianity from the Birth of Christ to the Abolition of Paganism in the Roman Empire* (3 Vols.), London: John Murray, 1840
Mishan, Edward J., *The Costs of Economic Growth,* Harmondsworth: Penguin Books, 1969
Moltmann, Jurgen, *God and Creation,* London: SCM Press, 1985
Montefiore, Hugh (ed.), *Man and Nature,* London: Collins, 1975
Morris, Richard Knowles and Fox, Michael W. (eds), *On the Fifth Day, Animal Rights and Human Ethics,* Washington, DC: Acropolis Books, 1978
Morscher, Edgar and Stranzinger, Rudolf (eds), *Ethics: Foundations, Problems and Applications, Proceedings of the Fifth International Wittgenstein Symposium,* Vienna: Verlag Hölder-Pichler-Tempsky, 1981
Naess, Arne, *Ecology, Community and Lifestyle,* trans. David Rothenberg, Cambridge: Cambridge University Press, 1989
Narveson, Jan, *Morality and Utility,* Baltimore: John Hopkins Press, 1967
Nash, Roderick, *Wilderness and the American Mind,* New Haven: Yale University Press, 1967
Nelson, Leonard, *A System of Ethics,* trans. Norbert Guterman, New Haven: Yale University Press, 1956
Neuhaus, Richard, *In Defense of People, Ecology and the Seduction of Radicalism,* New York: Macmillan, and London: Collier-Macmillan, 1971
Nisbet, Robert, *The Social Philosophers,* London: Heinemann, 1974
Nisbet, Robert, *History of the Idea of Progress,* London: Heinemann, 1980
Norton, Bryan (ed.), *The Preservation of Species: The Value of Biological Diversity,* Princeton: Princeton University Press, 1986
Nozick, Robert, *Anarchy, State and Society,* Oxford: Blackwell, and New York: Basic Books, 1974
Ortner, Donald (ed.), *How Humans Adapt: A Biocultural Odyssey,* Washington, DC: Smithsonian Press, 1983
Parfit, Derek, *Reasons and Persons,* Oxford: Oxford University Press, 1984
Parsons, Howard L., *Marx and Engels on Ecology,* Westport, Conn., and London: Greenwood Press, 1977
Partridge, Ernest (ed.), *Responsibilities to Future Generations,* New York: Prometheus Books, 1981
Passmore, John, *The Perfectibility of Man* [*PM*]. London: Duckworth, 1970
Passmore, John, *Man's Responsibility for Nature* [*MRN*], London: Duckworth, 1974; 2nd edn, 1980
Peacocke, A. R., *Creation and the World of Science,* Oxford: Oxford University Press, 1979
Pearce, David *et al., Blueprint for a Green Economy,* London: Earthscan Publications, 1989
Pepper, David, *The Roots of Modern Environmentalism,* London, Sydney and Dover, NH: Croom Helm, 1984
Pirages, Dennis C. and Ehrlich, Paul R., *Ark II: Social Response to Environmental Imperatives,* San Francisco: W. H. Freeman, 1974

Pirages, Dennis Clark (ed.), *The Sustainable Society*, New York and London: Praeger Publishers, 1977
Price, Richard, *A Free Discussion of Materialism and Philosophical Necessity in a Correspondence between Dr Price and Dr Priestley, Etc.*, London, 1778
Price, Richard, *Sermons*, London, *c*. 1790
Priestley, Joseph, *An Essay on the First Principles of Government and on Political, Civil and Religious Liberty*, 2nd edn, London, 1771
Purver, Margery, *The Royal Society: Concept and Creation*, London: Routledge & Kegan Paul, 1967
Rachels, James, *Created from Animals*, Oxford and New York: Oxford University Press, 1990
Rawls, John, *A Theory of Justice*, London, Oxford and New York: Oxford University Press, 1972
Ray, John, *The Wisdom of God Manifested in the Works of Creation*, 11th edn, London, 1743
Regan, Tom (ed.), *Matters of Life and Death*, Philadelphia: Temple University Press, 1980
Regan, Tom, *The Case for Animal Rights*, London: Rutledge & Kegan Paul, 1983
Regan, Tom (ed.), *Earthbound: New Introductory Essays in Environmental Ethics*, Philadelphia: Temple University Press, 1984
Regan, Tom and Singer, Peter (eds), *Animal Rights and Human Obligations*, Englewood Cliffs, NJ: Prentice-Hall, 1976
Richardson, Alan (ed.), *A Theological Wordbook of the Bible*, London: SCM Press, 1957
Rivers, Patrick, *Living Better on Less*, London: Turnstone Books, 1977
Robinson, J. A. T., *The Body*, London: SCM Press, 1952
Rolston, Holmes, III, *Philosophy Gone Wild: Essays in Environmental Ethics*, Buffalo: Prometheus Books, 1986
Rolston, Holmes, III, *Environmental Ethics: Duties to and Values in the Natural World*, Philadelphia: Temple University Press, 1988
Routley, Richard and Routley, Val, *The Fight for the Forests*, Canberra: Australian National University Press, 1974
Royal Institute of Philosophy (ed.), *The Proper Study*, London and Basingstoke: Macmillan Press, 1971
Royal Institute of Philosophy (ed.), *Nature and Conduct*, London and Basingstoke: Macmillan Press, 1975
Sagoff, Mark, *The Economy of the Earth*, Cambridge: Cambridge University Press, 1988
Schmidt, Alfred, *The Concept of Nature in Marx*, New York: Humanities Press, 1972
Schweitzer, Albert, *Civilisation and Ethics*, trans. C. T. Campion, London: Adam & Charles Black, 3rd edn, 1946
Shrader-Frechette, K. S., *Nuclear Power and Public Policy*, Dordrecht, Boston and London: Reidel, 1980

Sikora, R. I. and Barry, Brian (eds), *Obligations to Future Generations,* Philadelphia: Temple University Press, 1978
Singer, Peter, *Animal Liberation, A New Ethic for Our Treatment of Animals,* London: Jonathan Cape, 1976
Singer, Peter, *Practical Ethics,* Cambridge: Cambridge University Press, 1979
Singer, Peter, *The Expanding Circle: Ethics and Sociobiology,* Oxford: Clarendon Press, 1981
Skolimowski, Henryk, *Eco-Philosophy,* Boston and London: Marion Boyars, 1981
Society and the Environment: a Soviet View, (ed. anon.), Moscow: Progress Publishers, 1977
Spinoza, Baruch, *Ethics,* trans. Andrew Boyle, London: Dent, Everyman's Library, 1910
Spring, David and Spring, Eileen (eds), *Ecology and Religion in History,* New York, Evanston, San Francisco and London: Harper & Row, 1974
Stone, Christopher, *Should Trees Have Standing?,* Los Altos, Cal.: William Kaufman, 1974
Stone, Christopher, *Earth and Other Ethics: The Case for Moral Pluralism,* New York: Harper & Row, 1988
Stone, Lawrence, *The Family, Sex and Marriage in England, 1500–1800,* London: Weidenfeld & Nicolson, 1977
Sumner, Wayne, *The Moral Foundation of Rights,* Oxford: Oxford University Press, 1987
Taylor, Paul, *Respect for Nature: A Theory of Environmental Ethics,* Princeton: Princeton University Press, 1986
Thomas, Keith, *Man and the Natural World: A History of the Modern Sensibility,* New York: Pantheon, 1983
Turner, E. S., *All Heaven in a Rage,* London: Michael Joseph, 1964
United Nations, *Resolutions and Decisions Adopted by the General Assembly During Its 37th Session,* New York: United Nations, 1983
Warnock, Geoffrey, *The Object of Morality,* New York: Methuen Press, 1971
Wasserstrom, Richard A. (ed.), *Today's Moral Problems* 2nd edn, New York: Macmillan Publishing Co., and London: Collier-Macmillan, 1979
Wenz, Peter, *Environmental Justice,* Albany: State University of New York Press, 1988
Westermann, Claus, *Creation,* London: SPCK, 1974
Wheale, Peter and McNally, Ruth (eds), *The Biorevolution,* London and Winchester, Mass.: Pluto Press, 1990
White, Lynn, Jnr, *Medieval Technology and Social Change,* Oxford: Clarendon Press, 1962
White, T. H. (trans. and ed.), *The Book of Beasts,* London: Jonathan Cape, 1954
Whitehead, A. N., *Science and the Modern World,* Cambridge: Cambridge University Press, 1926
Wiles, Maurice and Santer, Mark (eds), *Documents in Early Christian Thought,* Cambridge: Cambridge University Press, 1975

Williams, Bernard and Smart, J. J. C., *Utilitarianism, For and Against,* London and New York: Cambridge University Press, 1973
World Commission on Environment and Development, *Our Common Future,* Oxford and New York: Oxford University Press, 1987
World Conservation Strategy, (ed. anon.), New York: International Union for Conservation of Nature and Natural Resources, United Nations Environmental Programme and World Wildlife Fund, 1980